Excel
VBA 范例与应用技巧 查询宝典

张军翔　杨红会　编著

U0353135

北京希望电子出版社
Beijing Hope Electronic Press
www.bhp.com.cn

内 容 简 介

本书全面介绍 Excel VBA，内容以实用为主，全程配以图示步骤。

全书共 6 篇 18 章。第 1 篇 Excel VBA 基础篇，包括第 1 章，介绍 Excel VBA 基础知识；第 2 篇 Excel VBA 对象模型篇，包括第 2~7 章，介绍 Application（应用程序）对象、Workbook（工作簿）对象、Worksheet（工作表）对象、Range（单元格）对象、Chart（图表）对象、Shape（图形）对象；第 3 篇数据的实用操作篇，包括第 8~9 章，介绍数据的查询/排序及筛选、数据的条件格式操作；第 4 篇函数与公式等操作应用篇，包括第 10~11 章，介绍函数与公式的应用、加载宏的应用；第 5 篇交互功能应用篇，包括第 12~14 章，包括菜单和工具栏的操作应用、窗体的应用、控件的应用；第 6 篇高级应用篇，包括第 15~18 章，介绍数据库的应用、文件系统的操作、其他应用程序的操作、代码调试及优化。

本书内容全面、语言简练，适合不同层次的 Excel VBA 初学者、爱好者、中高级用户，以及其他相关专业或相关工作的学习人员阅读。

本书配套 1 张 CD 光盘，其中包括书中案例的部分素材文件。

图书在版编目（CIP）数据

Excel VBA 范例与应用技巧查询宝典 / 张军翔，杨红会编著.—北京：北京希望电子出版社，2013.10

ISBN 978-7-83002-120-7

Ⅰ.①E… Ⅱ.①张…②杨… Ⅲ.①表处理软件 Ⅳ.①TP391.13

中国版本图书馆 CIP 数据核字（2013）第 207316 号

出版：北京希望电子出版社　　　　　　封面：深度文化

地址：北京市海淀区上地 3 街 9 号　　　编辑：刘秀青

　　　金隅嘉华大厦 C 座 610　　　　　　校对：刘 伟

邮编：100085　　　　　　　　　　　　开本：889mm×1194mm 1/32

网址：www.bhp.com.cn　　　　　　　　印张：15.0

电话：010-62978181（总机）转发行部　　印数：1-3500

　　　010-82702675（邮购）　　　　　　字数：575 千字

传真：010-82702698　　　　　　　　　印刷：北京博图彩色印刷有限公司

经销：各地新华书店　　　　　　　　　版次：2013 年 10 月 1 版 1 次印刷

定价：45.00 元（配 1 张 CD 光盘）

前　言

Excel VBA是一门强化Excel以及改造Excel的程序语言。Excel除了拥有强大的制表功能外，还提供二次开发平台，允许用户开发新工具。通过VBA进行二次开发，可以强化Excel的功能，将某些烦杂或者重复的日常工作简化，还可以开发各种商业插件或系统，既方便又高效。

本书通过大量的实例技巧，全面介绍VBA相关的理论知识以及对象、属性、方法和事件的应用，还对如何调试及优化程序进行相应的阐述，具有很强的实用性和可操作性。

读者对象

本书重点强调实践性，旨在帮助不同层次的Excel VBA初学者、爱好者、中高级用户，以及其他相关专业或相关工作的学习人员掌握VBA程序设计的技巧。全书以实用的范例技巧为主，逐层对代码进行深入浅出的剖析，让读者通过这些技巧的学习，快速将Excel VBA编程应用到实际生活和工作中。

本书特点

本书与市场上其他Excel VBA书籍有很大的不同，文体结构新颖，案例精炼实用，讲解深入透彻，表现为以下几个方面。

- 内容全面

本书基于Microsoft Office Excel 2013版本写作，同时也兼容Excel 2010/2007/2003版本。每个范例技巧都详细展示其功能、语法、参数，同时保证讲解方式简单明了、由浅入深。

- 开创式结构

本书每个技巧均结合详细的步骤及图片来解说，让读者更容易理解。另外，还添加了"代码解析"与"专家提示"两个注释，既容易理解，又可以让读者在学习VBA理论知识与进行实践操作之余拓展知识面。其中"代码解析"是对技巧中代码的参数、函数或对象属性等疑难问题进行备注说明，"专家提示"是对与技巧相关的知识点及操作中应该要注意的相关问题进行补充说明。

- **实例丰富，可操作性强**

本书由一个个技巧组成，图文并茂地给出相应的解决思路和实现方法。书中的技巧都来源于编者实际开发的程序，通过对这些技巧的学习，可以增强读者的动手实践能力及编程能力。

- **由浅入深，易于理解**

本书从零起步，注重VBA在实际工作中的高效应用，读者即使从来没有学习过VBA编程，也可以轻松掌握。另外，配套光盘还提供书中技巧对应的素材文件，读者可以根据文中介绍的方法和步骤，亲自动手操作，大大降低学习难度。

本书是由诺立文化策划，张军翔和杨红会编写。此外，还要感谢陈媛、汪洋慧、彭志霞、彭丽、管文蔚、马立涛、张万红、郭本兵、童飞、陈才喜、杨进晋、姜皓、陈超、刘健忠、高建平、龙建祥、张铁军、陶婷婷、张发凌等参与本书的校对、整理与排版，在此对他们表示深深的谢意。

本书从策划到出版，倾注了出版社编辑们的大量心血，特在此表示衷心感谢。尽管作者对书中的案例精益求精，但疏漏之处仍然在所难免。如果您发现书中的错误或某个案例有更好的解决方案，敬请登录售后服务网址向作者反馈。我们将尽快回复，且在本书再次印刷时予以修正。

再次感谢您的支持！邮箱：bhpbangzhu@163.com。

编著者

CONTENTS 目录

第1篇　Excel VBA基础篇

第1章　Excel VBA基础知识

1.1　认识与了解VBA..2

  1.1.1　VBA与VB的区别..2

  1.1.2　VBA的主要功能和作用....................................2

  1.1.3　Excel VBA的主要框架....................................3

1.2　宏的概念及应用..3

  1.2.1　宏的概念..3

  1.2.2　宏的应用..4

  技巧1　使用"录制宏"功能获取有效的代码.............................4

  技巧2　执行宏的方式（1）...7

  技巧3　执行宏的方式（2）...8

  技巧4　执行宏的方式（3）...9

1.3　代码的编写..11

  技巧5　快速输入代码（1）..11

  技巧6　快速输入代码（2）..12

  技巧7　快速输入代码（3）..13

  技巧8　编写高效VBA代码的原则..............................13

  技巧9　有效地获得VBA帮助.......................................14

第2篇 Excel VBA对象模型篇

第2章 Application（应用程序）对象

2.1　认识Application（应用程序）对象 18

2.2　Excel应用程序基本信息的查看 18

技巧1　查看Excel的当前用户名 18

技巧2　查看当前操作系统的名称及版本 19

技巧3　查看Excel的安装路径 19

技巧4　查看Excel的启动路径 20

技巧5　查看打开Excel文件时的默认路径 20

技巧6　查看Excel模板保存的默认路径 21

技巧7　查看Excel窗口的标题文本 21

技巧8　查看Excel窗口的显示状态 22

技巧9　查看Excel窗口的显示位置 22

技巧10　查看Excel窗口的大小 23

2.3　Excel应用程序的基本操作与设置 23

技巧11　改变Excel窗口的大小 24

技巧12　使Excel窗口最大化 24

技巧13　全屏显示Excel窗口 26

技巧14　设置Excel窗口的显示位置 27

技巧15　隐藏Excel窗口 28

技巧16　更改Excel的标题文本 28

技巧17　删除Excel的标题文本 29

技巧18　自定义Excel状态栏中的信息 30

技巧19　显示或隐藏Excel默认的菜单栏和工具栏 31

技巧20　设置Excel编辑栏的高度 32

技巧21　批量更改工作表的名称..33

技巧22　设置新工作簿中的工作表个数.......................................33

技巧23　设置Excel文件的默认保存位置 34

技巧24　设置保存自动恢复信息时间的间隔和文件位置 35

技巧25　设置关闭文件时不显示警告信息对话框 36

技巧26　在Excel中安装加载宏..36

第3章　Workbook（工作簿）对象

3.1　认识Workbook（工作簿）对象 38

3.2　工作簿常用的基本操作...38

技巧1　新建工作簿并自定义名称和路径 38

技巧2　打开指定名称的工作簿 39

技巧3　打开指定路径下的工作簿 39

技巧4　打开工作簿时不显示更新链接对话框 40

技巧5　保护或取消保护工作簿..40

技巧6　保存工作簿的更改 41

技巧7　直接另存工作簿至指定路径中 42

技巧8　打开"另存为"对话框..43

技巧9　保存工作簿副本 43

技巧10　关闭当前工作簿 44

技巧11　关闭所有打开的工作簿...45

技巧12　控制工作簿只能通过代码关闭 45

技巧13　重新排列工作簿窗口 46

技巧14　顺序打印工作簿的奇数页 47

技巧15　逆序打印工作簿的偶数页 48

3.3　工作簿基本信息的查看与设置 48

技巧16　查看当前活动工作簿的名称 48

技巧17 查看当前运行宏代码的工作簿名称..........................49

技巧18 查看当前活动工作簿的路径..........................49

技巧19 查看当前运行宏代码的工作簿路径..........................50

技巧20 查看所有打开的工作簿名称及其路径..........................51

技巧21 判断指定工作簿是否打开..........................52

技巧22 判断指定工作簿是否保存及最近的保存时间..............52

技巧23 判断当前工作簿是否为加载宏工作簿..........................54

技巧24 查看工作簿的保护状态..........................55

技巧25 设置工作簿为加载宏工作簿或取消加载宏..........................55

技巧26 工作簿窗口大小的改变..........................56

技巧27 工作簿窗口显示位置的改变..........................57

技巧28 工作簿窗口显示比例的设置..........................58

技巧29 工作簿窗口的隐藏与显示..........................59

3.4 工作簿的引用..........................60

技巧30 使用索引号指定工作簿..........................60

技巧31 使用名称指定工作簿..........................60

技巧32 引用当前运行宏代码的工作簿..........................61

技巧33 引用当前活动工作簿..........................62

技巧34 引用最后打开的工作簿..........................62

技巧35 引用新建的工作簿..........................63

第4章 Worksheet（工作表）对象

4.1 认识Worksheet（工作表）对象..........................66

4.2 工作表常用的基本操作..........................66

技巧1 轻松添加一个工作表..........................66

技巧2 一次性添加多个工作表..........................67

技巧3 在当前工作簿中移动工作表..........................68

技巧4 将工作表移至新建的工作簿中..........................69

技巧5　复制工作表.. 70

技巧6　删除工作表时弹出提示信息 71

技巧7　直接删除指定的工作表.. 73

技巧8　一次性删除当前工作簿中的其他工作表 73

技巧9　删除指定的图表工作表.. 74

技巧10　切换工作表（1）... 75

技巧11　切换工作表（2）... 76

技巧12　切换工作表（3）... 77

技巧13　选定所有工作表（1）... 78

技巧14　选定所有工作表（2）... 78

技巧15　保护或取消保护工作表的单元格.............................. 79

技巧16　对受保护的工作表进行操作 80

技巧17　隐藏或显示工作表的行列标题 80

技巧18　按名称（文本升序）重新排列工作表....................... 82

技巧19　按名称（数字升序）重新排列工作表....................... 83

4.3　工作表的引用 84

技巧20　使用索引号引用工作表.. 84

技巧21　使用名称引用工作表... 84

技巧22　引用当前活动工作表 85

技巧23　引用包含特殊内容的工作表 86

技巧24　引用第一个和最后一个工作表 86

技巧25　引用所有工作表 87

4.4　工作表基本信息的查看与设置 88

技巧26　查看当前活动工作表的名称 88

技巧27　查看所有工作表的名称.. 89

技巧28　查看工作表的显示状态.. 89

技巧29　判断工作簿中是否存在指定名称的工作表.................. 91

技巧30　判断并删除工作簿中的空白工作表.......................... 91

技巧31　重命名工作表 92

技巧32 设置工作表的显示状态..94

技巧33 设置工作表标签的颜色..94

第5章 Range（单元格）对象

5.1 认识Range（单元格）对象..98

5.2 单元格常用的基本操作...98

技巧1 快速选定单元格和单元格区域...98

技巧2 在指定位置显示选定的单元格...99

技巧3 选定非活动工作表中的单元格..100

技巧4 复制单元格的值..101

技巧5 复制单元格的格式..102

技巧6 复制单元格的值和公式...102

技巧7 复制单元格的值和数字格式..103

技巧8 复制单元格的公式和数字格式...104

技巧9 复制单元格的列宽..105

技巧10 复制单元格的批注...105

技巧11 快速移动单元格...106

技巧12 合并或取消合并单元格..106

技巧13 合并单元格时保留每个单元格的文本..............................108

技巧14 取消合并单元格时保留每个单元格的文本.......................108

技巧15 合并内容相同的连续单元格...109

技巧16 插入单元格...110

技巧17 插入整行或整列...111

技巧18 一次性插入多行...112

技巧19 按颜色重排单元格...113

技巧20 按自定义序列重排单元格...114

技巧21 删除空单元格后重排数据...115

技巧22 删除单元格的公式和值..116

技巧23　删除单元格的格式 117

技巧24　删除单元格的批注 118

技巧25　删除单元格中的超链接 119

技巧26　删除单元格的全部信息 119

5.3　单元格的引用 120

技巧27　引用活动单元格 121

技巧28　使用Range属性引用单元格 121

技巧29　使用Range属性引用单元格区域 122

技巧30　通过字符串引用单元格和单元格区域 123

技巧31　引用单列或多列 124

技巧32　引用单行或多行 125

技巧33　使用Cells属性引用单元格 126

技巧34　使用Cells属性引用单元格区域 126

技巧35　使用Offset属性引用单元格或单元格区域 127

技巧36　引用单元格的快捷方式 128

技巧37　通过已定义的名称引用单元格区域 129

技巧38　引用含有公式的单元格 130

技巧39　引用含有批注的单元格 130

技巧40　引用空白单元格 131

技巧41　引用设置了数据有效性的单元格 132

技巧42　返回公式中引用的所有单元格 133

5.4　单元格基本信息的查看 133

技巧43　查看单元格区域内的单元格数目 133

技巧44　查看单元格区域的行数和列数 134

技巧45　查看单元格的行号和列号 135

技巧46　查看单元格区域的行号和列号起止范围 136

技巧47　查看单元格的显示值和显示字符串 137

技巧48　查看单元格内输入的公式 138

技巧49　判断单元格内是否输入了公式 139

技巧50　判断单元格内的公式是否引用了其他工作表或

工作簿的数据 140

技巧51　判断单元格内的公式是否存在错误 142

技巧52　判断单元格是否包含在合并单元格区域中 142

技巧53　查看单元格的数字格式 143

技巧54　判断单元格是否含有超链接 144

技巧55　判断单元格是否含有批注 145

5.5　单元格基本信息的设置 146

技巧56　设置单元格的字体格式 146

技巧57　设置单元格的下划线 147

技巧58　设置单元格的填充颜色和背景图案 148

技巧59　为单元格添加边框 149

技巧60　设置单元格的对齐方式 150

技巧61　当单元格内容过长时自动缩小字体 151

技巧62　设置单元格的大小 152

技巧63　为单元格插入超链接 153

技巧64　为单元格添加、修改批注 154

技巧65　为单元格区域定义名称 156

技巧66　为单元格设置数据有效性序列 156

技巧67　隐藏、显示单元格和单元格区域 157

技巧68　隐藏、显示单元格的公式 159

第6章　Chart（图表）对象

6.1　认识Chart（图表）对象 162

6.2　图表常用的基本操作 162

技巧1　自动生成单个图表 162

技巧2　自动生成多个图表 163

技巧3　重排多个图表 165

技巧4　创建可以随源数据变化而变化的图表 166

技巧5　将图表保存为图像文件 167

技巧6　将图表图像文件载入到工作表中 168

技巧7　删除图表 169

6.3　图表基本信息的查看 170

技巧8　查看图表的名称 170

技巧9　查看图表的大小 170

技巧10　查看图表的位置 171

技巧11　查看图表的标题信息 172

技巧12　查看图表的图例信息 173

技巧13　查看图表的坐标轴信息 174

6.4　图表基本信息的设置 175

技巧14　更改图表的类型 175

技巧15　更改图表的大小 176

技巧16　更改图表的名称 178

技巧17　更改图表的源数据 179

技巧18　设置图表区的格式 181

技巧19　设置绘图区的格式 182

技巧20　设置图表的标题格式 183

技巧21　设置图表的图例格式 184

技巧22　设置图表的坐标轴格式 185

第7章　Shape（图形）对象

7.1　认识Shape（图形）对象 188

7.2　图形常用的基本操作 188

技巧1　快速插入图形对象 188

技巧2　插入指定名称的图形对象 189

技巧3　插入指定宏的图形对象 190

技巧4 为插入的图形对象指定不同的宏 191

技巧5 选定相同类型的图形对象 192

技巧6 制作Flash动画图形 193

技巧7 一次性复制多个图形对象 195

技巧8 移动图形对象 196

技巧9 将图形对象保存为图片 197

技巧10 删除图形对象 198

7.3 图形基本信息的查看 199

技巧11 查看图形对象的名称 199

技巧12 查看图形对象的类型 200

技巧13 查看图形对象的大小 202

技巧14 查看图形对象的位置 202

技巧15 查看图形对象中的文字 202

技巧16 查看图形对象的宏名称 203

7.4 图形基本信息的设置 203

技巧17 设置图形对象中的文字 204

技巧18 设置图形对象的大小 205

技巧19 更改图形对象的位置 206

技巧20 为图形对象插入超链接 207

第 *3* 篇 **数据的实用操作篇**

第8章 数据的查询、排序及筛选

8.1 数据的查询操作 210

技巧1 从活动工作表中查询数据 210

技巧2 从多个工作表中查询数据 211

技巧3　查询数据及其公式 212

技巧4　查询数据所在的行 213

技巧5　通过指定多个条件查询数据（1）.............................. 214

技巧6　通过指定多个条件查询数据（2）.............................. 215

技巧7　通过指定多个条件查询数据（3）.............................. 215

技巧8　通过指定多个条件查询数据（4）.............................. 216

技巧9　通过指定多个条件查询数据（5）.............................. 217

技巧10　查询包含指定字符的单元格数目 218

技巧11　查询包含指定字符所在的行 218

8.2　数据的排序操作 219

技巧12　对指定区域数据进行自动排序 220

技巧13　对数据进行排序后再重新恢复 221

技巧14　使用多个关键字进行排序 222

技巧15　按自定义序列进行排序 223

技巧16　按字符的长度进行排序 224

技巧17　按单元格的颜色进行排序 225

8.3　数据的筛选操作 226

技巧18　执行、撤销自动筛选 226

技巧19　执行与、或条件下的高级筛选 227

技巧20　撤销高级筛选 229

技巧21　在新工作表中显示筛选结果 229

技巧22　筛选不重复的行数据 230

技巧23　筛选两个工作表中相同或不同的行数据 231

技巧24　筛选并删除数据区域中的空行或空列 233

第9章　数据的条件格式操作

技巧1　突出显示数据区域中的前N项或最后N项.................... 236

技巧2　突出显示小于或大于平均值的数据............................. 237

技巧3 突出显示重复或不重复的数据................................238

技巧4 突出显示昨天、今天、明天的数据........................239

技巧5 突出显示上周、本周、下周的数据........................240

技巧6 突出显示上月、本月、下月的数据........................242

技巧7 利用数据条突出显示数据....................................244

技巧8 利用图标集突出显示数据....................................245

技巧9 利用色阶突出显示数据..247

第4篇 函数与公式等操作应用篇

第10章 函数与公式的应用

10.1 工作表函数和VBA函数的使用................................250

技巧1 数学函数的使用..250

技巧2 字符串函数的使用..251

技巧3 日期与时间函数的使用......................................252

技巧4 财务函数的使用..253

技巧5 数组处理函数的使用..254

技巧6 判断函数的使用..254

技巧7 格式化函数的使用..255

技巧8 类型转换函数的使用..255

10.2 自定义函数..256

技巧9 自定义不确定参数个数的函数............................256

技巧10 根据指定的条件自定义函数..............................257

技巧11 自定义返回数组的函数....................................259

技巧12 为自定义函数定制信息说明..............................259

技巧13　为自定义函数分类 260

10.3　公式的应用 261

技巧14　输入并自动填充一般公式 261

技巧15　输入并自动填充数组公式 262

技巧16　查看工作簿中所有的公式 263

技巧17　删除公式以外的所有数据 264

10.4　数组的应用 265

技巧18　创建行标题和列标题 265

技巧19　查看指定单元格区域的数据 266

技巧20　查看指定数据在数组中出现的次数 266

第11章　加载宏的应用

11.1　Excel加载宏的加载和卸载 270

技巧1　通过加载宏隐藏所有工作表 270

技巧2　手动加载Excel加载宏 272

技巧3　自动加载Excel加载宏 273

技巧4　Excel加载宏的载入及应用 274

技巧5　卸载加载宏 275

11.2　定制Excel加载宏的信息 275

技巧6　为加载宏添加信息说明 275

技巧7　修改加载宏的信息说明 277

技巧8　设置打开Excel文件时的启动页面 278

技巧9　创建加载宏的菜单和工具栏 280

11.3　加载宏工作表的应用 282

技巧10　保存大量数据 282

技巧11　保存工作表格式 283

技巧12　保存单元格格式 284

第**5**篇　交互功能应用篇

第12章　菜单和工具栏的操作应用

12.1　自定义菜单 286

　　技巧1　添加、删除一级菜单命令 286

　　技巧2　添加、删除多级菜单命令 287

　　技巧3　添加、删除图表菜单命令 288

　　技巧4　屏蔽、恢复Excel菜单和菜单命令 289

12.2　自定义快捷菜单 290

　　技巧5　添加、删除自定义右键快捷菜单命令 290

　　技巧6　添加、删除内置右键快捷菜单命令 292

　　技巧7　创建、删除自定义右键快捷菜单 293

　　技巧8　屏蔽、恢复右键快捷菜单 294

12.3　自定义工具栏 295

　　技巧9　创建、删除自定义工具栏 295

　　技巧10　创建、删除内置命令工具栏 296

　　技巧11　恢复Excel的菜单和工具栏 297

第13章　窗体的应用

13.1　输入对话框窗体 300

　　技巧1　利用对话框输入数据 300

　　技巧2　利用对话框获取单元格地址 301

　　技巧3　防止用户输入错误信息 303

13.2　消息对话框窗体 304

技巧4　仅显示简单提示信息...................................304

技巧5　显示特定按钮、图标和标题...........................305

技巧6　单击按钮返回提示信息...............................306

技巧7　设置自动关闭消息对话框...........................307

13.3　用户窗体..308

技巧8　创建用户窗体...308

技巧9　两种状态显示用户窗体...............................309

技巧10　在指定位置显示用户窗体..........................310

技巧11　扩大、恢复用户窗体.................................311

技巧12　全屏显示用户窗体....................................313

技巧13　在标题栏中添加最大化和最小化按钮.................314

技巧14　设置用户窗体标题文字.............................316

技巧15　同时显示多个用户窗体.............................317

技巧16　在用户窗体中自动添加、删除控件.................317

技巧17　在用户窗体中使用滚动条..........................319

技巧18　禁用用户窗体右上角的关闭按钮.................321

第14章　控件的应用

14.1　表单（窗体）控件......................................324

技巧1　查看所有表单控件的名称...........................324

技巧2　插入表单控件（1）....................................325

技巧3　插入表单控件（2）....................................326

技巧4　插入表单控件并添加文字...........................326

技巧5　插入表单控件并自定义名称.........................327

技巧6　插入表单控件并指定宏.............................328

技巧7　插入列表框并设置选项.............................329

技巧8　插入列表框、组合框并设置选项（1）.................330

技巧9　插入列表框、组合框并设置选项（2）.................331

技巧10　选中、取消选中选项按钮和复选框 331

技巧11　设置表单控件的大小 332

技巧12　设置表单控件的位置 333

14.2　ActiveX控件（工作表中）..335

技巧13　查看所有ActiveX控件的信息 335

技巧14　插入ActiveX控件 336

技巧15　插入ActiveX控件并自定义名称 337

技巧16　获取ActiveX控件的种类 338

技巧17　设置ActiveX控件的大小 338

技巧18　设置ActiveX控件的位置 339

技巧19　改变ActiveX控件的文字 340

技巧20　设置列表框、组合框的项目（1）.............................. 341

技巧21　设置列表框、组合框的项目（2）.............................. 342

技巧22　在文本框中输入数据 343

技巧23　文本框数据的自动输入 344

技巧24　设置并获取滚动条的项目值 345

技巧25　设置并获取数值调节钮的项目值 346

技巧26　选中、取消选中选项按钮和复选框 347

技巧27　设置标签的标题文字 348

技巧28　为图像控件添加图片 349

14.3　ActiveX控件（用户窗体中）..350

技巧29　选定控件时显示其相关信息 350

技巧30　限制控件的操作 351

技巧31　隐藏、显示控件 352

技巧32　限制文本框内的字符长度 353

技巧33　设置文本框的数据格式 354

技巧34　设置文本框数据的对齐方式 354

技巧35　设置已知数据源为列表框、组合框的选项 355

技巧36　自定义列表框、组合框的项目 356

技巧37　删除列表框、组合框中的单个选项.........................357

技巧38　删除列表框、组合框中的所有选项.........................358

技巧39　设置数值调节框的项目值小于1.........................359

第6篇　高级应用篇

第15章　数据库的应用

15.1　数据库的基本操作...362

技巧1　创建Access数据库文件.........................362

技巧2　添加数据表...364

技巧3　删除数据表...365

技巧4　添加已知字段.....................................366

技巧5　添加自定义字段.................................367

技巧6　设置字段的类型.................................368

技巧7　设置字段的长度.................................369

技巧8　删除字段...370

技巧9　添加已知数据记录.............................371

技巧10　添加自定义数据记录.......................373

技巧11　修改数据记录...................................374

技巧12　删除数据记录...................................376

15.2　数据库基本信息的查看...377

技巧13　查看数据库中所有数据表的名称.....377

技巧14　查看数据表中所有字段的名称.........378

技巧15　查看指定的数据表是否存在.............379

技巧16　查看指定的字段是否存在.................380

技巧17　查看符合指定条件的数据记录.........380

技巧18 在工作表中导入数据库中的全部数据 381

第16章 文件系统的操作

16.1 文件的操作 386

技巧1 查看文件夹中的所有文件（1）............................. 386

技巧2 查看文件夹中的所有文件（2）............................. 386

技巧3 判断文件是否存在 388

技巧4 判断文件是否处于锁定状态 388

技巧5 查看指定文件的名称... 389

技巧6 查看文件的大小 390

技巧7 查看文件的修改时间... 390

技巧8 查看文件的属性 391

技巧9 查看文件的完整信息... 391

技巧10 查看文本文件的全部内容 392

技巧11 查看文本文件的指定字符 393

技巧12 查看文本文件的行数据 394

技巧13 新建文本文件并输入数据 394

技巧14 重命名文件 396

技巧15 复制文件 396

技巧16 移动文件 397

技巧17 删除文件 398

16.2 文件夹的操作 399

技巧18 查看常用的系统文件夹 399

技巧19 查看文件夹中包含的子文件夹 400

技巧20 查看文件夹的属性 401

技巧21 查看文件夹的完整信息 401

技巧22 判断文件夹是否存在... 402

技巧23 通过对话框选择文件夹 403

技巧24　新建文件夹...403

技巧25　重命名、取消重命名文件夹..................................404

技巧26　复制文件夹...406

技巧27　移动文件夹...406

技巧28　删除文件夹...407

第17章　其他应用程序的操作

17.1　操作Office组件..410

技巧1　新建Word文档（1）..410

技巧2　新建Word文档（2）..411

技巧3　打开Word文档（1）..413

技巧4　打开Word文档（2）..413

技巧5　将工作表数据输出至Word文档中.............................414

技巧6　将Word文档的内容输出至工作表中.........................415

技巧7　新建PowerPoint文稿...417

技巧8　打开PowerPoint文稿（1）.......................................418

技巧9　打开PowerPoint文稿（2）.......................................419

技巧10　将工作表数据输出至新建的PowerPoint文稿中......419

技巧11　将工作表数据通过Outlook邮件发送（1）..............421

技巧12　将工作表数据通过Outlook邮件发送（2）..............422

技巧13　将当前工作簿设置为Outlook邮件的附件...............423

17.2　操作Internet..424

技巧14　打开指定的网页（1）..424

技巧15　打开指定的网页（2）..425

技巧16　打开指定的网页（3）..425

技巧17　查询并获取网页数据..426

技巧18　制作自定义浏览器..426

17.3　操作Windows附件工具...430

技巧19　打开记事本和计算器..430

技巧20　打开控制面板的子项目..431

技巧21　获取当前电脑的分辨率..433

17.4　操作XML文件..433

技巧22　创建XML文件..433

技巧23　将当前工作表保存为XML文件.................................435

技巧24　保存指定单元格区域为XML文件............................436

第18章　代码调试及优化

18.1　代码调试..440

技巧1　设置断点..440

技巧2　使用Debug.Print语句..442

技巧3　立即窗口..443

技巧4　本地窗口..444

技巧5　监视窗口..446

技巧6　单步调试..450

18.2　代码优化..451

技巧7　尽量使用Excel内置函数...451

技巧8　尽量减少使用对象引用...451

技巧9　尽量减少"."符号引用...453

技巧10　避免对象的激活或选择...454

技巧11　有效地使用数组...455

第1篇 Excel VBA
基础篇

第1章

Excel VBA
基础知识

本章中部分素材文件在光盘中对应的章节下。

1.1 认识与了解VBA

Visual Basic for Applications（VBA）是Visual Basic的一种宏语言，主要用来扩展Windows的应用程式功能，特别是Microsoft Office软件，也可说是一种应用程序视觉化的Basic Script。

Office软件中的Word、Excel、Access、PowerPoint都可以通过利用VBA来提高应用效率，如通过一段VBA代码，可以实现画面的切换及复杂逻辑的统计等。

1.1.1 VBA与VB的区别

VBA 是基于Visual Basic 发展而来的，它不但继承了VB 的开发机制，而且还具有与VB 相似的语言结构，其所包含的对象级和语言结构相同，即VB所支持对象的多数属性和方法VBA也支持，只是在事件或属性的特定名称方面稍有差异。另外，两者的集成开发环境IDE（Intergrated Development Environment）也几乎相同。但是经过优化，VBA 专门用于Office 的各应用程序。

VB是Microsoft 的主要图形界面开发工具，VBA 5.0 （亦即VBA 97）则是VB 5.0 的子集。VB作为一套独立的 Windows 系统开发工具，可用于开发Windows 环境下的各类应用程序，是一种可视化的、面向对象的、采用事件驱动方式的结构化高级程序设计语言，具有高效率、简单易学及功能强大等特点。

VBA与VB的区别具体表现如下：

- VB设计用于创建标准的应用程序，而VBA是使已有的应用程序（Excel等）自动化。
- VB具有自己的开发环境，而VBA不能创建独立运行的应用程序，必须寄生于已有的应用程序。
- 要运行VB开发的应用程序，用户可不必安装VB，因为VB开发出的应用程序是可执行文件（*.EXE），而VBA开发的程序必须依赖于其上的应用程序，例如Excel。

1.1.2 VBA的主要功能和作用

VBA是一种完全面向对象体系结构的编程语言，由于其在开发方面的易用性和强大的功能，许多应用程序均嵌入该语言作为开发工具。

其主要功能和作用如下。

- 在VBA中，可以整合其宿主应用程序的功能，自动地通过键盘、鼠标或者菜单进行操作，尤其是大量重复的操作，这样就大大提高了工作效率。

- 在VBA中，可以定制或扩展其宿主应用程序，并且可以增强或开发该应用程序的某项功能，从而实现用户在操作中需要的特定功能。
- 在VBA中，提供了建立类模块的功能，从而可以使用自定义的对象。
- 在VBA中，可以操作注册表，VBA与Windows API结合使用，可创建功能强大的应用程序。
- 在VBA中，具有完善的数据访问与管理能力，可通过DAO（数据访问对象）对Access数据库或其他外部数据库进行访问和管理。
- 在VBA中，能够使用SQL语句检索数据，与RDO（远程数据对象）结合起来，可建立C/S（客户机/服务机）级的数据通信。
- 在VBA中，能够使用Win32 API提供的功能，建立应用程序与操作系统间的通信。

1.1.3　Excel VBA的主要框架

在Excel VBA中，要想编写出高效的程序，需要严格地遵守VBA的语法规则，有效地引用Excel对象，正确地使用对象的属性、方法和事件，并且在Excel内置的对象模块中编写一系列的VBA指令并合理地安排程序结构。

其中，基本的语法、Excel对象模型及内置的对象模块等构成了Excel VBA的主要框架，具体如下。

- 基本语法：数据类型、运算符、程序结构、语句结构、错误处理等。
- Excel对象模型：Application对象、Workbook对象、Worksheet对象、Range对象、Chart对象、Shape对象。
- Excel内置对象模块：用户窗体、类模块等。
- 引用外部对象或集合的属性、方法和事件。

1.2　宏的概念及应用

宏是微软公司为其Office软件包设计的一个特殊功能，目的是让用户文档中的一些任务自动化，Excel的强大优势即在于其提供的宏语言。

1.2.1　宏的概念

宏是用VBA语言编写的一段存储于Visual Basic 模块中的程序，指的是Excel内部提供某种功能的由一系列命令和函数组成的指令集，简单来说，宏就是一组动作的组合。不同的宏功能不同，因此不同的宏自然也使用不同的名称。

从本质上来说，宏就是一系列代码的统称。例如，使用求和函数SUM，能实现求和功能，但究其本质，就是一个宏，其名称是SUM，在其内部包含了一系列代码，这些代码组合在一块即可实现求和的功能。这是其中的一种宏，通常用来实现统计功能。

除了SUM函数这种可以实现统计功能的宏，还有另外一种仅实现某种设置功能的宏。例如，平时为单元格设置字体、边框、颜色等格式，需要进行好几步的操作，才能实现效果。但是若将这些操作集中在一块变成一个宏，运行这个宏程序，即可用一步的操作完成平时多步的操作。

1.2.2 宏的应用

宏是一个指令集，用来批量完成指定的操作。创建和使用宏是Excel最强大的功能之一。Excel宏使用VBA语言进行编写，可控制Excel应用程序，对Excel的功能进行扩充。

Excel的宏运行于Excel之中，可以使用宏来完成枯燥的、频繁的重复性工作。这样不仅可以节约时间提高效率，还可以提高操作的准确性和有效性。

技巧1 使用"录制宏"功能获取有效的代码

在Excel中，"录制宏"就是要把所要进行的操作生成VBA代码，该功能是VBA编辑应用的良好载体。

通常在录制宏之前，应规划好操作步骤，尽可能少地录制不必要的操作。

下面以录制一个筛选出同时满足两个条件的数据记录的宏为例，看看具体的录制过程。

❶ 在当前工作簿的Sheet1和Sheet2工作表中分别输入了需要进行高级筛选的数据记录及筛选条件，如图1-1、图1-2所示。

	A	B	C	D
1	报销费用	报销人员	报销金额	
2	差旅费	宋佳	305	
3	差旅费	赵宇	172	
4	办公用品费	张启华	46	
5	维修费	陈伟	101	
6	通讯费	黄海峰	180	
7	差旅费	李海霞	95	
8	办公用品费	杨勇	112	
9	通讯费	黄伟	234	
10	维修费	赵丹丹	30	
11	差旅费	胡旭	126	
12	差旅费	王云梦	85	
13				
14				
15				

Sheet1 | Sheet2 | ⊕

就绪

图1-1

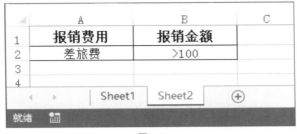

图1-2

② 将鼠标定位于Sheet2工作表中，切换至"视图"选项卡，在"宏"选项组中单击"宏"下拉按钮，在展开的下拉菜单中选择"录制宏"命令，如图1-3所示。

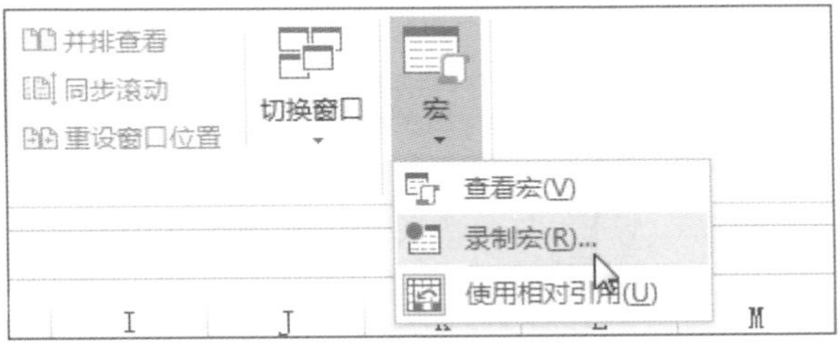

图1-3

③ 弹出"录制宏"对话框，在"宏名"文本框中输入"高级筛选"名称，在"保存在"下拉列表中选择默认的"当前工作簿"选项，如图1-4所示。

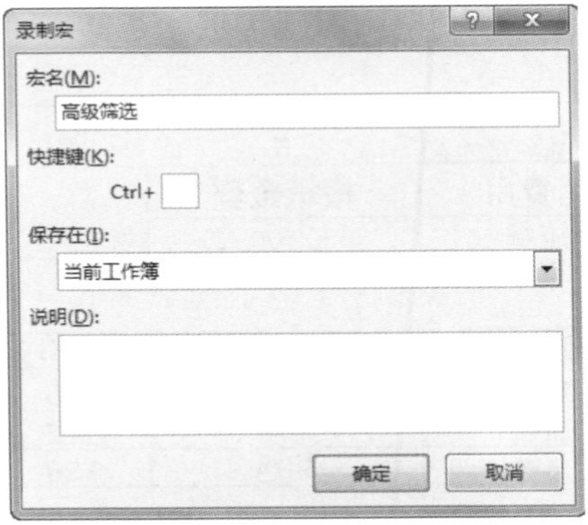

图1-4

④ 单击"确定"按钮即开始录制宏。此时，在"数据"选项卡下的"排序和筛选"选项组中单击"高级"按钮（如图1-5所示），打开"高级筛选"对话框。

图1-5

⑤ 单击"将筛选结果复制到其他位置"单选按钮，然后将光标置于"列表区域"文本框中，用鼠标拾取Sheet1工作表中的A1:C12单元格区域为参与筛选的单元格区域；再用同样的方法拾取Sheet2工作表中的A1:B2单元格区域为"条件区域"；拾取Sheet2工作表中的A5单元格至"复制到"文本框中，作为显示筛选结果的起始单元格，效果如图1-6所示。

图1-6

⑥ 单击"确定"按钮，即可根据设置的条件筛选出满足条件的记录，如图1-7所示。

	A	B	C	D
1	**报销费用**	**报销金额**		
2	差旅费	>100		
3				
4				
5	**报销费用**	**报销人员**	**报销金额**	
6	差旅费	宋佳	305	
7	差旅费	赵宇	172	
8	差旅费	胡旭	126	
9				

图1-7

⑦ 再次切换至"视图"选项卡，在"宏"选项组中单击"宏"下拉按钮，在展开的下拉菜单中选择"停止录制"命令，即可完成宏的录制，如图1-8所示。

图1-8

⑧ 按Alt+F11快捷键打开Visual Basic 编辑器即VBE界面，即可看到录制宏所生成的代码。删除其中与操作无关的方法参数和属性，使得到的宏更简洁、灵活且更有效率，效果如图1-9所示。

图1-9

技巧2　执行宏的方式（1）

在Excel中执行宏，实际上就是调用Excel VBA过程，其方式有很多种，通过对话框调用该过程是其中的方式之一。

① 在录制了宏的工作簿中，单击"视图"选项卡下"宏"选项组中的"宏"下拉按钮，在展开的下拉菜单中选择"查看宏"命令。

② 在打开的"宏"对话框中选定需要调用的宏名称，然后单击"执行"按钮即可，如图1-10所示。

图1-10

技巧3 执行宏的方式（2）

在Excel中添加窗体控件按钮，再选择相应的宏名称，即可为其指定相应的需要执行的宏，此后，即可通过单击该按钮来执行相应的宏。

❶ 在录制了宏的工作簿中，单击"文件"选项卡，选择"选项"标签，打开"选项"对话框，如图1-11所示。

图1-11

❷ 单击左侧的"自定义功能区"标签，在右侧的"在下列位置选择命令"下拉列表中选择"所有选项卡"选项，然后在"主选项卡"列表框中选中"开发工具"复选框，如图1-12所示。

图1-12

③ 此时在Excel的功能区显示了添加的"开发工具"选项卡，打开该选项卡，在其中"控件"选项组中单击"插入"下拉按钮，在展开的下拉菜单中选择"按钮（窗体控件）"命令，如图1-13所示。

图1-13

④ 此时鼠标变成十字形状，在工作表中的指定位置上单击并拖动鼠标，绘制一个矩形形状的按钮，释放鼠标即可弹出"指定宏"对话框，选中需要指定的宏名称，如选中"高级筛选"，如图1-14所示。

⑤ 单击"确定"按钮，即可绘制一个指定了"高级筛选"宏且名为"按钮1"的窗体控件按钮，如图1-15所示。

图1-14

图1-15

⑥ 绘制完成后，单击该按钮，即可执行其所指定的宏。

技巧4　执行宏的方式（3）

通过在Excel菜单中添加菜单命令，然后使用该命令也可以执行宏。

❶ 在录制了宏的工作簿中,单击"文件"选项卡,选择"选项"标签,打开"选项"对话框。

❷ 单击左侧的"自定义功能区"标签,在右侧的"在下列位置选择命令"下拉列表中选择"宏"选项,然后单击对话框右下角的"新建选项卡"按钮,即可在"主选项卡"列表框中添加新的选项卡和选项组,如图1-16所示。

图1-16

❸ 选中"高级筛选"宏,然后单击"添加"按钮,即可将其添加至新添加的选项组中,如图1-17所示。

图1-17

④ 单击"确定"按钮返回工作表中，即可看到新添加的"新建选项卡"，打开即可在其中的"新建组"选项组中看到添加的"高级筛选"宏按钮，如图1-18所示。

图1-18

⑤ 单击该按钮，即可执行指定的宏。

1.3　代码的编写

Excel VBA的宏语言，事实上即是一串详细记录了操作步骤和过程的代码，本节主要介绍快速输入代码、编写高效代码及获得有效帮助的方法。

技巧5　快速输入代码（1）

除了上节介绍的使用录制宏功能获取代码，还可以通过打开VBA编辑器（即VBE）来获取。在编写较长的VBA程序时，充分地利用VBE的相关设置和工具并了解一些技巧，将有助于快速地输入代码。

① 在录制了宏的工作簿中，按Alt+F11快捷键打开Visual Basic 编辑器即VBE界面，选择"工具" | "选项"菜单命令，弹出如图1-19所示的"选项"对话框。

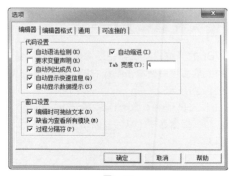

图1-19

2 在 "代码设置" 栏中取消选中 "自动语法检测" 复选框，以避免在代码模块中新输入行存在变异错误时弹出如图1-20所示的错误消息提示对话框。

图1-20

　　默认情况下 "选项" 对话框中自动选中了 "自动列出成员"、"自动显示快速消息" 及 "自动显示数据提示" 等复选框，是为了在输入VBA代码时可以提供辅助输入提示或者必要的参考信息。

　　其中，若选中 "自动列出成员" 复选框，则在输入代码时即会显示出对象的属性、方法和事件等成员列表，选择需要的成员后按Space键即可完成自动输入。

　　若选中 "自动显示快速消息" 复选框，则在输入函数、属性和方法时即会显示出相关的参数变量信息。

　　若选中 "自动显示数据提示" 复选框，则当代码处于调试状态时，鼠标指针位置的变量上方即会显示相应的值。

技巧6　快速输入代码（2）

　　默认情况下，VBE的 "编辑" 工具栏是隐藏的。若要将其显示出来，可以在VBE界面的上方的工具栏空白处单击鼠标右键，从弹出的快捷菜单中选择 "编辑" 命令即可，如图1-21所示。

　　在弹出的 "编辑" 工具栏中（如图1-22所示），包含了一些有助于快速输入正确VBA代码的按钮，具体如下（从左至右）。

- 属性/方法列表。
- 常数列表。
- 快速信息。

- 参数信息。
- 自动完成关键字。

图1-21

图1-22

　　当在输入对象和句点出现了与该对象相关的属性和方法列表后按Esc键关闭了该列表或者关闭了函数、属性和方法的参数提示信息，即可使用"属性/方法列表"和"参数信息"按钮再次显示信息。

　　当在使用常数的语句中单击"常数列表"按钮，则会出现相关的常数列表。

　　选择了VBA语句、函数、方法、过程名称或者常数后单击"快速信息"按钮，则会显示所选项目的语法和常数值。

　　当输入某个关键字的前几个字母后单击"自动完成关键字"按钮或者按Ctrl+Space快捷键，则会自动输入该关键字。

技巧7　快速输入代码（3）

　　在Excel VBA中，当许多通用的代码或者其他工程中的代码通过稍作修改即可运用于某工程中时，可以直接将这些代码导入至该工程中重复使用，而不必从头输入代码。

　　另外，还可以通过从其他模块中复制所需的代码块，快速地将其粘贴至当前正在编写的模块中。

技巧8　编写高效VBA代码的原则

　　在VBA中，若要编写出高效的代码，需要遵守以下的原则，从而养成规范

第1章

第2章

第3章

第4章

第5章

化编写代码的习惯，使其更容易阅读与理解。

- 编写代码的同时善于使用注释，用关键的语句简要说明每个过程的目的、对过程所做的修改或者描述变量等，这样可以使代码更易阅读和理解。
- 在代码中尽量使用灵活的变量，并遵循规范为其指定合适的名称；对这些变量要求强制声明，在声明时，应该明确其作用域，避免变量混淆；使用变量时，要遵守一定的语法规则；对象变量使用完成后，要及时释放变量。另外，对循环使用的计数变量，应确保其遵循一定的规律变化，以避免意外地改变该变量的值。
- VBA大部分对象都有相应的一个默认属性，如Range对象的默认属性为Value属性。在编写代码时，省略与不省略Value属，其效果是一样的，但是为了便于阅读和理解以及养成良好的编写习惯，还是建议将默认的属性编写出来。
- 在编写循环代码时，建议尽量不要使用GoTo语句，除非该语句非用不可，或者可以真正地简化代码。因为在VBA中已经有很多循环结构可用来实现循环功能，使用GoTo语句进行循环事实上只会违背结构化设计的原则，使代码更难阅读、更易出错而已。
- 使用循环结构设计代码时，只要达到了目的就应该退出循环，这样可以减少不必要的循环次数。另外，对循环开始和结束的操作，要进行必要的检查，以避免出现不合要求的结果或错误。
- 在代码中经常需要引用某些单元格区域，当该区域添加或删除行时，容易造成引用区域的输入错误。建议对指定的单元格区域定义名称，这样既可保证输入的正确性，还可以使用对象的一些通用属性。
- 在编写代码时，保持一个模块实现一项任务、一个窗体实现一项功能。将实现不相关功能的代码放置在不同的模块中，在窗体模块的代码中只包含操作窗体控件的过程，这样的代码会更易维护和重复利用。
- 在代码中添加错误处理代码，跟踪并采取相应的动作，避免运行代码时发生错误而导致其停止运行。

技巧9 有效地获得VBA帮助

对于Excel VBA的所有对象及其属性、方法、事件和所有VBA函数的使用方法，绝大多数用户都不能准确记住。针对这点，系统提供了有助于代码编写的有效帮助。获得帮助有多种方法，具体如下。

- 通过VBA帮助系统中获得帮助：在VBE界面菜单栏中选择"帮助"|"Microsoft Visual Basic for Application 帮助"菜单命令（如图1-23所示），即可打开相关的帮助网页，在其中可以搜索或查找所需要的帮助信息。

图1-23

- 使用F1键获得帮助：在代码窗口中选中需要了解信息的对象、属性、方法、事件或函数等（或者将光标定位于其中），按F1键，即可打开显示相应信息的帮助网页。
- 使用F2键获得帮助：在VBE界面中按F2键，可打开"对象浏览器"窗口，其中包括了所有的对象及其属性、方法和事件。在"工程/库"下拉列表中选择一种类型库，如Excel，在"搜索文字"文本框中输入关键字，如Range，然后单击右侧的"搜索"按钮，即可在"搜索结果"列表框中列出相应的结果，如图1-24所示。

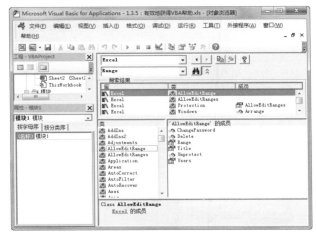

图1-24

- 使用立即窗口获得帮助：在VBE界面菜单栏中选择"视图"I"立即窗口"命令（如图1-25所示）或者按 Ctrl+G快捷键，即可打开立即窗口，在其中可以输入需要试验的代码，然后按Enter键，若代码正确则立即得出结果，若错误则弹出错误提示，如图1-26、图1-27所示。

图1-25

图1-26

图1-27

第2篇 Excel VBA 对象模型篇

第2章

Application（应用程序）对象

本章中部分素材文件在光盘中对应的章节下。

2.1 认识Application（应用程序）对象

Application对象是Excel对象模型中最高层级的对象，代表Excel应用程序自身，也包含组成工作簿的许多部分，包括工作簿、工作表、单元格集合以及其中包含的数据。

本章将介绍利用VBA代码对Application（应用程序）对象进行操作的一些实用的方法和技巧。

2.2 Excel应用程序基本信息的查看

在VBA中，利用Application对象的有关属性，可以轻松获取Excel应用程序的一些基本信息，如Excel操作系统的名称、版本、路径、窗口大小及位置等。

技巧1 查看Excel的当前用户名

在VBA中，可以使用Application对象的UserName属性查看Excel的当前用户名。

❶ 如图2-1所示，是使用UserName属性查看Excel当前用户名的代码。

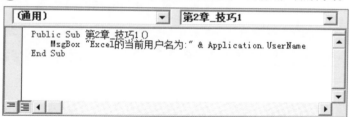

图2-1

❷ 运行代码后，即可弹出显示结果的信息对话框，如图2-2所示。

图2-2

技巧2　查看当前操作系统的名称及版本

在VBA中，可以使用Application对象的OperatingSystem属性查看当前操作系统的名称及版本。

❶ 如图2-3所示，是使用OperatingSystem属性查看当前操作系统名称及版本的代码。

```
(通用)                              ▼    第2章_技巧2                    ▼
    Public Sub 第2章_技巧2()
        MsgBox "当前操作系统的名称和版本号为: " & Application.OperatingSystem
    End Sub
```

图2-3

❷ 运行代码后，即可弹出显示结果的信息对话框，如图2-4所示。

图2-4

技巧3　查看Excel的安装路径

在VBA中，可以使用Application对象的Path属性来查看Excel的安装路径。

❶ 如图2-5所示，是使用Path属性查看Excel安装路径的代码。

```
(通用)                              ▼    第2章_技巧3                    ▼
    Public Sub 第2章_技巧3()
        MsgBox "Excel的安装路径为: " & Application.Path
    End Sub
```

图2-5

❷ 运行代码后，即可弹出显示结果的信息对话框，如图2-6所示。

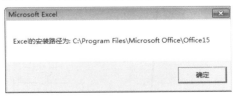

图2-6

技巧4 查看Excel的启动路径

在VBA中，可以使用Application对象的StartupPath属性来查看启动Excel的路径。

1 如图2-7所示，是使用StartupPath属性查看Excel启动路径的代码。

图2-7

2 运行代码后，即可弹出显示结果的信息对话框，如图2-8所示。

图2-8

技巧5 查看打开Excel文件时的默认路径

在VBA中，可以使用Application对象的DefaultFilePath属性来查看打开Excel文件时的默认路径。

1 如图2-9所示，是使用DefaultFilePath属性查看打开Excel文件时的默认路径的代码。

图2-9

2 运行代码后，即可弹出显示结果的信息对话框，如图2-10所示。

图2-10

技巧6 查看Excel模板保存的默认路径

在VBA中，可以使用Application对象的TemplatesPath属性来查看Excel模板保存的默认路径。

❶ 如图2-11所示，是使用TemplatesPath属性来查看Excel模板保存的默认路径的代码。

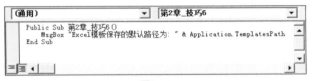

图2-11

❷ 运行代码后，即可弹出显示结果的信息对话框，如图2-12所示。

图2-12

技巧7 查看Excel窗口的标题文本

在VBA中，可以使用Application对象的Caption属性来查看Excel窗口的标题文本。

❶ 如图2-13所示，是使用Caption属性来查看当前Excel窗口的标题文本的代码。

图2-13

❷ 运行代码后，即可弹出显示结果的信息对话框，如图2-14所示。

图2-14

技巧8 查看Excel窗口的显示状态

Excel应用程序窗口可分为3种状态：最大化、最小化和正常状态，分别表示为XlMaximized、XlMinimized和XlNormal。

在VBA中，可以使用Application对象的WindowState属性来查看Excel窗口的显示状态。

❶ 如图2-15所示，是使用WindowState属性来查看当前Excel窗口显示状态的代码。

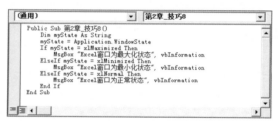

```
Public Sub 第2章_技巧8()
    Dim myState As String
    myState = Application.WindowState
    If myState = xlMaximized Then
        MsgBox "Excel窗口为最大化状态", vbInformation
    ElseIf myState = xlMinimized Then
        MsgBox "Excel窗口为最小化状态", vbInformation
    ElseIf myState = xlNormal Then
        MsgBox "Excel窗口为正常状态", vbInformation
    End If
End Sub
```

图2-15

❷ 运行代码后，即可弹出显示结果的信息对话框，如图2-16所示。

图2-16

技巧9 查看Excel窗口的显示位置

在VBA中，可以使用Top属性和Left属性分别查看Excel窗口与屏幕顶部和左侧的距离。

❶ 如图2-17所示，是查看当前Excel窗口与屏幕顶部和左侧距离的代码。

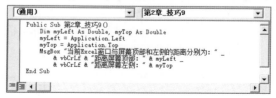

```
Public Sub 第2章_技巧9()
    Dim myLeft As Double, myTop As Double
    myLeft = Application.Left
    myTop = Application.Top
    MsgBox "当前Excel窗口与屏幕顶部和左侧的距离分别为： " _
        & vbCrLf & "距离屏幕顶部： " & myLeft _
        & vbCrLf & "距离屏幕左侧： " & myTop
End Sub
```

图2-17

❷ 运行代码后，即可弹出显示结果的信息对话框，如图2-18所示。

图2-18

技巧10 查看Excel窗口的大小

在VBA中，可以使用Application对象的Height属性和Width属性分别查看Excel窗口的高度和宽度。

① 如图2-19所示，是查看当前Excel窗口的高度和宽度的代码。

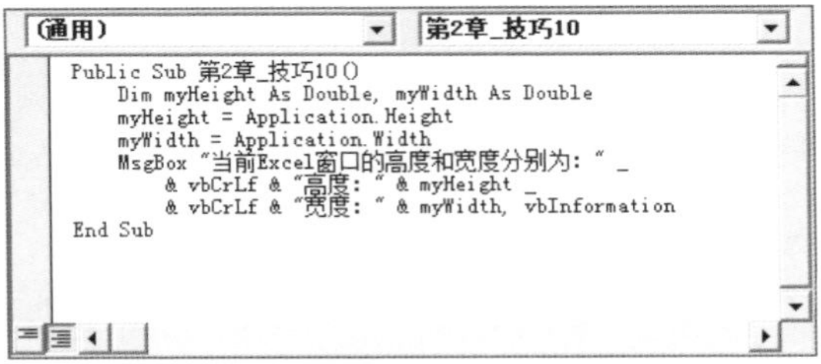

```
(通用)                              第2章_技巧10

Public Sub 第2章_技巧10()
    Dim myHeight As Double, myWidth As Double
    myHeight = Application.Height
    myWidth = Application.Width
    MsgBox "当前Excel窗口的高度和宽度分别为：" _
        & vbCrLf & "高度：" & myHeight _
        & vbCrLf & "宽度：" & myWidth, vbInformation
End Sub
```

图2-19

② 运行代码后，即可弹出显示结果的信息对话框，如图2-20所示。

图2-20

2.3 Excel应用程序的基本操作与设置

Excel应用程序常用的基本操作主要包括Excel窗口、Excel菜单栏和工具栏等操作，下面介绍如何利用Application对象的属性和方法，使这些操作更加方便、快捷。

技巧11 改变Excel窗口的大小

在VBA中，可以使用Application对象的Height属性和Width属性分别指定Excel窗口的高度和宽度。

1 如图2-21所示，是使用Height属性和Width属性将当前Excel窗口的高度和宽度分别设置为600和350的代码。

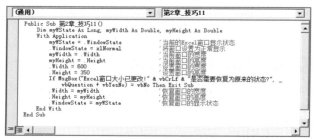

图2-21

2 运行代码后，Excel窗口即显示为指定的大小，并弹出提示是否恢复为原窗口大小的信息对话框，如图2-22所示。

图2-22

3 此时若单击"是"按钮，即可将窗口恢复为原来的大小状态；若单击"否"按钮，则继续保持更改后的窗口大小状态。

技巧12 使Excel窗口最大化

在VBA中，可以使用Application对象及WindowState属性来指定Excel窗口的显示状态。

1 当前Excel窗口的显示状态如图2-23所示。

图2-23

2 如图2-24所示，是将当前Excel窗口最大化的代码。

图2-24

3 运行代码后的结果如图2-25所示。

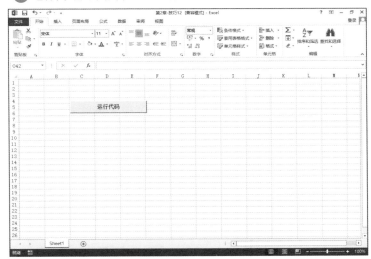

图2-25

技巧13 全屏显示Excel窗口

在Excel的实际操作过程中，为了使工作空间足够大，可以将Excel窗口全屏显示。具体可以通过将DisplayFullScreen 属性设置为True、CommandBars.Enabled属性设置为False来全屏显示窗口、隐藏菜单栏；将DisplayHeadings属性、DisplayHorizontalScrollBar属性、DisplayVerticalScrollBar属性、DisplayWorkbookTabs属性均设置为False分别来隐藏活动窗口的行号和列标、水平滚动条、垂直滚动条以及工作表标签。

❶ 如图2-26所示，分别是全屏显示和取消全屏显示当前活动窗口的代码。

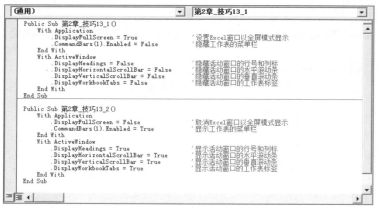

图2-26

❷ 运行第1段代码后，即可将当前活动窗口最大化并隐藏其中的菜单栏、行号和列标及工作表标签等，效果如图2-27所示。

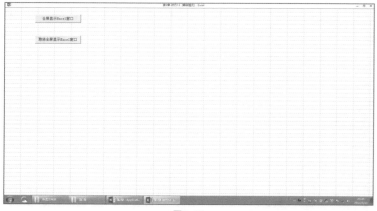

图2-27

❸ 运行第2段代码后，即可将当前活动窗口恢复为原来的显示状态。

技巧14　设置Excel窗口的显示位置

在VBA中，可以使用Top属性和Left属性分别指定Excel窗口与屏幕顶部和左侧的距离。

❶ 当前Excel工作表窗口显示为最大化状态，如图2-28所示是使用Top属性和Left属性将当前Excel窗口与屏幕顶部和左侧的距离分别设置为200和50的代码。

```
(通用)                                          第2章_技巧14
Public Sub 第2章_技巧14()
    Dim myWState As Long, myTop As Double, myLeft As Double
    With Application
        myWState = .WindowState       '获取当前Excel窗口的显示状态
        .WindowState = xlNormal       '将Excel窗口设置为正常显示状态
        myTop = .Top                  '获取当前Excel窗口距离屏幕顶部的位置
        myLeft = .Left                '获取当前Excel窗口距离屏幕左侧的位置
        .Top = 200                    '设置Excel窗口与屏幕顶部的距离
        .Left = 50                    '设置Excel窗口与屏幕左侧的距离
        If MsgBox("Excel窗口的显示位置更改完毕!" & vbCrLf _
            & "是否需要恢复为原来的显示状态?", vbQuestion + vbYesNo) = vbYes Then
            .Top = myTop              '恢复Excel窗口距离屏幕顶部的位置
            .Left = myLeft            '恢复Excel窗口距离屏幕左侧的位置
            .WindowState = myWState   '恢复窗口的显示状态
        End If
    End With
End Sub
```

图2-28

❷ 运行代码后，即可将Excel窗口在指定的位置上显示，并弹出提示是否恢复为原显示状态的信息对话框，如图2-29所示。

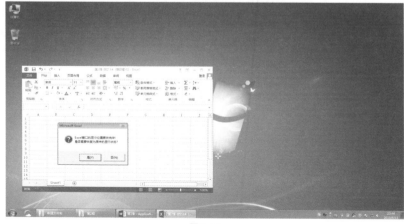

图2-29

技巧15 隐藏Excel窗口

在VBA中，可以通过将Application对象的Visible属性设置为False来隐藏Excel窗口。

1 如图2-30所示是隐藏当前Excel窗口的代码。

图2-30

2 运行代码后，即可将Excel窗口隐藏并弹出提示重新显示窗口的信息对话框，如图2-31所示。

图2-31

3 单击"确定"按钮，即可将该Excel窗口恢复为显示状态。

技巧16 更改Excel的标题文本

在默认情况下，Excel的标题文本是由应用程序的默认标题文本（通常为Microsoft Excel或Excel）和活动窗口的标题文本通过连字符组合而成的。用户可以使用Caption属性将其更改为所工作簿的文件名需的文本。

1 如图2-32所示，分别是使用Caption属性将Excel标题的文本更改为"数据源"及还原标题文本的代码。

图2-32

② 运行第1段代码后，即可看到Excel的标题文本被更改，效果如图2-33所示。

图2-33

③ 运行第2段代码后，即可看到Excel的标题文本被还原，如图2-34所示。

图2-34

技巧17 删除Excel的标题文本

在VBA中，将Application对象和ActiveWindow对象的Caption 属性设置为vbNullChar，可以删除应用程序的默认标题文本和工作簿的文件名。

① 如图2-35所示，是将当前Excel的标题文本删除后再恢复的代码。

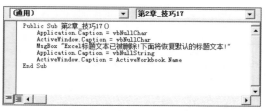

```
(通用)                                    第2章_技巧17
    Public Sub 第2章_技巧17()
        Application.Caption = vbNullChar
        ActiveWindow.Caption = vbNullChar
        MsgBox "Excel标题文本已被删除!下面将恢复默认的标题文本!"
        Application.Caption = vbNullString
        ActiveWindow.Caption = ActiveWorkbook.Name
    End Sub
```

图2-35

② 运行代码后，即可看到标题文本已被删除并弹出提示重新显示窗口标题文本的信息对话框，如图2-36所示。

图2-36

③ 单击"确定"按钮，即可看到Excel的标题文本被还原。

技巧18 自定义Excel状态栏中的信息

在Excel中，状态栏中显示的为应用程序当前的状态（如就绪、输入、编辑等）或上下文提示信息。用户可以通过设置Application对象的StatusBar属性，以在状态栏中显示相应的运行过程。

① 如图2-37所示，是设置保存当前文件时在状态栏中显示用户自定义提示文本的代码。

```
(通用)                                    第2章_技巧18
    Public Sub 第2章_技巧18()
        Dim blnPreStatus As Boolean
        With Application
            '将应用状态栏中的当前属性保存在blnPreStatus变量中，代码执行结束后恢复原来的状态
            blnPreStatus = .DisplayStatusBar
            .DisplayStatusBar = True          '设置状态栏为显示状态
            .StatusBar = "正在保存文件,请稍候......"   '设置状态栏中显示的文本
            ThisWorkbook.Save
            '恢复状态栏中默认的文本,以防其一直显示为自定义的文本
            .StatusBar = False
            .DisplayStatusBar = blnPreStatus  '恢复状态栏为原来的显示状态
        End With
    End Sub
```

图2-37

② 运行代码后，即可保存当前的文件，并在状态栏中显示自定义的文本，如图2-38所示。

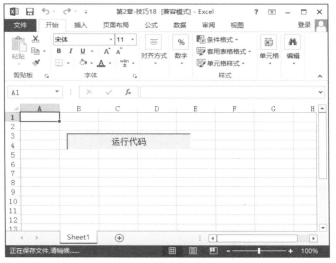

图2-38

技巧19 显示或隐藏Excel默认的菜单栏和工具栏

在VBA中，可以通过将CommandBar对象的Visible属性设置为True或False来显示或隐藏Excel应用程序默认的菜单栏和工具栏。

① 如图2-39所示，分别是显示和隐藏应用程序默认隐藏的菜单栏和工具栏的代码。

```
(通用)                                    第2章_技巧19_1
Public Sub 第2章_技巧19_1()
    On Error Resume Next
    Dim myCommandBar As CommandBar
    For Each myCommandBar In Application.CommandBars
        If myCommandBar.Visible = False Then
            myCommandBar.Visible = True
        End If
    Next
    Set myCommandBar = Nothing
End Sub

Public Sub 第2章_技巧19_2()
    Dim myCommandBar As CommandBar
    Dim i As Long
    For Each myCommandBar In Application.CommandBars
        If myCommandBar.Name <> "Worksheet Menu Bar" Then
            If myCommandBar.Visible = True Then
                myCommandBar.Visible = False
            End If
        End If
    Next
    Set myCommandBar = Nothing
End Sub
```

图2-39

② 运行第1段代码后，即可将Excel应用程序默认隐藏的菜单栏和工具栏显示出来，如图2-40所示。

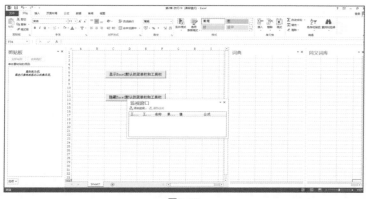

图2-40

③ 运行第2段代码后，即可将其再重新隐藏起来。

技巧20 设置Excel编辑栏的高度

在Excel 2007后的Excel版本中，用户可以自定义调整编辑栏的高度。除了可以通过手动拖动鼠标来调整，还可以利用Application对象的FormulaBarHeight属性设置编辑栏行数来调整。

① 如图2-41所示，是将当前Excel编辑栏行数设置为6行的代码。

② 运行代码后的效果如图2-42所示。

图2-41

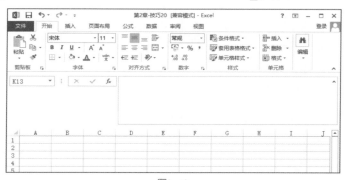

图2-42

技巧21　批量更改工作表的名称

在Excel中，工作表是以系统默认的Sheet1、Sheet2、Sheet3……来命名的，用户可以使用Application对象的Name属性来对其进行重新设置。

❶ 如图2-43所示，是将当前工作簿中工作表的名称更改为YHH1、YHH2、YHH3……的代码。

```
(通用)                          第2章_技巧21
    Public Sub 第2章_技巧21()
        Dim i As Integer
        For i = 1 To Application.Sheets.Count
            Application.Sheets(i).Name = "YHH" & i
        Next
    End Sub
```

图2-43

❷ 运行代码后的结果如图2-44所示。

21			
22			
23			
24			
25			
26			
	YHH1	YHH2	YHH3

就绪

图2-44

技巧22　设置新工作簿中的工作表个数

在Excel中，新工作簿中工作表的个数除了可以在"选项"对话框中设置，还可以使用Application对象的SheetsInNewWorkbook属性来设置。

❶ 如图2-45所示，是将新工作簿中工作表个数设置为4的代码。

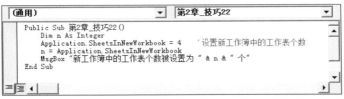

```
(通用)                          第2章_技巧22
    Public Sub 第2章_技巧22()
        Dim n As Integer
        Application.SheetsInNewWorkbook = 4     '设置新工作簿中的工作表个数
        n = Application.SheetsInNewWorkbook
        MsgBox "新工作簿中的工作表个数被设置为 " & n & " 个"
    End Sub
```

图2-45

❷ 运行代码后，即可弹出如图2-46所示的信息提示对话框。

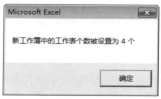

图2-46

③ 单击"确定"按钮，再按Ctrl+N快捷键新建工作簿，此时可以看到其中的工作表个数为4个，如图2-47所示。

图2-47

技巧23 设置Excel文件的默认保存位置

在VBA中，可以使用Application对象的DefaultFilePath属性来设置Excel文件的默认保存位置。

① 如图2-48所示，是将Excel文件的默认保存位置设置为"C:\Program Files"的代码。

```
(通用)                              第2章_技巧23
Public Sub 第2章_技巧23()
    Dim myPath As String
    myPath = "C:\Program Files"
    Application.DefaultFilePath = myPath
    MsgBox "Excel文件的默认保存位置被设置为：" & myPath
End Sub
```

图2-48

② 运行代码后，即可弹出如图2-49所示的信息提示对话框。

图2-49

③ 单击"确定"按钮，即可完成设置。

技巧24 设置保存自动恢复信息时间的间隔和文件位置

在VBA中，可以使用Application对象的AutoRecover属性结合Path属性和Time属性来设置Excel文件中保存自动恢复信息时间的间隔及自动恢复文件的位置。

① 如图2-50所示，是将Excel文件保存自动恢复信息时间的间隔设置为5分钟，将自动恢复文件的位置设置为"C:\Program Files"的代码。

图2-50

② 运行代码后，即可完成设置。此时打开"选项"对话框，单击左侧的"保存"标签，在其右侧中即可看到设置后的结果，如图2-51所示。

图2-51

技巧25 设置关闭文件时不显示警告信息对话框

默认情况下，关闭Excel文件时，若其中有过改动，会弹出显示"是否保存对'×××'的更改？"的警告信息对话框。用户可以通过将Application对象的DisplayAlerts属性设置为False，避免在关闭Excel文件时弹出提示是否保存更改的警告信息对话框。

① 在默认情况下，关闭Excel文件弹出的提示是否保存更改的警告信息对话框如图2-52所示。

图2-52

② 如图2-53所示，是在不显示警告信息对话框的前提下关闭当前Excel文件的代码。

```
(通用)                                          第2章_技巧25
Public Sub 第2章_技巧25()
    Application.DisplayAlerts = False    '设置不显示警告信息对话框
    ThisWorkbook.Close                   '关闭当前工作簿
    Application.DisplayAlerts = True     '关闭结束后重新设置显示警告信息对话框
End Sub
```

图2-53

③ 运行代码后，即可直接关闭当前工作簿。

技巧26 在Excel中安装加载宏

在Excel中，"分析工具库"、"分析工具库–VBA"、"规划求解加载项"和"欧元工具"这些加载宏主要是通过"加载宏"对话框来安装的。 在VBA中，用户则可以使用Application对象的AddIns属性来安装某个加载宏。

① 如图2-54所示，是在Excel中安装"规划求解加载项"加载宏的代码。

```
(通用)                                          第2章_技巧26
Public Sub 第2章_技巧26()
    Application.AddIns("规划求解加载项").Installed = True
End Sub
```

图2-54

② 运行代码后，即可在Excel中"数据"选项卡下的最右侧显示出安装的加载宏，如图2-55所示。

图2-55

第 3 章

Workbook
（工作簿）对象

本章中部分素材文件在光盘中对应的章节下。

3.1 认识Workbook（工作簿）对象

Workbook对象代表 Microsoft Excel 工作簿，处于Application对象的下一层。一个Workbook对象就是一个Excel文件，多个Workbook对象则组成Workbooks集合。

工作簿是Excel文件的基础，对工作簿对象的操作就是对Excel文件的操作。

3.2 工作簿常用的基本操作

工作簿常用的基本操作主要包括新建、打开、保护、保存及关闭等，下面介绍如何利用工作簿对象的属性和方法，使这些操作更加方便、快捷。

技巧1 新建工作簿并自定义名称和路径

在本例中，将使用Add方法新建一个工作簿，再以12345.xls命名，并保存至D盘中。

❶ 如图3-1所示，是使用Add方法在D盘中新建12345.xls工作簿的代码。

❷ 运行代码后，即新建了指定名称的工作簿并弹出信息对话框，如图3-2所示。

```
(通用)                          第3章_技巧1
Public Sub 第3章_技巧1()
    Dim wb As Workbook
    Set wb = Workbooks.Add
    wb.SaveAs Filename:="D:\12345.xls"
    MsgBox "“12345”新工作簿创建完毕！"
End Sub
```

图3-1

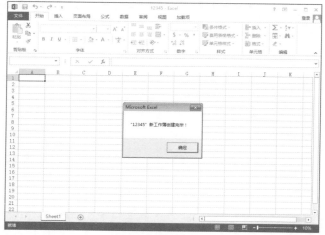

图3-2

❸ 此时，打开电脑的D盘，在其中即可看到新建的12345.xls工作簿，如图3-3所示。

图3-3

技巧2 打开指定名称的工作簿

在VBA中，使用Open方法结合Path属性可以在指定路径中方便地打开指定名称的工作簿。

❶ 如图3-4所示，是使用Open方法打开"第3章-技巧1.xls"工作簿的代码。

图3-4

❷ 运行代码后，即可打开指定的"第3章-技巧1.xls"工作簿。

技巧3 打开指定路径下的工作簿

除了前面介绍的打开工作簿的方法，用户还可以使用GetOpenFilename方法打开对话框，然后在其中选择指定路径下的工作簿即可。

❶ 如图3-5所示，是显示"打开"对话框的代码。

图3-5

❷ 运行代码后，即可打开可以选择工作簿的"打开"对话框，如图3-6所示。

图3-6

技巧4 打开工作簿时不显示更新链接对话框

在工作簿中经常会包含外部引用，即引用其他工作簿的链接。当打开这样的工作簿时，默认情况下系统会显示更新链接的对话框，提示用户是否更新链接，只有在用户作出选择后才能继续操作该工作簿。

❶ 如图3-7所示，是打开包含链接的Link.xls工作簿时弹出的信息对话框。

图3-7

❷ 如图3-8所示，是在不显示更新链接对话框的前提下打开Link.xls工作簿的代码。

```
(通用)                              第3章_技巧4
    Public Sub 第3章_技巧4()
        Dim myFileName As String
        myFileName = ThisWorkbook.Path & "\Link.xls"
        Workbooks.Open Filename:=myFileName, UpdateLinks:=False
    End Sub
```

图3-8

❸ 运行代码后，即可打开Link.xls工作簿，并且不显示更新链接对话框。

技巧5 保护或取消保护工作簿

工作簿的保护一般分为工作簿窗口保护和工作表结构保护两种。工作簿窗口的保护是为了禁止对工作簿窗口的操作（如冻结窗口、拆分窗口等）；工作表结构的保护是为了禁止对工作表结构的操作（如工作表的复制、移动和删除等）。

下面使用Protect方法结合Password（保护密码）、Structure（工作表结构）和Windows（工作簿窗口）3个属性来对当前工作簿进行保护，然后再使用Unprotect方法取消该保护。

1 如图3-9所示，分别是对当前工作簿以12345为密码进行工作簿窗口和工作表结构保护、取消保护的代码。

```
(通用)                              ▼  第3章_技巧5_1            ▼
Public Sub 第3章_技巧5_1 0
    Dim wb As Workbook
    Set wb = ThisWorkbook      '指定工作簿
    wb.Protect Password:="12345", Structure:=True, Windows:=True
    Set wb = Nothing
End Sub


Public Sub 第3章_技巧5_2 0
    Dim wb As Workbook
    Set wb = ThisWorkbook      '指定工作簿
    wb.Unprotect Password:="12345"
    Set wb = Nothing
End Sub
```

图3-9

2 运行第1段代码后，即对当前工作簿进行了保护，此时右击工作表标签时，在弹出的快捷菜单中无法选择"复制"、"移动"和"删除"等命令，如图3-10所示。

图3-10

3 运行第2段代码后，即可取消对当前工作簿的保护。

技巧6 保存工作簿的更改

利用Workbook对象的Save方法是保存工作簿更改最简单的方法。

① 如图3-11所示，是对当前工作簿进行保存所编制的代码。

图3-11

② 运行代码后，即可对当前工作簿进行保存。

技巧7 直接另存工作簿至指定路径中

在本例中，可以利用SaveAs方法中的Filename参数指定工作簿另存为的位置和新的文件名。

① 如图3-12所示，是使用SaveAs方法将当前工作簿以YHH.xls文件名保存至D盘中的代码。

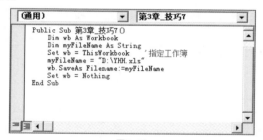

图3-12

② 运行代码后，即可将当前工作簿另存至指定文件夹中，如图3-13所示。

图3-13

技巧8　打开"另存为"对话框

通常，另存工作簿都是在"另存为"对话框中进行的。在VBA中，可以使用GetSaveAsFilename方法打开该对话框。

① 如图3-14所示，是使用GetSaveAsFilename方法显示"另存为"对话框的代码。

```
(通用)                                   第3章_技巧8

Public Sub 第3章_技巧8()
    Dim wb As Workbook
    Dim myFileName As String
    Set wb = ThisWorkbook        '指定工作簿
    myFileName = Application.GetSaveAsFilename( "Excel工作簿(*.xls),*.xls")
    If myFileName = "False" Then
        Exit Sub
    End If
    wb.SaveAs Filename:=myFileName
    Set wb = Nothing
End Sub
```

图3-14

② 运行代码后，即可打开"另存为"对话框，如图3-15所示。

图3-15

技巧9　保存工作簿副本

利用Saves方法将文件另存为新工作簿后，系统会自动关闭原工作簿文件。若用户希望在保存为另一个文件后继续编辑原工作簿，则可以使用SaveCopyAs方法来进行操作。

① 如图3-16所示，是使用SaveCopyAs方法保存当前工作簿的副本，将其以123.xls文件名保存至D盘中的代码。

图3-16

❷ 运行代码后，即可将当前工作簿的副本另存至指定文件夹中，如图3-17所示。

图3-17

技巧10 关闭当前工作簿

在VBA中，可以使用Close方法中的3个参数关闭工作簿，这3个参数分别为SaveChanges（用于指定在关闭工作簿时是否保存，设置为True即表示保存）、FileName（用于指定文件名）、RouteWorkbook（用于指定是否将工作簿传送给下一个收件人）。

❶ 如图3-18所示，分别是使用Close方法将当前工作簿保存后再关闭以及在不保存的前提下关闭当前工作簿的代码。

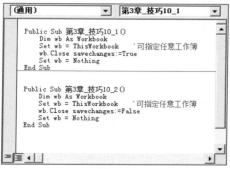

图3-18

②运行第1段代码后，即可将当前工作簿先保存后再关闭。

③运行第2段代码后，即可在不保存的前提下将当前工作簿关闭。

技巧11 关闭所有打开的工作簿

在VBA中，使用Close方法还可以一次性关闭所有打开的工作簿。若需要在关闭的时候保存各个工作簿的改动，则需要设置Application.DisplayAlerts为True，以弹出保存确认对话框。

①如图3-19所示，分别是使用Close方法设置在关闭工作簿时弹出确认保存对话框和禁止出现该对话框的代码。

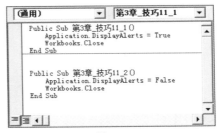

```
(通用)                    第3章_技巧11_1

Public Sub 第3章_技巧11_1 ()
    Application.DisplayAlerts = True
    Workbooks.Close
End Sub


Public Sub 第3章_技巧11_2 ()
    Application.DisplayAlerts = False
    Workbooks.Close
End Sub
```

图3-19

②运行第1段代码后，即可在关闭当前所有打开的工作簿前，弹出如图3-20所示的信息对话框。

图3-20

③运行第2段代码后，即可在关闭当前所有打开的工作簿前禁止弹出确认保存的对话框。

技巧12 控制工作簿只能通过代码关闭

通常情况下，关闭工作簿最常用的方法有两种：一是单击工作簿窗口右上角的"关闭"按钮；二是在任务栏中的工作簿图标上单击鼠标右键，在弹出的快捷菜单中选择"关闭窗口"命令。

在VBA中，用户可以将CloseFlag变量设置为True来禁用上述关闭工作簿的功能，而只能通过代码关闭工作簿。

①如图3-21所示，是在VB编辑器工程资源管理器中的ThisWorkbook中输入禁止工作簿通过单击"关闭"按钮和快捷菜单中的"关闭窗口"命令关闭的代码。

图3-21

❷ 运行代码后，即可关闭当前工作簿。

专家提示

若通过单击"关闭"按钮，或者在任务栏中右击当前工作簿图标，在弹出的快捷菜单中选择"关闭窗口"命令，则会弹出信息对话框，如图3-22所示。

图3-22

技巧13 重新排列工作簿窗口

在VBA中，可以使用Arrange方法的Arrangestyle参数对打开的工作簿窗口进行不同方式的排列。

❶ 如图3-23所示，是对工作簿窗口进行水平、垂直、平铺、层叠4种方式排列的代码。

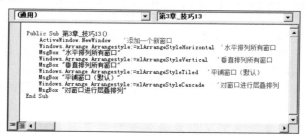

图3-23

❷ 运行代码后，即可依次对当前工作簿窗口进行重新排列，如图3-24所示为水平排列窗口的效果。

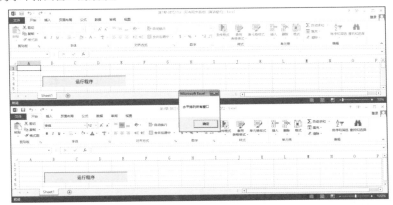

图3-24

技巧14 顺序打印工作簿的奇数页

在Word中，系统会自动提供只打印奇页或者偶数页的功能，但是在Excel中却没有这项功能。在这种情况下，用户可以在VBA中使用宏代码实现该功能。

下面介绍如何按顺页序打印工作簿的奇数页。

❶ 如图3-25所示，是从第一页开始顺序打印工作簿所有奇数页的代码。

```
Sub 第3章_技巧14()
    Dim TotalPages As Integer
    TotalPages = ExecuteExcel4Macro("GET.DOCUMENT(50)")
    For i = 1 To TotalPages Step 2
        ActiveSheet.PrintOut From:=i, To:=i
    Next
End Sub
```

图3-25

❷ 运行代码后，即可按顺序打印所有奇数页。

▶ 代码解析

（1）第3行代码表示使用Excel 4.0宏表函数获取工作簿的总页数（即TotalPages），无需判断分页符。

（2）第4~6行代码表示逐页打印所有奇数页。其中From和To参数表示打印的起始页数和结束页数。Step是计算步长，这里i每次加2。

（3）在第4行代码中，循环变量i的初值为1，即打印奇数页，若用户希望打印偶数页，可将该值改为2。

技巧15 逆序打印工作簿的偶数页

在上例中，循环变量i的初值为1，即打印奇数页。若用户希望打印偶数页，可将该值改为2。

❶ 如图3-26所示，是逆序打印工作簿所有偶数页的代码。

```
(通用)                              第3章_技巧15
    Sub 第3章_技巧15()
        Dim TotalPages As Integer
        TotalPages = ExecuteExcel4Macro("GET.DOCUMENT(50)")
        If TotalPages Mod 2 = 1 Then TotalPages = TotalPages - 1
        For i = TotalPages To 1 Step -2
            ActiveSheet.PrintOut From:=i, To:=i
        Next
    End Sub
```

图3-26

❷ 运行代码后，即可按逆序打印所有偶数页。

▶ 代码解析

（1）第4行代码是通过Mod运算符将总页数对2求余，若总页数TotalPages为奇数（余数为1），则将TotalPages减1（即最后一个偶数页）。

（2）第5~7行代码表示从最后一个偶数页开始打印所有的偶数页。

（3）将第4行的代码修改如下，即可逆序打印工作簿所有的奇数页。

If TotalPages Mod 2 = 0 Then TotalPages = TotalPages - 1

3.3 工作簿基本信息的查看与设置

在VBA中，利用Workbook对象的有关属性，可以轻松获取工作簿的一些基本信息，如：工作簿是否打开、是否保存、是否为加载宏工作簿、是否受保护以及工作簿的保存路径、名称等。

技巧16 查看当前活动工作簿的名称

在VBA中，使用ActiveWorkbook属性可以返回一个Workbook对象，利用该对象的Name属性即可查看当前活动工作簿的名称。

❶ 如图3-27所示，是查看当前活动工作簿名称的代码。

```
(通用)                              第3章_技巧16
    Public Sub 第3章_技巧16()
        MsgBox "当前活动工作簿的名称为: " & ActiveWorkbook.Name
    End Sub
```

图3-27

② 运行代码后弹出信息对话框，从中可以看到当前活动工作簿的名称，如图3-28所示。

图3-28

技巧17　查看当前运行宏代码的工作簿名称

在VBA中，使用ThisWorkbook属性可以返回一个Workbook对象，利用该对象的Name属性即可查看当前运行宏代码的工作簿名称。

① 如图3-29所示，是查看当前运行宏代码的工作簿名称的代码。

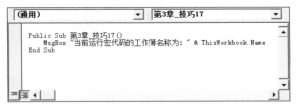

图3-29

② 运行代码后弹出信息对话框，从中可以看到当前运行宏代码的工作簿名称，如图3-30所示。

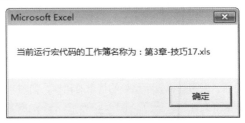

图3-30

技巧18　查看当前活动工作簿的路径

在VBA中，使用ActiveWorkbook属性可以返回一个Workbook对象，利用该对象的Path属性即可查看当前活动工作簿的路径。

① 如图3-31所示，是查看当前活动工作簿路径的代码。

图3-31

② 运行代码后弹出信息对话框，从中可以看到当前活动工作簿的路径，如图3-32所示。

图3-32

技巧19 查看当前运行宏代码的工作簿路径

在VBA中，使用ThisWorkbook属性可以返回一个Workbook对象，利用该对象的Path属性即可查看当前运行宏代码的工作簿路径。

① 如图3-33所示，是查看当前运行宏代码的工作簿路径的代码。

图3-33

② 运行代码后，即可弹出显示结果的信息对话框，如图3-34所示。

图3-34

技巧20　查看所有打开的工作簿名称及其路径

获取工作簿路径的方法同样是利用Workbook对象的Path属性来实现的。在本例中，利用了循环法查看所有打开的工作簿路径，并将这些工作簿的名称及其路径显示在当前工作表的A列和B列中。

❶ 如图3-35所示，是查看所有打开工作簿的名称及路径的代码。

图3-35

❷ 运行代码后，即可在当前工作表的A列和B列中看到所有打开的工作簿名称及其路径，如图3-36所示。

	A	B	C	D	E	F	G
1	工作簿名称	工作簿路径					
2	第3章-技巧20.xls	F:\Excel VBA应用技巧与范例查询宝典\写作数据源\第3章					
3	第3章-技巧19.xls	F:\Excel VBA应用技巧与范例查询宝典\写作数据源\第3章					
4	第3章-技巧18.xls	F:\Excel VBA应用技巧与范例查询宝典\写作数据源\第3章					

图3-36

专家提示

在本例中若只需要在当前工作表的A列中显示所有打开的工作簿的名称，代码则如图3-37所示。

图3-37

技巧21 判断指定工作簿是否打开

在当前所有打开的工作簿中，用户可以利用循环法在Workbooks集合中判断是否存在要查找的某个工作簿（若有即表示该工作簿已打开，否则表示未打开），还可以通过使用错误处理法设置处理错误的语句块来判断。

① 如图3-38所示，分别是使用循环法和错误处理法判断指定工作簿是否打开的代码。

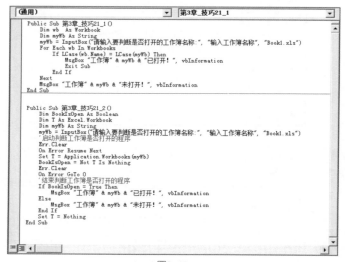

```
(通用)                              第3章_技巧21_1
Public Sub 第3章_技巧21_1 ()
    Dim wb As Workbook
    Dim myWb As String
    myWb = InputBox("请输入要判断是否打开的工作簿名称:", "输入工作簿名称", "Book1.xls")
    For Each wb In Workbooks
        If LCase(wb.Name) = LCase(myWb) Then
            MsgBox "工作簿" & myWb & "已打开!", vbInformation
            Exit Sub
        End If
    Next
    MsgBox "工作簿" & myWb & "未打开!", vbInformation
End Sub

Public Sub 第3章_技巧21_2 ()
    Dim BookIsOpen As Boolean
    Dim T As Excel.Workbook
    Dim myWb As String
    myWb = InputBox("请输入要判断是否打开的工作簿名称:", "输入工作簿名称", "Book1.xls")
    '启动判断工作簿是否打开的程序
    Err.Clear
    On Error Resume Next
    Set T = Application.Workbooks(myWb)
    BookIsOpen = Not T Is Nothing
    Err.Clear
    On Error GoTo 0
    '结束判断工作簿是否打开的程序
    If BookIsOpen = True Then
        MsgBox "工作簿" & myWb & "已打开!", vbInformation
    Else
        MsgBox "工作簿" & myWb & "未打开!", vbInformation
    End If
    Set T = Nothing
End Sub
```

图3-38

② 运行两段代码后，均会弹出"输入工作簿名称"对话框，在其中可以输入要判断是否打开的工作簿名称，如图3-39所示。

③ 单击"确定"按钮，即可弹出显示结果的信息对话框，如图3-40所示。

图3-39   图3-40

技巧22 判断指定工作簿是否保存及最近的保存时间

在VBA中，工作簿是否保存，可以根据Path属性是否返回一个空字符串（""）来判断，也可以根据Saved属性值是否为True来判断。

1 如图3-41所示，分别是利用Path属性和Saved属性判断指定工作簿是否保存的代码。

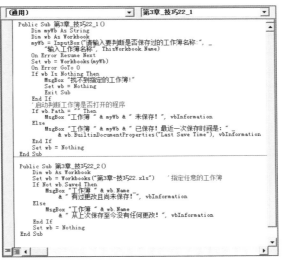

```
(通用)                              第3章_技巧22_1

Public Sub 第3章_技巧22_1 ()
    Dim myWb As String
    Dim wb As Workbook
    myWb = InputBox("请输入要判断是否保存过的工作簿名称:", _
        "输入工作簿名称", ThisWorkbook.Name)
    On Error Resume Next
    Set wb = Workbooks(myWb)
    On Error GoTo 0
    If wb Is Nothing Then
        MsgBox "找不到指定的工作簿!"
        Set wb = Nothing
        Exit Sub
    End If
    '启动判断工作簿是否打开的程序
    If wb.Path = "" Then
        MsgBox "工作簿 " & myWb & " 未保存!", vbInformation
    Else
        MsgBox "工作簿 " & myWb & " 已保存!最近一次保存时间是: " _
            & wb.BuiltinDocumentProperties("Last Save Time"), vbInformation
    End If
    Set wb = Nothing
End Sub

Public Sub 第3章_技巧22_2 ()
    Dim wb As Workbook
    Set wb = Workbooks("第3章-技巧22.xls")    '指定任意的工作簿
    If Not wb.Saved Then
        MsgBox "工作簿 " & wb.Name _
            & " 有过更改且尚未保存!~", vbInformation
    Else
        MsgBox "工作簿 " & wb.Name _
            & " 从上次保存至今没有任何更改!", vbInformation
    End If
    Set wb = Nothing
End Sub
```

图3-41

2 运行第1段代码后，即弹出"输入工作簿名称"对话框，在其中可以输入要判断是否保存过的工作簿名称，如图3-42所示。

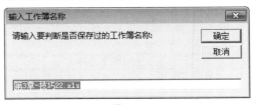

图3-42

3 单击"确定"按钮，弹出信息对话框，从中可以看到指定的工作簿已经保存过，并利用BuiltinDocumentProperties属性得到其最近一次保存的时间，如图3-43所示。

4 若指定的工作簿未保存，则弹出的信息对话框如图3-44所示。

图3-43

图3-44

⑤ 运行第2段代码后，则可能弹出如图3-45或图3-46所示的信息对话框。

图3-45

图3-46

技巧23 判断当前工作簿是否为加载宏工作簿

在工作簿中加载宏后，一般会将IsAddin属性值设置为 True后保存，以便其作为加载宏运行。用户可根据这一特性判断当前工作簿是否为加载宏工作簿。

① 如图3-47所示，是利用IsAddin属性判断当前打开的第1个工作簿是否为加载宏工作簿的代码。

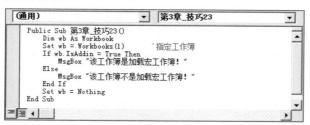

图3-47

② 运行代码后弹出对话框，从中可以看到指定的工作簿不是加载宏工作簿，如图3-48所示。

图3-48

技巧24 查看工作簿的保护状态

工作簿的保护一般分为工作簿窗口保护和工作表结构保护两种。下面利用ProtectStructure属性和ProtectWindows属性判断当前工作簿的保护状态。

❶ 如图3-49所示，是判断当前工作簿保护状态的代码。

```
(通用)                              ▼   第3章_技巧24                    ▼
Public Sub 第3章_技巧24()
    Dim wb As Workbook
    Set wb = ThisWorkbook           '指定工作簿
    If wb.ProtectStructure = True Then
        MsgBox "该工作簿进行了工作表结构保护！"
    End If
    If wb.ProtectWindows = True Then
        MsgBox "该工作簿进行了工作簿窗口保护！"
    End If
    If wb.ProtectStructure = False And wb.ProtectWindows = False Then
        MsgBox "该工作簿未进行任何保护！"
    End If
    Set wb = Nothing
End Sub
```

图3-49

❷ 运行代码后弹出对话框，从中可以看到当前工作簿进行了工作表结构保护，如图3-50所示。

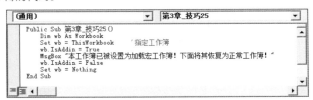

```
Microsoft Excel              ✕

该工作簿进行了工作表结构保护！

            确定
```

图3-50

技巧25 设置工作簿为加载宏工作簿或取消加载宏

在工作簿中加载宏后，一般会将IsAddin属性值设置为 True后保存，以便将其设置为加载宏工作簿，但是，此时的工作簿会处于不显示的状态。在这种情况下，用户需要再将IsAddin属性值设置为False，才能使其恢复为正常的工作簿。

❶ 如图3-51所示，是将当前工作簿设置为加载宏工作簿然后再将其恢复为正常工作簿的代码。

```
(通用)                              ▼   第3章_技巧25                    ▼
Public Sub 第3章_技巧25()
    Dim wb As Workbook
    Set wb = ThisWorkbook           '指定工作簿
    wb.IsAddin = True
    MsgBox "本工作簿已被设置为加载宏工作簿！下面将其恢复为正常工作簿！"
    wb.IsAddin = False
    Set wb = Nothing
End Sub
```

图3-51

② 运行代码后，即可将当前工作簿设置为加载宏工作簿，并弹出如图3-52所示的信息对话框。

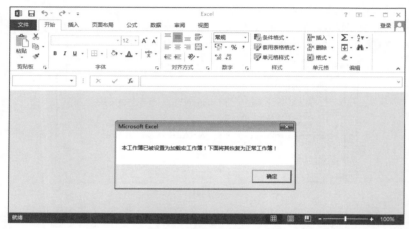

图3-52

③ 单击"确定"按钮，即可将当前工作簿恢复为正常工作簿。

技巧26 工作簿窗口大小的改变

在VBA中，可以使用Width和Height属性来设置工作簿窗口的宽度和高度，即窗口的大小。

① 如图3-53所示，是将工作簿窗口大小设置为500×300的代码。

```
(通用)                          第3章_技巧26
Public Sub 第3章_技巧26 ()
    Dim wd As Window
    Dim myWState As Long, myWidth As Double, myHeight As Double
    Set wd = ActiveWindow
    With wd
        myWState = .WindowState
        .WindowState = xlNormal
        myWidth = .Width
        myHeight = .Height
        .Width = 500          '设定窗口的宽度
        .Height = 300         '设定窗口的高度
        If MsgBox("窗口大小已经被改变！" _
        & vbCrLf & "是否恢复至原来的大小？" _
        , vbInformation + vbYesNo) = vbNo Then Exit Sub
        .Width = myWidth
        .Height = myHeight
        .WindowState = myWState
    End With
    Set wd = Nothing
End Sub
```

图3-53

② 运行代码后，工作簿窗口即可更改为设置的大小并弹出信息对话框，如图3-54所示。

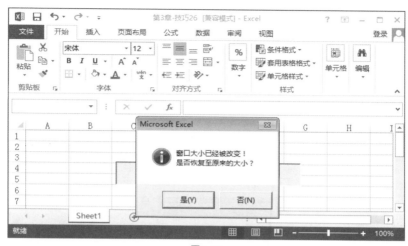

图3-54

❸ 此时，若单击"是"按钮即恢复至原来的窗口大小，单击"否"按钮则保持现有窗口大小。

技巧27 工作簿窗口显示位置的改变

在VBA中，可以使用Top和Left属性来设置工作簿窗口的显示位置。

❶ 如图3-55所示，是将工作簿窗口位置设置为与屏幕顶部距离为50、与屏幕左侧距离为50的代码。

```vba
(通用)                          第3章_技巧27

Public Sub 第3章_技巧27()
    Dim wd As Window
    Dim myWState As Long, myWidth As Double, myHeight As Double
    Set wd = ActiveWindow
    With wd
        myWState = .WindowState
        .WindowState = xlNormal
        myLeft = .Left
        myTop = .Top
        .Left = 50          '设置窗口左侧距离
        .Top = 50           '设置窗口顶端距离
        If MsgBox("窗口位置已经被改变！" _
        & vbCrLf & "是否恢复至原来的位置？" _
        , vbInformation + vbYesNo) = vbNo Then Exit Sub
        .Left = myLeft
        .Top = myTop
        .WindowState = myWState
    End With
    Set wd = Nothing
End Sub
```

图3-55

② 运行代码后，工作簿窗口即可显示于设置的位置并弹出信息对话框，如图3-56所示。

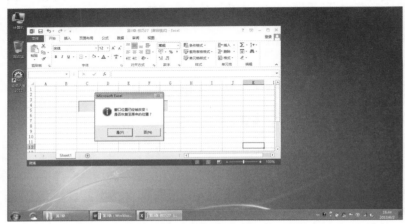

图3-56

③ 此时，若单击"是"按钮即恢复至原来的窗口显示位置，单击"否"按钮则保持现有窗口位置。

技巧28 工作簿窗口显示比例的设置

在Excel工作簿中，可以通过拖动的滑块来调整窗口显示比例。在VBA中，可以使用Zoom属性来实现工作簿窗口显示比例的设置。

① 如图3-57所示，是将当前活动工作簿窗口的显示比例设置为50%的代码。

图3-57

② 运行代码后，工作簿窗口即显示为所设置的比例并弹出信息对话框，如图3-58所示。

③ 此时，若单击"确定"按钮即可恢复至原来的窗口显示比例。

图3-58

技巧29　工作簿窗口的隐藏与显示

在VBA中，可以使用Visible属性来实现工作簿窗口的隐藏或显示。

① 如图3-59所示，是先隐藏当前工作簿窗口，然后再将其显示出来的代码。

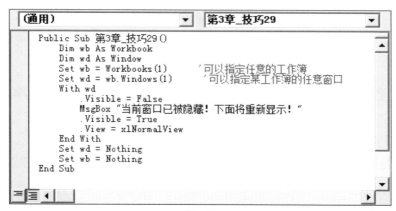

```
(通用)                           第3章_技巧29

    Public Sub 第3章_技巧29()
        Dim wb As Workbook
        Dim wd As Window
        Set wb = Workbooks(1)      '可以指定任意的工作簿
        Set wd = wb.Windows(1)     '可以指定某工作簿的任意窗口
        With wd
            .Visible = False
            MsgBox "当前窗口已被隐藏！下面将重新显示！"
            .Visible = True
            .View = xlNormalView
        End With
        Set wd = Nothing
        Set wb = Nothing
    End Sub
```

图3-59

② 运行代码后，工作簿窗口即被隐藏起来并弹出信息对话框，如图3-60所示。

③ 此时，若单击"确定"按钮，即可重新显示被隐藏的工作簿窗口。

图3-60

3.4 工作簿的引用

在VBA中，不同工作簿之间的转换需要指定引用的工作簿，其方法有很多种，下面进行一一介绍。

技巧30 使用索引号指定工作簿

工作簿索引号是指工作簿打开的顺序，该顺序是从1开始进行编号的。当某个工作簿被关闭后，系统将会自动产生新的索引编号，使编号连续。

❶ 如图3-61所示，是通过工作簿的索引号指定第2个被打开的工作簿名称的代码。

❷ 代码运行的结果如图3-62所示。

图3-61

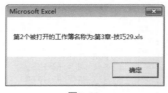

图3-62

技巧31 使用名称指定工作簿

工作簿名称是指Excel文件的文件名，即在Excel标题栏中看到的名称。用户可以使用Workbooks集合引用方式来指定工作簿。

❶ 如图3-63所示，是使用名称指定已经打开的"第3章-技巧1.xls"工作簿

并获取其保存路径的代码。

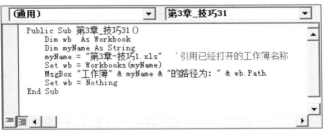

图3-63

2 代码运行的结果如图3-64所示。

图3-64

专家提示

本例中引用的工作簿是已经保存的扩展名为".xls"的工作簿，采用了"Workbooks（"book1.xls"）"的引用方式。若引用的工作簿还未被保存，则采用"Workbooks（"book1"）"的引用方式。

技巧32　引用当前运行宏代码的工作簿

ThisWorkbook属性用于返回一个Workbook对象，该对象代表当前运行宏代码的工作簿。

1 如图3-65所示，是使用ThisWorkbook属性引用当前运行宏代码的工作簿并获取其完整的保存路径的代码。

图3-65

② 代码运行的结果如图3-66所示。

当前运行宏代码的工作簿路径为：F:\Excel VBA应用技巧与范例查询宝典\写作数据源\第3章

图3-66

技巧33 引用当前活动工作簿

ActiveWorkbook属性用于返回一个Workbook对象，该对象代表活动窗口（最上面的窗口）的工作簿。若没有打开任何窗口，或者活动窗口为信息窗口和剪贴板窗口，则返回 Nothing。

① 如图3-67所示，是使用ActiveWorkbook属性返回当前活动工作簿名称的代码。

```
(通用)                           第3章_技巧33

Public Sub 第3章_技巧33 ()
    Dim wb  As Workbook
    Set wb = ActiveWorkbook
    MsgBox "当前活动工作簿的名称为：" & wb.Name
    Set wb = Nothing
End Sub
```

图3-67

② 代码运行的结果如图3-68所示。

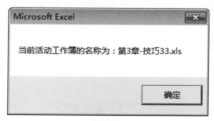

当前活动工作簿的名称为：第3章-技巧33.xls

图3-68

技巧34 引用最后打开的工作簿

Count属性用于返回指定集合中对象的数目，即打开工作簿的总数。

① 如图3-69所示，是使用Count属性返回最后打开的工作簿名称的代码。

2 代码运行的结果如图3-70所示。

图3-69

图3-70

技巧35 引用新建的工作簿

若要在VBA中引用新的工作簿，可以使用Workbook集合的Add方法。该方法通过将新建的工作簿赋值给对象变量，再配合With语句快速地引用新建的工作簿。

1 如图3-71所示，是使用Add方法新建工作簿，并将其命名为"YHH工作簿"的代码。

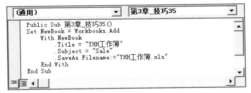

图3-71

2 代码运行的结果如图3-72所示。

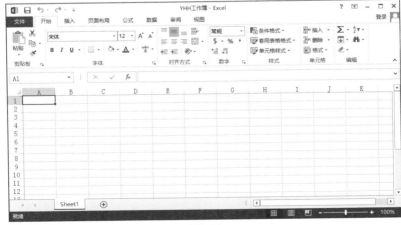

图3-72

读书笔记

第 4 章

Worksheet
（工作表）对象

本章中部分素材文件在光盘中对应的章节下。

4.1 认识Worksheet（工作表）对象

Worksheet对象代表 Microsoft Excel 工作表，处于Workbook对象的下一层。一个Worksheet对象就是一个Excel工作表，多个Worksheet对象则组成Worksheets集合。

工作表是工作簿的基础，对Excel工作簿的操作都是在工作表中进行的。

4.2 工作表常用的基本操作

工作表常用的基本操作主要包括新建、复制、删除、切换等，下面介绍如何利用工作表对象的属性和方法，使这些操作更加方便、快捷。

技巧1 轻松添加一个工作表

在VBA中，可以使用Worksheets集合或sheets集合的Add方法新建一个工作表，该工作表将成为活动工作表。本例将在工作簿中最后一个工作表的后面添加一个新的工作表，并对其进行重命名的操作。

1 如图4-1所示，是使用Add方法新建一个工作表并利用Name属性将其重命名为"表格"的代码。

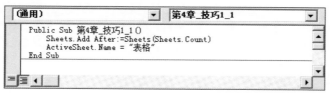

```
(通用)                          第4章_技巧1_1

    Public Sub 第4章_技巧1_1()
        Sheets.Add After:=Sheets(Sheets.Count)
        ActiveSheet.Name = "表格"
    End Sub
```

图4-1

2 运行代码后的结果如图4-2所示。

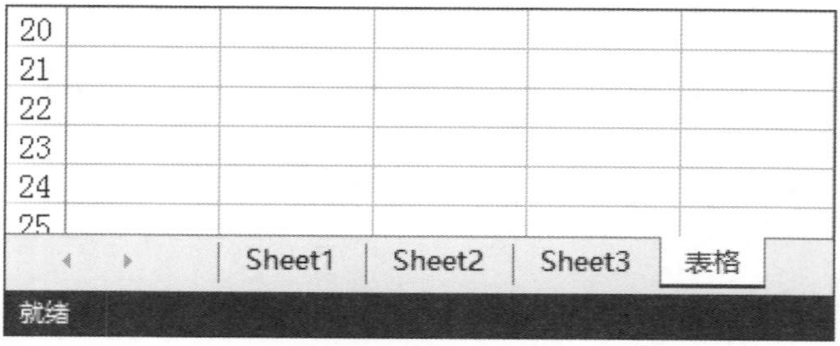

| 20 |
| 21 |
| 22 |
| 23 |
| 24 |
| 25 |

| ◄ ► | Sheet1 | Sheet2 | Sheet3 | 表格 |

就绪

图4-2

专家提示

（1）将图4-1第2行代码中的After换成Before，即可在工作簿中最后一个工作表的前面添加一个工作表。

（2）在通常情况下，图4-1中的代码是可以正常运行的，但在某些特殊情况下也可能会产生错误，如工作簿窗口被隐藏时。这时可以运行下面的代码来避免出现此类错误，如图4-3所示。

```
(通用)                          第4章_技巧1_2

Public Sub 第4章_技巧1_2 ()
    Dim sht As Worksheet
    With ThisWorkbook
        Set sht = .Worksheets.Add(After:=.Sheets(.Sheets.Count))
    End With
    sht.Name = "表格"
    Set sht = Nothing
End Sub
```

图4-3

技巧2 一次性添加多个工作表

在上例的代码中，参数Count是用于指定要新建的工作表的数目，其默认值为1。用户也可以指定为其他值，以添加相应数目的工作表。

❶ 如图4-4所示，是使用Add方法、Name属性及Count参数新建3个工作表并将其分别重命名为"表格1"、"表格2"、"表格3"的代码。

```
(通用)                          第4章_技巧2

Public Sub 第4章_技巧2 ()
    Dim myArray
    myArray = Array("表格3", "表格2", "表格1")
    Worksheets.Add after:=Worksheets(Worksheets.Count), Count:=3  '新建3个工作表
    For i = Worksheets.Count To Worksheets.Count - 2 Step -1
        Worksheets(i).Name = myArray(Worksheets.Count - i)
    Next i
End Sub
```

图4-4

❷ 运行代码后的结果如图4-5所示。

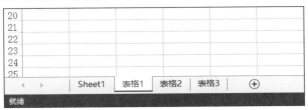

图4-5

技巧3 在当前工作簿中移动工作表

在VBA中，可以使用Move方法结合Before或After两个可选位置参数来移动工作表。用户既可以单独指定Before参数或After参数，也可以同时指定两个参数。

❶ 如图4-6所示，当前工作簿中包含"档案表"、"考勤表"和"工资表"3个工作表，其分别为工作簿的第1、2、3个工作表。

图4-6

❷ 如图4-7所示，是将默认的第3个工作表（即"工资表"工作表）移至当前工作簿最前面的代码。

```
(通用)                            第4章_技巧3_1
Public Sub 第4章_技巧3_1()
    Dim ws As Worksheet
    Set ws = Worksheets(3)      '指定要移动的工作表
    With Worksheets
        ws.Move Before:=.Item(1)    '移至当前工作簿的最前面
    End With
    Set ws = Nothing
End Sub
```

图4-7

❸ 运行代码后，即可看到"工资表"工作表被移至当前工作簿的最前面，如图4-8所示。

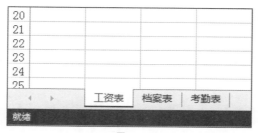

图4-8

❹ 再次运行代码后，即可看到当前第3个工作表（即"考勤表"工作表）又被移至当前工作簿的最前面，如图4-9所示。

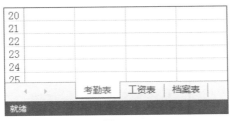

图4-9

专家提示

（1）在本例中需要注意的是，代码中的Worksheets(3)指的是工作簿默认从左至右的第3个工作表。同理，Worksheets(1)表示第1个工作表，Worksheets(2)表示第2个工作表，依次类推。

（2）当代码中同时指定了After和Before两个参数时，系统会运行处于后面的参数，如本例的代码也可编制如图4-10所示。

```
(通用)                              第4章_技巧3_2

Public Sub 第4章_技巧3_2()
    Dim ws As Worksheet
    Set ws = Worksheets(3)          '指定要移动的工作表
    With Worksheets
        ws.Move After:=.Item(.Count)   '移至当前工作簿的最后面
        ws.Move Before:=.Item(1)       '移至当前工作簿的最前面
    End With
    Set ws = Nothing
End Sub
```

图4-10

技巧4 将工作表移至新建的工作簿中

编制移动工作表代码时，若Before参数和After参数二者均未指定，系统则会将需要移动的工作表移至新建的工作簿中，并以"工作簿1"、"工作簿2"的顺序来命名新建的工作簿。

❶ 如图4-11所示，是将当前工作簿中默认的第2个工作表（即"考勤表"工作表）移至新工作簿中的代码。

```
(通用)                              第4章_技巧4

Public Sub 第4章_技巧4()
    Dim ws As Worksheet
    Set ws = Worksheets(2)          '指定要移动的工作表
    With Worksheets
        ws.Move                      '移至新建的工作簿中
    End With
    Set ws = Nothing
End Sub
```

图4-11

②运行代码后，即可看到"考勤表"工作表被移至新建的"工作簿1"工作簿中，如图4-12所示。

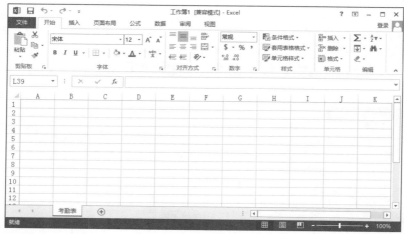

图4-12

技巧5 复制工作表

在VBA中，可以使用Copy方法结合Before和After两个可选位置参数来复制工作表。和移动工作表相同，用户既可以单独指定Before参数或After参数，也可以同时指定两个参数。不同的是，当代码中同时指定了Before和After两个参数时，系统会同时运行这两个参数。

①如图4-13所示，是将当前工作簿中的第1个工作表（即"数据"工作表）复制到最前面、最后面以及新建的工作簿中的代码。

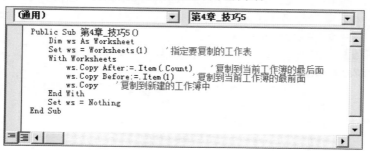

```
(通用)                              第4章_技巧5
    Public Sub 第4章_技巧5()
        Dim ws As Worksheet
        Set ws = Worksheets(1)    '指定要复制的工作表
        With Worksheets
            ws.Copy After:=.Item(.Count)   '复制到当前工作簿的最后面
            ws.Copy Before:=.Item(1)        '复制到当前工作簿的最前面
            ws.Copy    '复制到新建的工作簿中
        End With
        Set ws = Nothing
    End Sub
```

图4-13

②运行代码后，即可看到"数据"工作表分别被复制到指定的多个位置中，如图4-14、图4-15所示。

图4-14

图4-15

技巧6　删除工作表时弹出提示信息

利用Worksheets集合的Delete方法可以轻松删除指定的工作表。在删除工作表时，通常情况下系统会弹出提示对话框，以便用户最后确认是否删除工作表。

❶ 如图4-16所示，是在删除当前工作簿中默认的第2个工作表（即Sheet2工作表）时弹出提示信息对话框的代码。

图4-16

❷ 运行代码后，即可弹出提示信息对话框，如图4-17所示。

图4-17

❸ 此时若单击"删除"按钮，即可将Sheet2工作表删除，并弹出信息对话框，如图4-18所示。

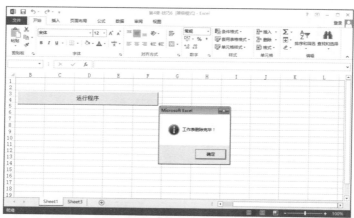

图4-18

❹ 若单击"取消"按钮，则取消删除Sheet2工作表，并弹出信息对话框，如图4-19所示。

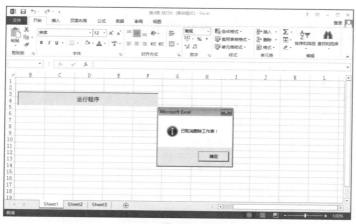

图4-19

技巧7 直接删除指定的工作表

用户在删除工作表时，如果不希望弹出信息提示对话框，可以通过将Application.DisplayAlerts设置为False直接删除指定的工作表，避免出现该提示对话框。

❶ 如图4-20所示，是在删除当前工作簿中默认Sheet2位置上的工作表时不显示提示对话框的代码。

```
(通用)                          ▼   第4章_技巧7                ▼
Public Sub 第4章_技巧7 ()
    On Error Resume Next
    Dim ws As Worksheet
    Set ws = Worksheets(2)      '指定要删除的工作表
    If Worksheets.Count > 1 Then
        Application.DisplayAlerts = False
        ws.Delete
        Application.DisplayAlerts = True
    Else
        MsgBox "当前只剩下最后一张工作表，不可删除！"
    End If
    Set ws = Nothing
End Sub
```

图4-20

❷ 运行代码后，即可直接删除默认Sheet2位置上的工作表，如图4-21所示。

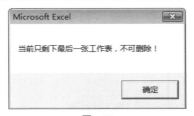

图4-21

❸ 当只剩下一张工作表时，运行代码则会出现如图4-22所示的提示信息。

图4-22

技巧8 一次性删除当前工作簿中的其他工作表

在当前工作簿中，如果想要保留当前选中的工作表，而一次性删除其他所有未选中的工作表，可以通过以下方法实现。

1 如图4-23所示，在当前工作簿中包含5个工作表，其中Sheet5工作表是当前活动工作表。

图4-23

2 如图4-24所示，是一次性删除当前工作簿中其他工作表的代码。

```
(通用)                              第4章_技巧8

    Public Sub 第4章_技巧8 ()
        Dim n As Integer, i As Integer
        n = ActiveWindow.SelectedSheets.Count
        ActiveWindow.SelectedSheets.Move Before:=Sheets(1) '移动工作表组
        Application.DisplayAlerts = False        '不弹出提示对话框
        For i = Sheets.Count To n + 1 Step -1    '循环删除最后一张工作表
            Sheets(i).Delete
        Next
        Application.DisplayAlerts = True         '恢复提示对话框信息
    End Sub
```

图4-24

3 运行代码后，即可将Sheet5工作表以外的所有工作表删除，如图4-25所示。

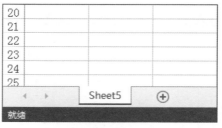

图4-25

技巧9 删除指定的图表工作表

利用Delete方法同样可以删除工作簿中指定的包含图表的工作表。在本例中，删除工作簿中的第1个图表工作表，并自行判断某个工作表是否为图表工作表，直到删除完所有图表工作表即不再运行。

1 如图4-26所示，当前工作簿中包含3个图表工作表。

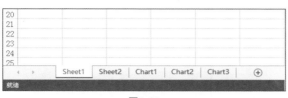

图4-26

② 如图4-27所示，是删除当前工作簿中第1个图表工作表的代码。

图4-27

③ 运行代码后，即可删除第1个图表工作表Chart1，如图4-28所示。

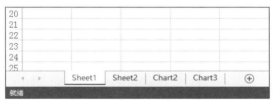

图4-28

④ 继续运行代码，直到删除完所有图表工作表即停止运行，如图4-29所示的提示信息。

图4-29

技巧10　切换工作表（1）

在VBA中，利用Select方法可以切换至指定的工作表。

① 如图4-30所示，当前工作簿中包含3个工作表，现处于Sheet1工作表中。

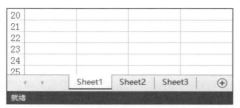

图4-30

② 如图4-31所示，是切换至第2个工作表的代码。

图4-31

③ 运行代码后，即可切换至第2个工作表即Sheet2工作表中，如图4-32所示。

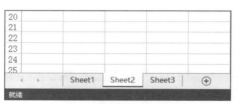

图4-32

技巧11 切换工作表（2）

用户还可以利用Activate方法可以激活并切换至指定的工作表，具体操作如下。

① 如图4-33所示，是切换至第2个工作表的代码。

图4-33

2 运行代码后，即可激活并切换至第2个工作表即Sheet2工作表中，如图4-34所示。

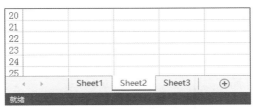

图4-34

技巧12 切换工作表（3）

切换工作表还有另外一种方法，即打开显示所有工作表的快捷菜单，从而快速地选择需要切换的工作表。

1 如图4-35所示，当前工作簿中包含5个工作表，现处于Sheet1工作表中。

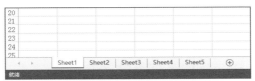

图4-35

2 如图4-36所示，是打开所有工作表的快捷菜单的代码。

```
(通用)                      ▼  第4章_技巧12              ▼

    Public Sub 第4章_技巧12()
        CommandBars("Workbook Tabs").ShowPopup
    End Sub
```

图4-36

3 运行代码的结果如图4-37所示，此时，可以从中选择需要切换的工作表。

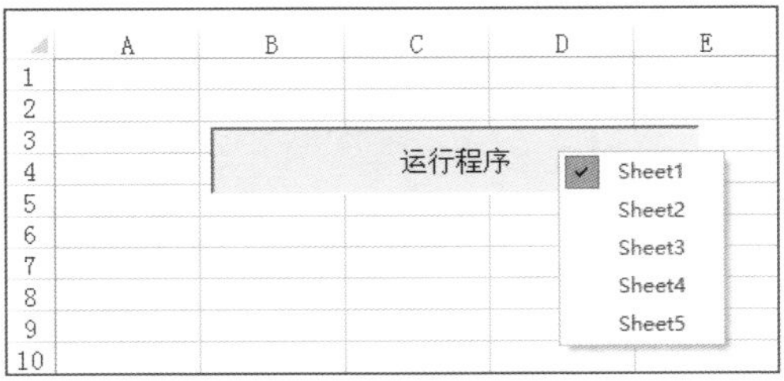

图4-37

技巧13 选定所有工作表（1）

在Excel实际操作过程中，若用户需要同时选中当前工作簿中的所有工作表，可以利用带参数的Select方法来实现，但必须保证所有工作表均处于可视状态。

❶ 如图4-38所示，是选中当前工作簿中所有工作表的代码。

图4-38

❷ 运行代码后，即可看到当前工作簿中的3个工作表均被选中，如图4-39所示。

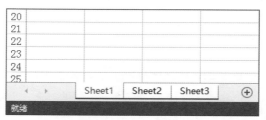

图4-39

技巧14 选定所有工作表（2）

要同时选中当前工作簿中的所有工作表，还可以使用Worksheets集合的Select方法来选中集合中所有的对象。

❶ 如图4-40所示，是使用集合的方法选中当前工作簿中所有工作表的代码。

图4-40

❷ 运行代码后，即可看到当前工作簿中的3个工作表均被选中，如图4-41所示。

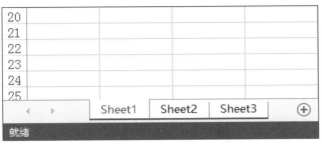

图4-41

技巧15 保护或取消保护工作表的单元格

保护工作表和保护工作簿的方法相同，都是利用Protect方法设置密码来进行保护的，本例介绍的是保护、取消保护工作表单元格的方法。

① 如图4-42所示，分别是保护和取消保护当前工作表单元格的代码。

```
(通用)                           第4章_技巧15_1

Public Sub 第4章_技巧15_1()
    Dim ws As Worksheet
    Set ws = Worksheets(1)     '指定要保护的工作表
    With ws
        .Protect Password:="12345"              '设置保护密码
        .Protect Contents:=True                 '保护单元格内容
        .Protect UserInterfaceonly:=True        '禁止用户操作
    End With
    Set ws = Nothing
End Sub

Public Sub 第4章_技巧15_2()
    Dim ws As Worksheet
    Set ws = Worksheets(1)     '指定要取消保护的工作表
    ws.Unprotect Password:="12345"
    Set ws = Nothing
End Sub
```

图4-42

② 运行第1段代码后，即可将当前工作表的单元格以密码12345进行保护，此时若对其中的单元格进行操作时，则会弹出如图4-43所示的警告信息对话框。

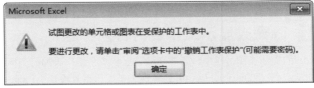

图4-43

③ 再运行第2段代码后，即可取消保护当前工作表的单元格。

技巧16 对受保护的工作表进行操作

保护工作表之后，若需要对其中的部分内容进行修改，可以使用代码先取消工作表的保护，然后进行相应的修改，修改之后再重新保护工作表。

❶ 如图4-44所示，是在当前受保护工作表的A1单元格中添加文字内容的代码。

```
(通用)                              第4章_技巧16

Public Sub 第4章_技巧16()
    With ActiveSheet
        .Unprotect
        .Range("A1").Value = "Excel VBA应用技巧与范例查询宝典"
        .Protect
    End With
End Sub
```

图4-44

❷ 运行代码后，即可将在A1单元格中添加相应的文字内容，如图4-45所示。

	A	B	C	D
1	Excel VBA应用技巧与范例查询宝典			
2				
3				
4				
5				
6				

图4-45

▶ 代码解析

第3行代码表示使用Unprotect方法来取消对工作表的保护。Unprotect方法的通用语法是：Unprotect（Password），其中Password用于指定保护的密码，此处该参数被忽略，是因为当前被保护的工作表未设定保护的密码。

技巧17 隐藏或显示工作表的行列标题

在Excel的实际操作过程中，若要隐藏或显示某个工作表的行列标题，可以使用Windows对象的DisplayHeadings属性来实现；将其设置为False，即可隐藏行列标题；设置为True，即可显示行列标题。

❶ 如图4-46所示，当前工作簿中包含3个工作表。

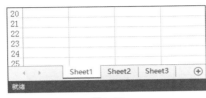

图4-46

2 如图4-47所示，是隐藏和显示当前工作簿中第3个工作表行列标题的代码。

图4-47

3 运行第1段代码后，即可隐藏Sheet3工作表的行列标题，如图4-48所示。

图4-48

4 运行第2段代码后，即可重新显示Sheet3工作表的行列标题，如图4-49所示。

图4-49

第 1 章

第 2 章

第 3 章

第 4 章

第 5 章

技巧18 按名称（文本升序）重新排列工作表

当工作簿中包含多张工作表时，为了方便查找某个工作表，可以先按名称重新排列所有工作表，然后再查找指定名称的工作表。

本例是使用比较排序法先对名称进行文本升序排序，然后再重新排列工作表的。

① 如图4-50所示，是当前工作簿中所有工作表的排列效果。

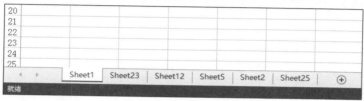

图4-50

② 如图4-51所示，是对名称进行文本升序排序，然后再重新排列工作表的代码。

```vba
(通用)                              第4章_技巧18

Public Sub 第4章_技巧18()
    Dim ws As Worksheet
    Dim myArray() As String, i As Integer
    ReDim myArray(1 To Worksheets.Count, 1 To 1)
    '获取所有工作表名称
    For Each ws In Worksheets
        myArray(ws.Index, 1) = ws.Name
    Next
    '开始复制工作表名并排序
    With Worksheets.Add.Range("A1").Resize(UBound(myArray), 1)
        .Value = myArray
        .Sort Key1:=.Range("A1"), Header:=xlNo, Orientation:=xlTopToBottom
        For i = .Cells.Count To 1 Step -1
            Worksheets(.Cells(i).Value).Move Before:=Worksheets(1)
        Next
        Application.DisplayAlerts = False
        .Parent.Delete
        Application.DisplayAlerts = True
    End With
End Sub
```

图4-51

③ 运行代码后，即可按名称的文本升序重新排列所有工作表，效果如图4-52所示。

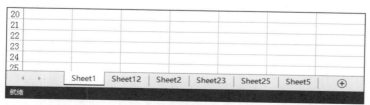

图4-52

技巧19 按名称（数字升序）重新排列工作表

对于"字符串+数字"类型名称的工作表，也可以先对名称进行数字升序排序，然后再重新排列工作表。

❶ 如图4-53所示，是对名称进行数字升序排序，然后再重新排列工作表的代码。

```
Public Sub 第4章_技巧19()
    Dim i As Integer, n As Integer
    Dim arr1() As Integer, arr2() As Integer
    n = Sheets.Count
    ReDim arr1(1 To n)
    ReDim arr2(1 To n)
    For i = 1 To n
        arr1(i) = Val(Mid(Sheets(i).Name, 6))
    Next
    For i = 1 To n
        arr2(i) = Application.WorksheetFunction.Large(arr1, i)
    Next
    For i = 1 To n
        Sheets("Sheet" & arr2(i)).Move Before:=Sheets(1)
    Next
End Sub
```

图4-53

❷ 运行代码后，即可按名称后面的数字升序排列所有工作表，效果如图4-54所示。

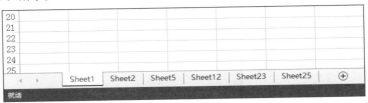

图4-54

代码解析

（1）第4行的代码"n = Sheets.Count"表示工作表的数量。

（2）第5~6行的代码分别用于定义新的数组arr1和arr2。

（3）第7~9行代码是用于获取当前工作簿中各工作表名称后的数字，并将其存储于arr1数组中。

（4）第10~12行代码是用于将存储于arr1数组中的名称数据重新按照升序排列并存储于arr2数组中。

（5）第11行代码中的Large函数表示从大到小进行升序排列，若换成Small函数，则表示从小到大进行降序排列。

4.3 工作表的引用

在VBA中，不同工作表之间的转换需要指定引用的工作表，其方法有很多种，下面一一进行介绍。

技巧20 使用索引号引用工作表

工作表索引号是指工作表在工作簿中的位置，该顺序是根据工作表在工作表标签中的位置从左向右进行编号的。而且和工作簿索引号一样，也是以1开始进行编号的。当某个工作表被删除后，系统将会自动产生新的索引编号，使编号连续，但当某个工作表被隐藏时，则不会影响原有的索引编号。

1 在当前工作簿中包含4个工作表和两个图表，如图4-55所示。

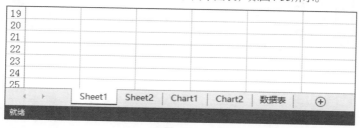

图4-55

2 如图4-56所示，是通过工作表的索引号指定第3个工作表名称的代码。

3 运行代码，即可弹出显示第3个工作表名称的信息对话框，如图4-57所示。

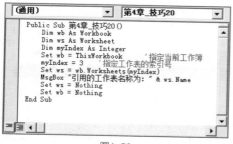

图4-56

图4-57

技巧21 使用名称引用工作表

工作表名称即显示在工作簿窗口左下角的工作表标签中的名称。用户可以使用Worksheets集合来引用工作表的名称，使用Workbooks集合来引用工作表所在的工作簿名称。

① 如图4-58所示，是使用名称引用当前工作簿中的"表格"工作表的代码。

② 代码运行的结果如图4-59所示。

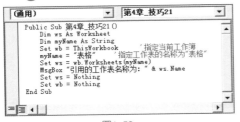

图4-58

图4-59

技巧22 引用当前活动工作表

ActiveSheet属性用于返回一个Worksheet对象，该对象代表活动工作表（即当前所在的工作表）。本例中使用ActiveSheet属性将当前工作簿中的活动工作表名称修改为指定的名称。

① 如图4-60所示，当前工作簿包含3个工作表，Sheet1为当前活动工作表。

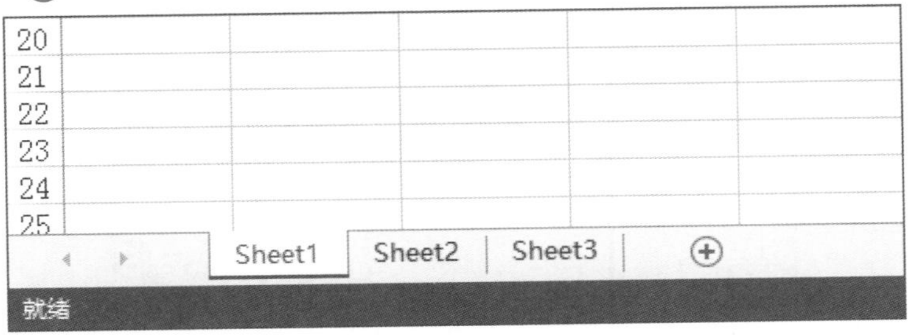

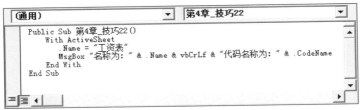

图4-60

② 如图4-61所示，是使用ActiveSheet属性将当前活动工作表的名称修改为"工资表"的代码。

```
Public Sub 第4章_技巧22()
    With ActiveSheet
        .Name = "工资表"
        MsgBox "名称为: " & .Name & vbCrLf & "代码名称为: " & .CodeName
    End With
End Sub
```

图4-61

③ 运行代码后，即弹出显示修改后的工作表名称及其代码名称的消息框，如图4-62所示。

图4-62

技巧23 引用包含特殊内容的工作表

当工作簿中建立了多个工作表时，若用户需要查找某个工作表中包含的特殊单元格内容，可以利用Parent属性来返回包含此内容的工作表。

1 如图4-63所示，是使用Parent属性来返回包含 "VBA应用"的单元格区域及其所在的工作表名称的代码。

```
(通用)                          第4章_技巧23
    Public Sub 第4章_技巧23()
        Dim wsName As String, myRange As String
        Dim wb As Workbook
        Set wb = ThisWorkbook
        wsName = wb.Names("VBA应用").RefersToRange.Parent.Name
        myRange = wb.Names("VBA应用").RefersToRange.Name
        MsgBox "包含"VBA应用"定义名称的工作表为: " & wsName
        MsgBox "被定义为"VBA应用"名称的单元格区域为: " & myRange
        Set wb = Nothing
    End Sub
```

图4-63

2 运行代码后，先后弹出如图4-64、图4-65所示的信息框。

图4-64

图4-65

技巧24 引用第一个和最后一个工作表

引用第一个和最后一个工作表，实际上就是使用索引号来引用的，只需分别将索引值设置为1和Worksheets.Count即可。

1 如图4-66所示，是引用第一个和最后一个工作表名称的代码。

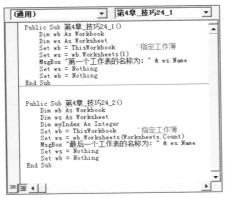

图4-66

2 分别运行两个代码后，会弹出如图4-67、图4-68所示的提示对话框。

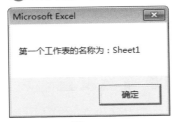

图4-67

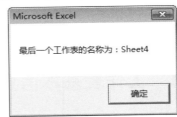

图4-68

技巧25 引用所有工作表

在VBA中，用户可以使用Worksheets集合的Count属性对所有的工作表集合进行循环，从而利用循环语句来引用所有工作表。

1 在当前工作簿中包含3个不同类型和名称的工作表，如图4-69所示。

图4-69

2 如图4-70所示，是使用Count属性引用所有工作表名称的代码。

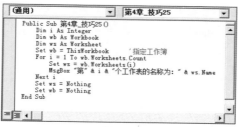

图4-70

3 运行代码后，先后弹出如图4-71、图4-72所示的信息框。

图4-71

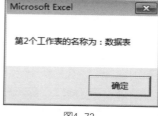

图4-72

4.4 工作表基本信息的查看与设置

在VBA中，利用工作表对象的有关属性，可以轻松获取工作表的一些基本信息，如工作表的名称、显示状态等，还可以设置工作表的名称、显示状态、标签颜色等信息。

技巧26 查看当前活动工作表的名称

在VBA中，使用ActiveSheet属性可以返回一个Worksheet对象，利用该对象的Name属性即可查看当前活动工作表的名称。

1 如图4-73所示，是查看当前活动工作表名称的代码。

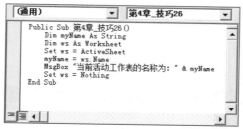

图4-73

2 运行代码后即弹出信息对话框，从中可以看到当前活动工作表的名称为"销售类表格"，如图4-73所示。

图4-74

技巧27　查看所有工作表的名称

在VBA中，还可以使用Name属性结合循环语句查看当前工作簿中所有工作表的名称。

1 如图4-75所示，是使用Name属性查看当前工作簿中所有工作表名称，并将其输入到当前活动工作表中的代码。

```
(通用)                          第4章_技巧27
Public Sub 第4章_技巧27()
    Dim ws As Worksheet
    Columns(1).Clear
    Range("A1") = "当前工作簿中所有工作表的名称"
    For Each ws In Worksheets
        Cells(Rows.Count, 1).End(xlUp).Offset(1).Value = ws.Name
    Next
    Set ws = Nothing
End Sub
```

图4-75

2 运行代码后，即可在当前活动工作表中的A列中看到所有工作表的名称，如图4-76所示。

	A	B	C	D
1	当前工作簿中所有工作表的名称			
2	Sheet1			
3	销售表			
4	YHH			
5	工资表			
6	Sheet3			
7				

图4-76

技巧28　查看工作表的显示状态

在VBA中，使用Visible属性可以查看工作表的显示状态（显示或隐藏）。该属性分为3种：xlSheetVisible是显示，xlSheetHidden是隐藏，xlSheetVeryHidden也是隐藏。其中，xlSheetHidden可以直接通过Excel菜单来取消隐藏，而xlSheetVeryHidden只能在VBA里打开。

1 如图4-77所示，是查看当前工作簿中第2个工作表显示状态的代码。

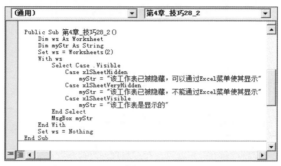

图4-77

2 运行代码后弹出信息对话框，从中可以看到第2个工作表已使用xlSheetHidden属性隐藏起来，如图4-78所示。

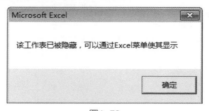

图4-78

专家提示

（1）若将第4行中的代码更改为"Set ws = Worksheets(1)"，则可以看到第1个工作表是显示的，如图4-79所示。

（2）若将第4行中的代码更改为"Set ws = Worksheets(3)"，则可以看到第3个工作表已使用xlSheetVeryHidden属性隐藏起来，如图4-80所示。

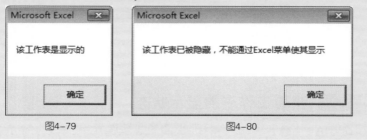

图4-79   图4-80

技巧29 判断工作簿中是否存在指定名称的工作表

在VBA中，判断工作簿中是否存在指定名称工作表的方法有两种：一种是对Worksheets集合指定成员名称，若对象变量返回Nothing，则表示该工作表不存在；另一种是利用循环语句结合Name属性及LCase函数（防止因名称大小写所造成的错误）来进行判断。

❶ 如图4-81所示，依次是根据这两种方法判断工作表是否存在的代码。

❷ 运行代码后弹出信息对话框，从中可以看到当前工作簿中的指定工作表是否存在，如图4-82所示。

```
(通用)                        第4章_技巧29_1

Public Sub 第4章_技巧29_1()
    Dim ws As Worksheet
    Dim myName As String
    myName = "YHH"
    On Error Resume Next
    Set ws = Worksheets(myName)
    On Error GoTo 0
    If ws Is Nothing Then
        MsgBox "工作表 " & myName & " 不存在。"
    Else
        MsgBox "工作表 " & myName & " 存在。"
    End If
    Set ws = Nothing
End Sub

Public Sub 第4章_技巧29_2()
    Dim ws As Worksheet
    Dim myName As String
    Dim WorksheetExists As Boolean
    WorksheetExists = False
    myName = "YHH"
    For Each ws In Worksheets
        If LCase(ws.Name) = LCase(myName) Then
            WorksheetExists = True
            Exit For
        End If
    Next
    If WorksheetExists = True Then
        MsgBox "工作表 " & myName & " 存在。"
    Else
        MsgBox "工作表 " & myName & " 不存在。"
    End If
    Set ws = Nothing
End Sub
```

图4-81

图4-82

技巧30 判断并删除工作簿中的空白工作表

利用IsBlankSheet函数可以判断工作表是否为空白工作表，而利用DisplayAlerts属性则可以关闭所识别的空白工作表。

❶ 在当前工作簿中包含3个工作表，如图4-83所示。

❷ 如图4-84所示，是判断并删除当前工作簿中空白工作表的代码。

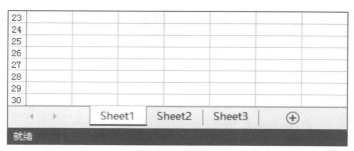

图4-83

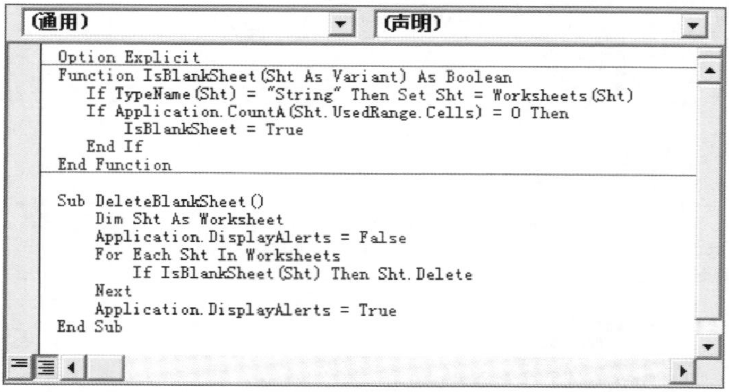

```
Option Explicit
Function IsBlankSheet(Sht As Variant) As Boolean
   If TypeName(Sht) = "String" Then Set Sht = Worksheets(Sht)
   If Application.CountA(Sht.UsedRange.Cells) = 0 Then
       IsBlankSheet = True
   End If
End Function

Sub DeleteBlankSheet()
    Dim Sht As Worksheet
    Application.DisplayAlerts = False
    For Each Sht In Worksheets
        If IsBlankSheet(Sht) Then Sht.Delete
    Next
    Application.DisplayAlerts = True
End Sub
```

图4-84

❸ 运行代码后，即可看到其中的空白工作表已被删除，如图4-85所示。

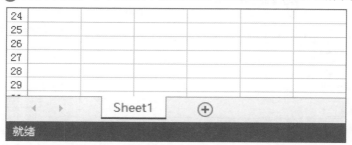

图4-85

技巧31 重命名工作表

在VBA中，利用Name属性可以重命名已存在的工作表，若结合Add方法则可以重命名新建的工作表。

❶ 如图4-86所示，是重命名当前工作簿中的第3个工作表以及重命名新建

工作表的代码。

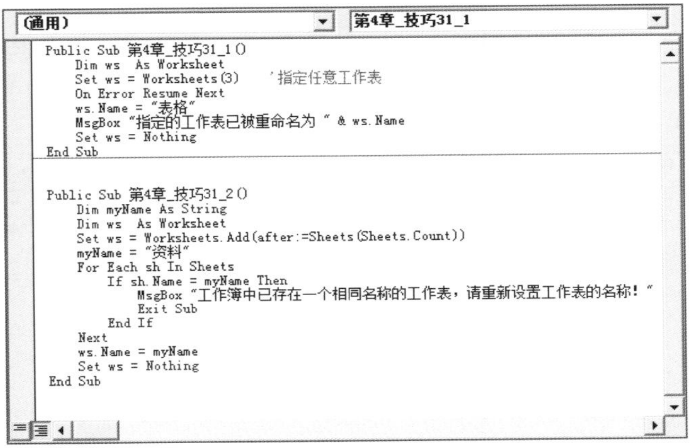

图4-86

2 运行第1个代码后，可以看到第3个工作表Sheet3被重命名为"表格"，如图4-87所示。

图4-87

3 运行第2个代码后，可以在工作表标签的最后新建一个名为"资料"的工作表，如图4-88所示。

图4-88

技巧32 设置工作表的显示状态

在VBA中，可以利用Worksheet对象的Visible属性来设置工作表的显示状态。

① 如图4-89所示，是利用Visible属性对当前工作簿中的第2个工作表进行先隐藏后显示操作的代码。

```
Public Sub 第4章_技巧32()
    Dim ws As Worksheet
    Set ws = Worksheets(2)
    With ws
        .Visible = xlSheetHidden
        MsgBox "工作表已经被隐藏，可以通过Excel菜单使其显示。"
        .Visible = xlSheetVeryHidden
        MsgBox "工作表已经被隐藏，不能通过Excel菜单使其显示。"
        .Visible = xlSheetVisible
        MsgBox "工作表重新被显示。"
    End With
    Set ws = Nothing
End Sub
```

图4-89

② 运行代码后，即可依次弹出如图4-90～图4-92所示的对话框。

工作表已经被隐藏，可以通过Excel菜单使其显示。

图4-90

工作表已经被隐藏，不能通过Excel菜单使其显示。

图4-91

工作表重新被显示。

图4-92

技巧33 设置工作表标签的颜色

在VBA中，可以利用Worksheet对象的Tab属性返回Tab对象，然后利用该对象的ColorIndex属性来设置工作表标签的颜色。

① 如图4-93所示，是利用ColorIndex属性将当前工作簿中的第2个工作表标

签颜色设置为绿色的代码。

图4-93

❷ 运行代码的结果如图4-94所示。

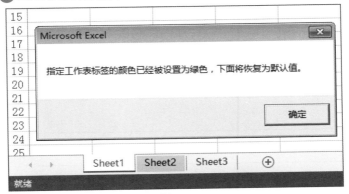

图4-94

读书笔记

第 5 章

Range
（单元格）对象

本章中部分素材文件在光盘中对应的章节下。

5.1 认识Range（单元格）对象

Range对象是 Microsoft Excel 程序中最常用的对象，处于Worksheet对象的下一层。一个Range对象可以是一个单元格、一行、一列，或者多个相邻、不相邻的单元格区域。

在操作Excel内的任何单元格区域之前，都需要将其表示为一个Range对象，然后才能使用该对象的方法和属性。

5.2 单元格常用的基本操作

单元格常用的基本操作包括选定、复制、插入、删除等，下面介绍如何利用单元格对象的属性和方法，使这些操作更加方便、快捷。

技巧1 快速选定单元格和单元格区域

在VBA中，使用Select方法可以选定单元格或单元格区域，使用Activate方法则可以激活并选定单元格或单元格区域。

1 如图5-1所示，分别是使用Select方法和Activate方法选定当前活动工作表中单元格及单元格区域的代码。

图5-1

2 运行第1段代码，即可依次选中A1单元格及A1:E10单元格区域，并弹出相应的信息对话框，如图5-2、图5-3所示。

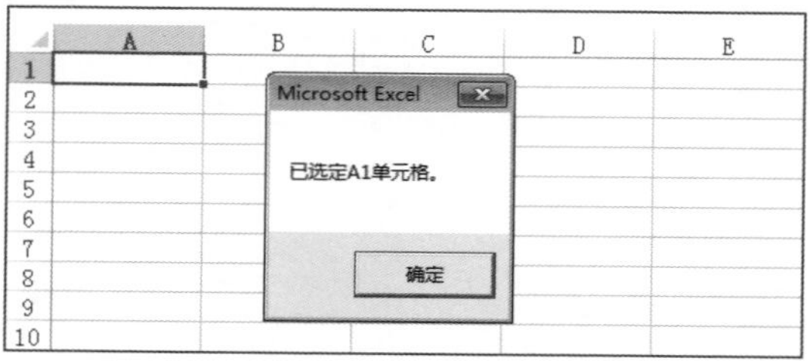

图5-2

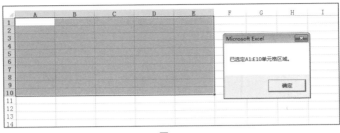

图5-3

❸ 运行第2段代码，即可激活A1:C1单元格区域，如图5-4所示。

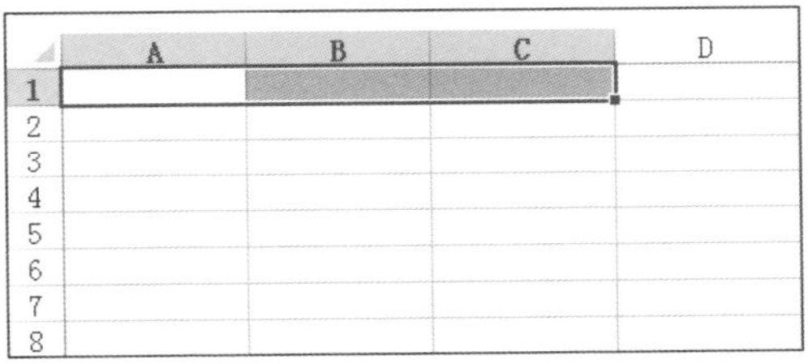

图5-4

技巧2 在指定位置显示选定的单元格

在VBA中，可以利用Application对象的Goto方法选定工作表中的某个单元格，并将其显示于窗口的左上角。

❶ 如图5-5所示，是使用Goto方法选定当前活动工作表中X50单元格并将其显示于窗口左上角的代码。

```
(通用)                        第5章_技巧2
    Public Sub 第5章_技巧2()
        Dim myRange As Range
        Set myRange = Range("X50")        '选定单元格
        Application.Goto Reference:=myRange, Scroll:=True
        Set myRange = Nothing
    End Sub
```

图5-5

❷ 运行代码后的结果如图5-6所示。

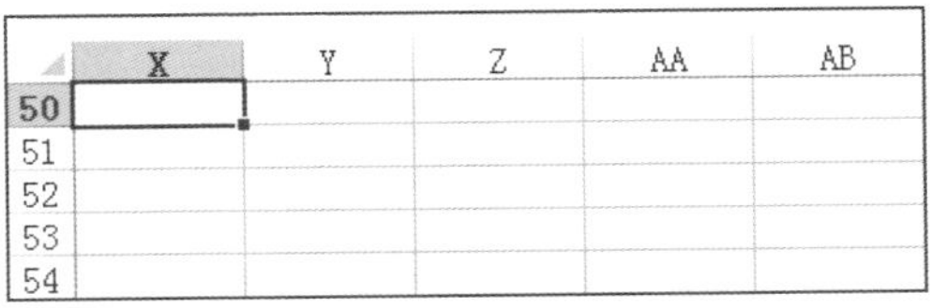

图5-6

技巧3 选定非活动工作表中的单元格

在VBA中，使用Select方法和Goto方法也可以选定当前工作簿其他工作表中的单元格。需要注意的是，使用Select方法选定时需要使用Activate方法先激活该工作表，然后才能进行选定。

① 如图5-7所示，分别是使用Select方法和Goto方法选定当前工作簿第2个工作表中的C5:F10单元格区域的代码。

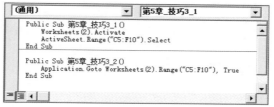

```
(通用)                          第5章_技巧3_1
    Public Sub 第5章_技巧3_1()
        Worksheets(2).Activate
        ActiveSheet.Range("C5:F10").Select
    End Sub

    Public Sub 第5章_技巧3_2()
        Application.Goto Worksheets(2).Range("C5:F10"), True
    End Sub
```

图5-7

② 运行第1段代码后的结果如图5-8所示。

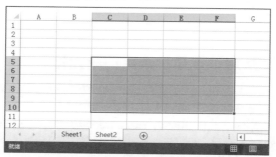

图5-8

③ 运行第2段代码后的结果如图5-9所示。

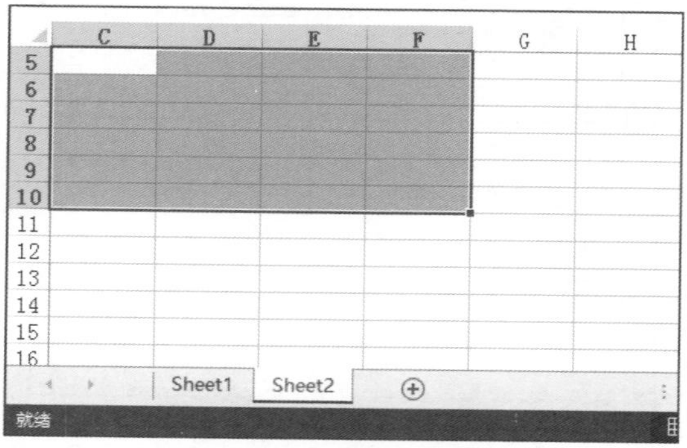

图5-9

专家提示

> 　　若要选定其他工作簿中的单元格，可在两段代码中的"Worksheets(2)"前添加指定工作簿名称的代码，如"Workbooks("Book1.xls")"。

技巧4　复制单元格的值

　　本例介绍两种复制单元格值的方法：一是使用PasteSpecial方法选择性地仅复制单元格的值；二是利用Value属性直接获取并复制单元格的值。

1 在当前工作表的A1:C4单元格区域中显示了设有边框、数字格式及公式等的数值，如图5-10所示。

C4	▼	⋮	×	✓	f_x	=SUM(C1:C3)

◢	A	B	C	D
1	10700.00%	7800.00%	21300.00%	
2	9900.00%	14600.00%	8400.00%	
3	1500.00%	21900.00%	51200.00%	
4	22100.00%	44300⟨!⟩0%	80900.00%	
5				
6				

图5-10

2 如图5-11所示，分别是使用PasteSpecial方法和Value属性将该单元格区域的值复制到以A6单元格为左上角的单元格区域中的代码。

```
(通用)                              第5章_技巧4_1

Public Sub 第5章_技巧4_1()
    Dim myRange1 As Range
    Dim myRange2 As Range
    Set myRange1 = Range("A1:C4")      '指定要复制的单元格区域
    Set myRange2 = Range("A6")         '指定目标位置的左上角单元格
    myRange1.Copy
    myRange2.PasteSpecial Paste:=xlPasteValues
    Application.CutCopyMode = False
    Set myRange1 = Nothing
    Set myRange2 = Nothing
End Sub

Public Sub 第5章_技巧4_2()
    Dim myRange1 As Range
    Dim myRange2 As Range
    Set myRange1 = Range("A1:C4")      '指定要复制的单元格区域
    Set myRange2 = Range("A6")         '指定目标位置的左上角单元格)
    With myRange1
        Set myRange2 = myRange2.Resize(RowSize:=.Rows.Count, _
        ColumnSize:=.Columns.Count)    '获取与源单元格区域相同大小的单元格区域
    End With
    myRange2.Value = myRange1.Value    '单元格值复制
    Set myRange1 = Nothing
    Set myRange2 = Nothing
End Sub
```

图5-11

3 运行代码后的结果如图5-12所示。

	A	B	C	D
1	10700.00%	7800.00%	21300.00%	
2	9900.00%	14600.00%	8400.00%	
3	1500.00%	21900.00%	51200.00%	
4	22100.00%	44300.00%	80900.00%	
5				
6	107	78	213	
7	99	146	84	
8	15	219	512	
9	221	443	809	
10				

图5-12

技巧5 复制单元格的格式

在VBA中，将PasteSpecial方法中的Paste参数设置为xlPasteFormats，即可复制单元格的公式。

1 如图5-13所示，是使用PasteSpecial方法的Paste参数将A1:C4单元格区域的格式复制到以E1单元格为左上角的单元格区域中的代码。

```
(通用)                          第5章_技巧5
Public Sub 第5章_技巧5()
    Dim myRange1 As Range
    Dim myRange2 As Range
    Columns("E:G").Clear
    Set myRange1 = Range("A1:C4")    '指定要复制的单元格区域
    Set myRange2 = Range("E1")       '指定目标位置的左上角单元格
    myRange1.Copy
    myRange2.PasteSpecial Paste:=xlPasteFormats
    Set myRange1 = Nothing
    Set myRange2 = Nothing
End Sub
```

图5-13

2 运行代码后的结果如图5-14所示。

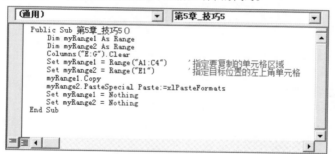

图5-14

技巧6 复制单元格的值和公式

在VBA中，将PasteSpecial方法中的Paste参数设置为xlPasteFormulas，即

可复制单元格中的值和公式。

1 如图5-15所示，是使用PasteSpecial方法的Paste参数将A1:C4单元格区域的值和公式复制到以A6单元格为左上角的单元格区域中的代码。

```
Public Sub 第5章_技巧6 ()
    Dim myRange1 As Range
    Dim myRange2 As Range
    Set myRange1 = Range("A1:C4")          '指定要复制的单元格区域
    Set myRange2 = Range("A6")             '指定目标位置的左上角单元格
    myRange1.Copy
    myRange2.PasteSpecial Paste:=xlPasteFormulas      '复制单元格的数据和公式
    Set myRange1 = Nothing
    Set myRange2 = Nothing
End Sub
```

图5-15

2 运行代码后的结果如图5-16所示。

A9	▼ : × ✓ fx	=SUM(A6:A8)		
	A	B	C	D	E
1	10700.00%	7800.00%	21300.00%		
2	9900.00%	14600.00%	8400.00%		
3	1500.00%	21900.00%	51200.00%		
4	22100.00%	44300.00%	80900.00%		
5					
6	107	78	213		
7	99	146	84		
8	15	219	512		
9	221	443	809		
10					

图5-16

技巧7 复制单元格的值和数字格式

在VBA中，若仅仅需要复制单元格中的值及其数字格式，可以将PasteSpecial方法中的Paste参数设置为xlPasteValuesAndNumberFormats。

1 如图5-17所示，是使用PasteSpecial方法的Paste参数将A1:C4单元格区域的值和数字格式复制到以A6单元格为左上角的单元格区域中的代码。

```
Public Sub 第5章_技巧7 ()
    Dim myRange1 As Range
    Dim myRange2 As Range
    Set myRange1 = Range("A1:C4")          '指定要复制的单元格区域
    Set myRange2 = Range("A6")             '指定目标位置的左上角单元格
    myRange1.Copy
    myRange2.PasteSpecial Paste:=xlPasteValuesAndNumberFormats   '仅复制单元格的值和数字格式
    Set myRange1 = Nothing
    Set myRange2 = Nothing
End Sub
```

图5-17

2 运行代码后的结果如图5-18所示。

A9		▼	:	×	✓	fx	22100%	
	A		B		C		D	E
1	10700.00%		7800.00%		21300.00%			
2	9900.00%		14600.00%		8400.00%			
3	1500.00%		21900.00%		51200.00%			
4	22100.00%		44300.00%		80900.00%			
5								
6	10700.00%		7800.00%		21300.00%			
7	9900.00%		14600.00%		8400.00%			
8	1500.00%		21900.00%		51200.00%			
9	22100.00%		44300.00%		80900.00%			
10								
11								

图5-18

技巧8 复制单元格的公式和数字格式

在VBA中，若仅仅需要复制单元格中的公式和数字格式，可以将PasteSpecial方法中的Paste参数设置为xlPasteFormulasAndNumberFormats。

❶ 如图5-19所示，是使用PasteSpecial方法的Paste参数将A1:C4单元格区域的值和数字格式复制到以A6单元格为左上角的单元格区域的代码。

```
(通用)                                              第5章_技巧8
    Public Sub 第5章_技巧8()
        Dim myRange1 As Range
        Dim myRange2 As Range
        Set myRange1 = Range("A1:C4")         '指定要复制的单元格区域
        Set myRange2 = Range("A6")            '指定目标位置的左上角单元格
        myRange1.Copy
        myRange2.PasteSpecial Paste:=xlPasteFormulasAndNumberFormats    '仅复制单元格的公式和数字格式
        Set myRange1 = Nothing
        Set myRange2 = Nothing
    End Sub
```

图5-19

❷ 运行代码后的结果如图5-20所示。

A9		▼	:	×	✓	fx	=SUM(A6:A8)	
	A		B		C		D	E
1	10700.00%		7800.00%		21300.00%			
2	9900.00%		14600.00%		8400.00%			
3	1500.00%		21900.00%		51200.00%			
4	22100.00%		44300.00%		80900.00%			
5								
6	10700.00%		7800.00%		21300.00%			
7	9900.00%		14600.00%		8400.00%			
8	1500.00%		21900.00%		51200.00%			
9	22100.00%		44300.00%		80900.00%			
10								

图5-20

技巧9 复制单元格的列宽

在VBA中，将PasteSpecial方法中的Paste参数设置为xlPasteColumnWidths，即可只复制单元格的列宽。

❶ 如图5-21所示，是使用PasteSpecial方法的Paste参数将A1:B4单元格区域的列宽复制到以D1单元格为左上角的单元格区域中的代码。

```
(通用)                          第5章_技巧9
Public Sub 第5章_技巧9()
    Dim myRange1 As Range
    Dim myRange2 As Range
    Set myRange1 = Range("A1:B4")          '指定要复制的单元格区域
    Set myRange2 = Range("D1")             '指目标位置的左上角单元格
    myRange1.Copy
    myRange2.PasteSpecial Paste:=xlPasteColumnWidths '仅复制单元格的列宽
    Set myRange1 = Nothing
    Set myRange2 = Nothing
End Sub
```

图5-21

❷ 运行代码后的结果如图5-22所示。

	A	B	C	D	E	F
1	10700.00%	7800.00%				
2	9900.00%	14600.00%				
3	1500.00%	21900.00%				
4	22100.00%	44300.00%				
5						
6						

图5-22

技巧10 复制单元格的批注

在VBA中，将PasteSpecial方法中的Paste参数设置为xlPasteComments，即可只复制单元格的批注。

❶ 如图5-23所示，是使用PasteSpecial方法的Paste参数将A1:B4单元格区域的所有批注复制到以D1单元格为左上角的单元格区域中的代码。

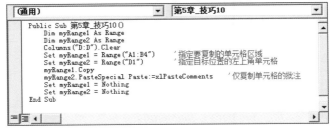

```
(通用)                          第5章_技巧10
Public Sub 第5章_技巧10()
    Dim myRange1 As Range
    Dim myRange2 As Range
    Columns("D:D").Clear
    Set myRange1 = Range("A1:B4")          '指定要复制的单元格区域
    Set myRange2 = Range("D1")             '指定目标位置的左上角单元格
    myRange1.Copy
    myRange2.PasteSpecial Paste:=xlPasteComments    '仅复制单元格的批注
    Set myRange1 = Nothing
    Set myRange2 = Nothing
End Sub
```

图5-23

2 运行代码后的结果如图5-24所示。

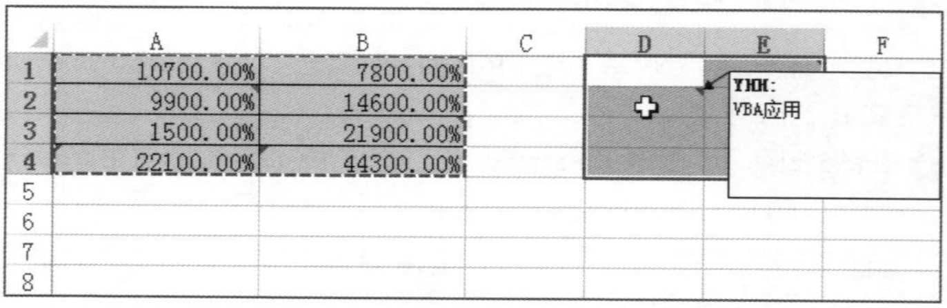

图5-24

技巧11 快速移动单元格

在VBA中，使用Cut方法可以快速移动工作表中指定的单元格及其内容、格式等。

1 如图5-25所示，是使用Cut方法将A1:B4单元格区域移至以A6单元格为左上角的单元格区域的代码。

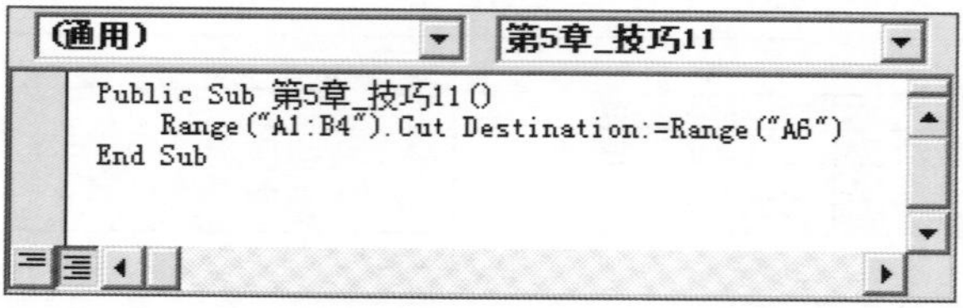

```
(通用)                      第5章_技巧11
Public Sub 第5章_技巧11()
    Range("A1:B4").Cut Destination:=Range("A6")
End Sub
```

图5-25

2 运行代码后的结果如图5-26所示。

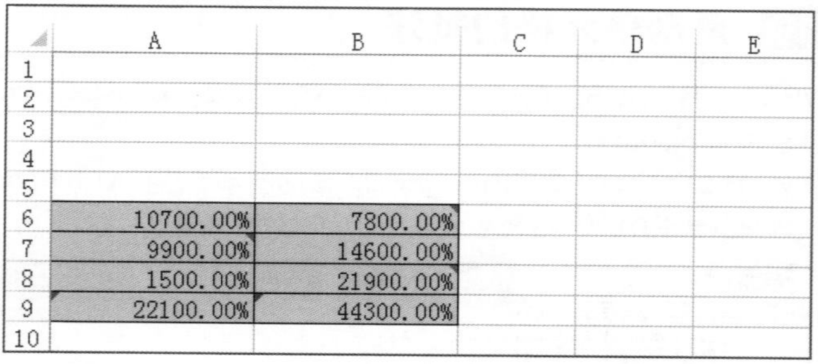

图5-26

技巧12 合并或取消合并单元格

在VBA中，可以使用Merge、UnMerge方法合并、取消合并单元格，也可以设置MergeCells属性为True、False来合并、取消合并单元格。

① 如图5-27所示，分别是合并和取消合并当前活动工作表中的A1:C10单元格区域的代码。

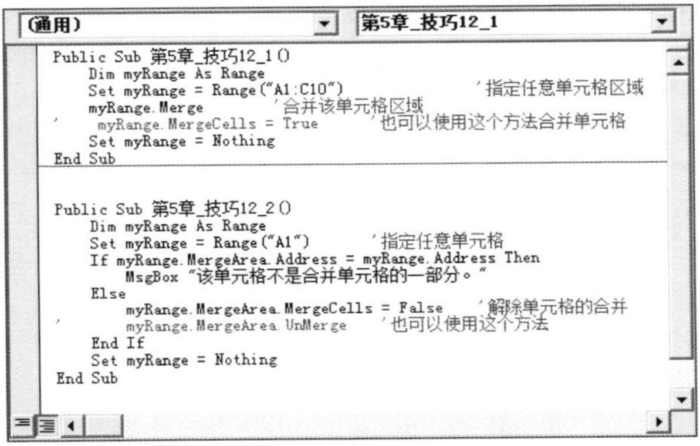

```
(通用)                              第5章_技巧12_1

Public Sub 第5章_技巧12_1()
    Dim myRange As Range
    Set myRange = Range("A1:C10")            '指定任意单元格区域
    myRange.Merge                '合并该单元格区域
    ' myRange.MergeCells = True       '也可以使用这个方法合并单元格
    Set myRange = Nothing
End Sub


Public Sub 第5章_技巧12_2()
    Dim myRange As Range
    Set myRange = Range("A1")           '指定任意单元格
    If myRange.MergeArea.Address = myRange.Address Then
        MsgBox "该单元格不是合并单元格的一部分。"
    Else
        myRange.MergeArea.MergeCells = False     '解除单元格的合并
        myRange.MergeArea.UnMerge     '也可以使用这个方法
    End If
    Set myRange = Nothing
End Sub
```

图5-27

② 运行第1段代码后，即可看到A1:C10单元格区域被合并，如图5-28所示。

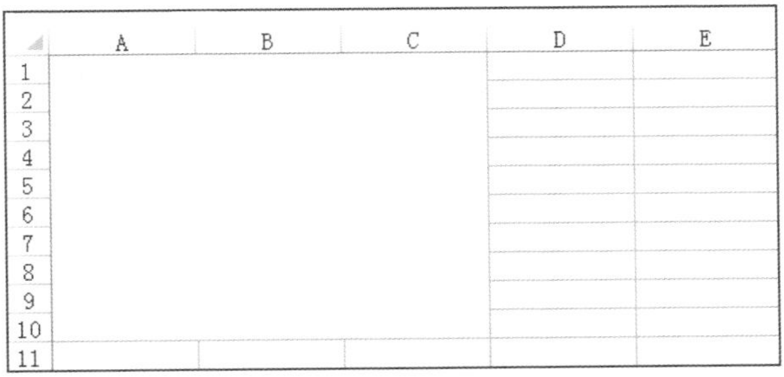

图5-28

③ 运行第2段代码后，则看到刚合并的A1:C10单元格区域被取消合并，如图5-29所示。

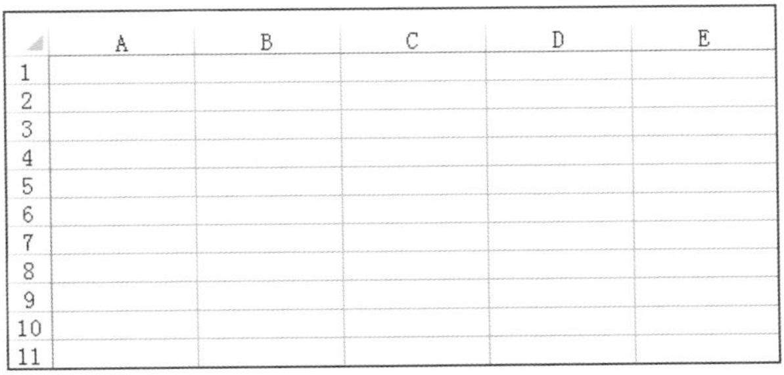

图5-29

技巧13 合并单元格时保留每个单元格的文本

在Excel中，使用"合并后居中"功能按钮可以合并多个单元格区域，但是仅仅保留左上角单元格中的内容。若用户需要保留每个单元格中的文本，可以通过下面的操作来实现。

① 如图5-30所示，是合并单元格区域时保留每个单元格文本的代码。

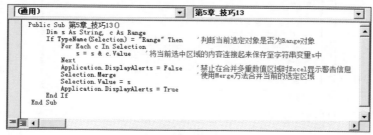

```
(通用)                                    第5章_技巧13
    Public Sub 第5章_技巧13()
        Dim s As String, c As Range
        If TypeName(Selection) = "Range" Then      '判断当前选定对象是否为Range对象
            For Each c In Selection
                s = s & c.Value      '将当前选中区域的内容连接起来保存至字符串变量s中
            Next
            Application.DisplayAlerts = False      '禁止在合并多重数值区域时Excel显示警告信息
            Selection.Merge                        '使用Merge方法合并当前的选定区域
            Selection.Value = s
            Application.DisplayAlerts = True
        End If
    End Sub
```

图5-30

② 此时若用户选定如图5-31所示的单元格区域，再运行代码，即可看到合并后的效果，如图5-32所示。

	A	B	C	D	E
1	数据	表格			
2					
3	技巧	应用			
4					
5					
6					

图5-31

	A	B	C	D	E
1					
2	数据表格技巧应用				
3					
4					
5					
6					

图5-32

技巧14 取消合并单元格时保留每个单元格的文本

在Excel中，合并单元格后，还可以使用"合并后居中"按钮取消单元格的合并，但是也同样仅仅保留左上角单元格中的内容。若用户需要保留每个单元格中的文本，可以通过下面的操作来实现。

① 如图5-33所示，是取消合并单元格区域时保留每个单元格文本的代码。

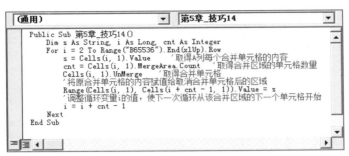

```
(通用)                              ▼   第5章_技巧14                ▼
Public Sub 第5章_技巧14()
    Dim s As String, i As Long, cnt As Integer
    For i = 2 To Range("B65536").End(xlUp).Row
        s = Cells(i, 1).Value      '取得A列每个合并单元格的内容
        cnt = Cells(i, 1).MergeArea.Count   '取得合并区域的单元格数量
        Cells(i, 1).UnMerge    '取消合并单元格
        '将原合并单元格的内容赋值给取消合并单元格后的区域
        Range(Cells(i, 1), Cells(i + cnt - 1, 1)).Value = s
        '调整循环变量i的值，使下一次循环从该合并区域的下一个单元格开始
        i = i + cnt - 1
    Next
End Sub
```

图5-33

② 此时若用户选定如图5-34所示的单元格区域，再运行代码，即可看到取消合并后的效果，如图5-35所示。

	A	B	C	D	E
1	**报销费用**	**报销人员**	**报销金额**		
2	差旅费	宋佳	305		
3		赵宇	72		
4	办公用品费	张启华	46		
5		陈伟	101		
6		黄海峰	180		
7	通讯费	李海霞	95		
8		杨勇	112		
9		黄伟	234		
10		赵丹丹	30		
11	维修费	胡旭	26		
12		王云梦	85		
13					

图5-34

	A	B	C	D	E
1	**报销费用**	**报销人员**	**报销金额**		
2	差旅费	宋佳	305		
3	办公用品费	赵宇	72		
4	办公用品费	张启华	46		
5	办公用品费	陈伟	101		
6	通讯费	黄海峰	180		
7	通讯费	李海霞	95		
8	通讯费	杨勇	112		
9	通讯费	黄伟	234		
10	维修费	赵丹丹	30		
11	维修费	胡旭	26		
12	维修费	王云梦	85		
13					

图5-35

技巧15 合并内容相同的连续单元格

在VBA中，用户可以通过下面的操作来一次性合并内容相同的连续单元格。

① 如图5-36所示，是合并内容相同的连续单元格的代码。

```
(通用)                              ▼  第5章_技巧15                ▼
Public Sub 第5章_技巧15()
    Dim lRow As Integer
    Application.DisplayAlerts = False
    With ActiveSheet
        lRow = .Range("A65536").End(xlUp).Row  '获得A列最后一个有数据的行
        For i = lRow To 2 Step -1
            If .Cells(i, 1).Value = .Cells(i - 1, 1).Value Then
                .Range(.Cells(i - 1, 1), .Cells(i, 1)).Merge
            End If
        Next
    End With
    Application.DisplayAlerts = True
End Sub
```

图5-36

2 此时若用户选定如图5-37所示的单元格区域，再运行代码，即可看到取消合并后的效果，如图5-38所示。

	A	B	C	D	E
1	报销费用	报销人员	报销金额		
2	差旅费	宋佳	305		
3	办公用品费	赵宇	72		
4	办公用品费	张启华	46		
5	办公用品费	陈伟	101		
6	通讯费	黄海峰	180		
7	通讯费	李海霞	95		
8	通讯费	杨勇	112		
9	通讯费	黄伟	234		
10	维修费	赵丹丹	30		
11	维修费	胡旭	26		
12	维修费	王云梦	85		
13					

图5-37

	A	B	C	D	E
1	报销费用	报销人员	报销金额		
2	差旅费	宋佳	305		
3	办公用品费	赵宇	72		
4		张启华	46		
5		陈伟	101		
6	通讯费	黄海峰	180		
7		李海霞	95		
8		杨勇	112		
9		黄伟	234		
10	维修费	赵丹丹	30		
11		胡旭	26		
12		王云梦	85		
13					

图5-38

技巧16 插入单元格

在VBA中，可以使用Insert方法在移动基准单元格的前提下插入单元格。

1 如图5-39所示，是以A1单元格为基准插入单元格的代码。

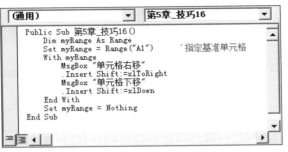

图5-39

2 运行代码后，弹出如图5-40所示的信息对话框。

3 单击"确定"按钮，即可在A1单元格右移后插入一个新的单元格，并弹出下一个提示的对话框，如图5-41所示。

图5-40

图5-41

4 再次单击"确定"按钮，即可在下移单元格后继续插入一个新的单元格，如图5-42所示。

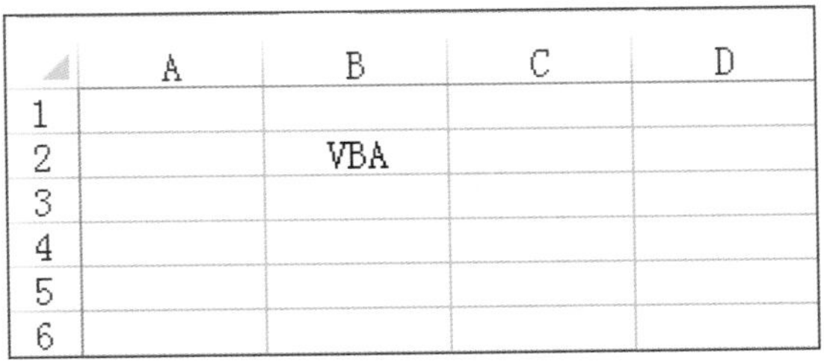

	A	B	C	D
1				
2		VBA		
3				
4				
5				
6				

图5-42

技巧17 插入整行或整列

在VBA中，可以使用EntireRow属性、EntireColumn属性和Insert方法在移动基准单元格的前提下插入整行或整列。

1 如图5-43所示，是以A1单元格为基准插入整行和整列的代码。

② 运行代码后，弹出如图5-44所示的对话框。

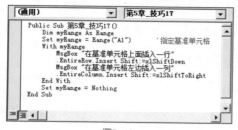

图5-43

图5-44

③ 单击"确定"按钮，即可在A1单元格的上面插入一行，并弹出下一个提示的对话框，如图5-45所示。

▲	A	B	C	D	E
1					
2	VBA				
3					
4					
5					
6					
7					
8					
9					
10					

Microsoft Excel

在基准单元格左边插入一列

确定

图5-45

④ 再次单击"确定"按钮，即可在基准单元格左边插入一列，如图5-46所示。

▲	A	B	C	D
1				
2		VBA		
3				
4				

图5-46

技巧18 一次性插入多行

本例介绍两种插入多行的方法：一是使用循环的方法插入，二是使用Resize属性直接指定相应行再调整行数。

① 如图5-47所示，分别是使用这两种方法在当前第5行之前插入两行的代码。

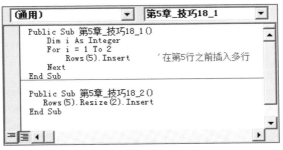

图5-47

2 运行代码后，即可在如图5-48所示的第5行之前插入两行，其插入后的结果如图5-49所示。

	A	B	C	D	E
1	部门	姓名	性别		
2	销售部	宋佳	女		
3	市场部	张敏	女		
4	销售部	王晶晶	女		
5	销售部	张强	男		
6	市场部	李永强	男		
7	市场部	赵庆国	男		
8	行政部	马云	女		
9	行政部	宋梅梅	女		
10	技术部	吴凯	男		
11	技术部	李乐	男		
12					

图5-48

	A	B	C	D	E
1	部门	姓名	性别		
2	销售部	宋佳	女		
3	市场部	张敏	女		
4	销售部	王晶晶	女		
5					
6					
7	销售部	张强	男		
8	市场部	李永强	男		
9	市场部	赵庆国	男		
10	行政部	马云	女		
11	行政部	宋梅梅	女		
12	技术部	吴凯	男		
13	技术部	李乐	男		
14					

图5-49

技巧19 按颜色重排单元格

在VBA中，用户可以使用Sort方法将当前所选单元格区域按照颜色进行排序。

1 如图5-50所示，是对当前工作表中的B列单元格区域（如图5-51所示）按颜色进行重排的代码。

```
(通用)                                      ▼  第5章_技巧19                              ▼
Public Sub 第5章_技巧19()
    Dim r As Long, i As Long
    r = Range("A65536").End(xlUp).Row        '获得最后一行
    Application.ScreenUpdating = False       '禁止屏幕刷新
    For i = 2 To r
        Cells(i, 3).Value = Cells(i, 2).Interior.ColorIndex   '获得B列相应单元格的颜色索引值
    Next
    Range("A1").CurrentRegion.Sort Key1:=Range("C2"), Header:=xlYes  '将当前区域按照辅助列进行排序
    Columns(3).ClearContents
    Application.ScreenUpdating = True
End Sub
```

图5-50

	A	B	C	D
1	标题列	颜色列		
2	1	A		
3	2	B		
4	3	C		
5	4	D		
6	5	E		
7	6	F		
8	7	G		
9	8	H		
10	9	I		
11				

图5-51

2 运行代码后的结果如图5-52所示。

	A	B	C	D
1	标题列	颜色列		
2	3	C		
3	2	B		
4	7	G		
5	6	F		
6	1	A		
7	4	D		
8	8	H		
9	5	E		
10	9	I		
11				

图5-52

技巧20 按自定义序列重排单元格

在VBA中，用户可以使用AddCustomList方法为应用程序添加一个自定义序列，然后使用Sort方法按照这个序列来重新排列单元格。

1 如图5-53所示，是按E2:E6单元格区域的自定义序列（如图5-54所示）重排A列单元格的代码。

```
(通用)                                          第5章_技巧20
    Public Sub 第5章_技巧20 ()
        Application.AddCustomList ListArray:=Range("E2:E6") '添加自定义序列："E2:E6"单元格区域
        Range("A1").Sort Key1:=Range("A1"), _
            Order1:=xlAscending, Header:=xlYes, _
            OrderCustom:=Application.CustomListCount + 1
        Application.DeleteCustomList ListNum:=Application.CustomListCount '删除新添加的自定义序列
    End Sub
```

图5-53

	A	B	C	D	E	F
1	报销费用	报销人员	报销金额		按以下费用类别排序	
2	差旅费	宋佳	305		通讯费	
3	通讯费	赵宇	72		交通费	
4	通讯费	张启华	46		维修费	
5	维修费	陈伟	101		差旅费	
6	办公用品费	黄海峰	180		办公用品费	
7	交通费	李海霞	95			
8	差旅费	杨勇	112			
9	维修费	黄伟	234			
10	办公用品费	赵丹丹	30			
11						

图5-54

2 运行代码后的结果如图5-55所示。

	A	B	C	D
1	报销费用	报销人员	报销金额	
2	通讯费	赵宇	72	
3	通讯费	张启华	46	
4	交通费	李海霞	95	
5	维修费	陈伟	101	
6	维修费	黄伟	234	
7	差旅费	宋佳	305	
8	差旅费	杨勇	112	
9	办公用品费	黄海峰	180	
10	办公用品费	赵丹丹	30	
11				

图5-55

代码解析

第3～5行代码表示使用Sort方法对当前数据排序，其中Sort参数指定了第1个关键字Key1，默认为升序排序，同时设置第1行包含标题，并且指定按新添加的自定义序列索引引号排序。CustomListCount属性返回应用程序中已定义的自定义序列数。

技巧21　删除空单元格后重排数据

在VBA中，可以使用Len函数判断单元格的字符长度，若返回的字符长度为0则表示单元格为空单元格。在本例中，将删除数据区域中的空单元格，然后重新排列其中的数据。

1 如图5-56所示，是删除A1:G5单元格区域（如图5-57所示）中的空单元格后重排数据的代码。

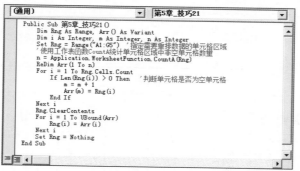

```
(通用)                                              第5章_技巧21
    Public Sub 第5章_技巧21()
        Dim Rng As Range, Arr () As Variant
        Dim i As Integer, m As Integer, n As Integer
        Set Rng = Range("A1:G5")   '指定需要重排数据的单元格区域
        '使用工作表函数CountA统计单元格区域中非空单元格数量
        n = Application.WorksheetFunction.CountA(Rng)
        ReDim Arr(1 To n)
        For i = 1 To Rng.Cells.Count
            If Len(Rng(i)) > 0 Then   '判断单元格是否为空单元格
                m = m + 1
                Arr(m) = Rng(i)
            End If
        Next i
        Rng.ClearContents
        For i = 1 To UBound(Arr)
            Rng(i) = Arr(i)
        Next i
        Set Rng = Nothing
    End Sub
```

图5-56

	A	B	C	D	E	F	G	H
1	技巧1	技巧2				技巧3		
2		技巧4	技巧5					
3						技巧6		
4						技巧7	技巧8	
5	技巧9			技巧10				
6								

图5-57

② 运行代码后的结果如图5-58所示。

	A	B	C	D	E	F	G	H
1	技巧1	技巧2	技巧3	技巧4	技巧5	技巧6	技巧7	
2	技巧8	技巧9	技巧10					
3								
4								
5								
6								

图5-58

▶ **代码解析**

（1）第7～12行代码表示将所选单元格区域中每个非空单元格的数值存入数组Arr中。

（2）第14～16行代码表示将数组Arr中的数值写入单元格区域中。

技巧22 删除单元格的公式和值

在VBA中，可以利用ClearContents方法删除单元格的公式和值。

① 如图5-59所示，在当前工作表的A1:A5单元格区域中包含了数值、公式及批注。

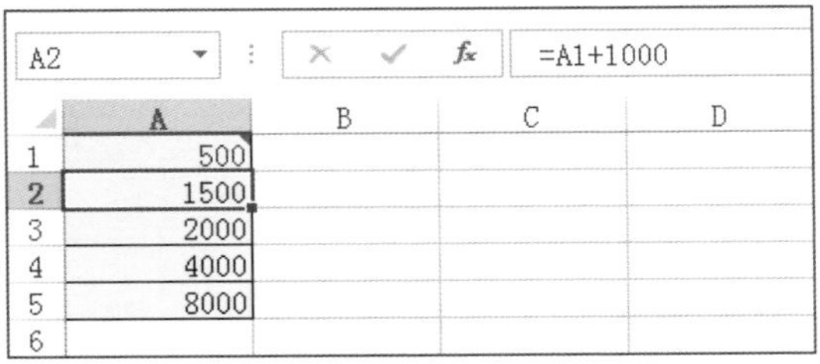

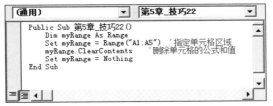

图5-59

② 如图5-60所示，是将A1:A5单元格区域的公式和值删除的代码。

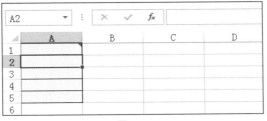

图5-60

③ 运行代码后，即可删除指定单元格区域中的公式和值，但却保留了其中的格式、批注等，如图5-61所示。

图5-61

技巧23　删除单元格的格式

在VBA中，可以利用ClearFormats方法删除单元格的格式。

① 如图5-62所示，在当前工作表的A1:A5单元格区域中设置了边框、填充颜色等多种格式。

图5-62

② 如图5-63所示，是将A1:D5单元格区域的格式删除的代码。

图5-63

③ 运行代码后的结果如图5-64所示。

	A	B	C	D	E
1		5	删除单元格的格式		
2		5			
3					
4					
5					
6					

图5-64

技巧24 删除单元格的批注

在VBA中，可以利用ClearComments方法删除单元格的批注。

① 如图5-65所示，在当前工作表的A1、B1单元格中均设置了批注。

	A	B	C
1	删除单元格的批注	删除单元格的批注	
2			
3			
4			
5			

图5-65

② 如图5-66所示，是删除A1:B1单元格区域中批注的代码。

图5-66

③ 运行代码后的结果如图5-67所示。

专家提示

若将第4行代码中的ClearComments换成ClearNotes，即可删除单元格的语音批注。

	A	B	C
1	删除单元格的批注	删除单元格的批注	
2			
3			
4			
5			

图5-67

技巧25 删除单元格中的超链接

在VBA中，可以利用Hyperlinks属性结合Delete方法删除单元格的超链接。

❶ 如图5-68所示，在当前工作表的A1单元格中设置了超链接。

	A	B	C
1	123456789		
2			
3			
4			

图5-68

❷ 如图5-69所示，是删除A1单元格中超链接的代码。

```
(通用)                          第5章_技巧25

Public Sub 第5章_技巧25()
    Dim myRange As Range
    Set myRange = Range("A1")          '指定单元格
    myRange.Hyperlinks.Delete          '删除单元格中的超链接
    Set myRange = Nothing
End Sub
```

图5-69

❸ 运行代码后的结果如图5-70所示。

	A	B	C
1	123456789		
2			
3			
4			

图5-70

技巧26 删除单元格的全部信息

在VBA中，可以利用Clear方法删除单元格中的公式和值、批注、超链接等全部信息。

❶ 如图5-71所示，在当前工作表的A1:C7单元格区域中包含了批注、超链接、公式等信息。

| B4 | ▼ | : | × | ✓ | *fx* | =A1*500 |

◢	A	B	C	D
1	123456.0000			
2				
3				
4		61728000		
5				
6				
7				
8				

图5-71

❷ 如图5-72所示，是删除A1:C7单元格区域中全部信息的代码。

```
(通用)                            第5章_技巧26

    Public Sub 第5章_技巧26()
        Dim myRange As Range
        Set myRange = Range("A1:C7")  '指定单元格区域
        myRange.Clear      '删除单元格的全部信息
        Set myRange = Nothing
    End Sub
```

图5-72

❸ 运行代码后的结果如图5-73所示。

◢	A	B	C	D
1				
2				
3				
4				
5				
6				
7				
8				

图5-73

5.3　单元格的引用

在VBA中，要想对工作表中的单元格进行操作或控制，需要先引用所需的Range对象，其方法有很多种，下面一一进行介绍。

技巧27 引用活动单元格

要引用活动单元格（即正在使用的单元格），可以利用ActiveCell或Selection两种属性来实现。其中，后者选定的也有可能是图表等其他对象，因此需要先使用TypeName函数判断选定的对象是否为Range对象。

1 如图5-74所示，分别是利用这两种属性引用当前工作表中活动单元格的代码。

```
(通用)                              第5章_技巧27_1

    Public Sub 第5章_技巧27_1()
        Dim myRange As Range
        Set myRange = ActiveCell
        MsgBox "活动单元格的地址为：" & myRange.Address
        Set myRange = Nothing
    End Sub

    Public Sub 第5章_技巧27_2()
        Dim myRange As Range
        If TypeName(Selection) = "Range" Then
            Set myRange = Selection
            MsgBox "活动单元格的地址为：" & myRange.Address
        Else
            MsgBox "选定的对象不是单元格。"
        End If
        Set myRange = Nothing
    End Sub
```

图5-74

2 选定一个单元格，如L8单元格，然后运行两段代码，均可弹出显示该活动单元格地址的信息对话框，如图5-75所示。

3 若选定的对象不是单元格，而是图表，则运行第2段代码后的结果如图5-76所示。

图5-75

图5-76

技巧28 使用Range属性引用单元格

使用Range属性的Range（"A1"）方式是引用单元格最常用、最直观的方法。

1 如图5-77所示，是使用Range属性引用当前工作表中的B2单元格并在其中输入字符串"12345"的代码。

图5-77

② 运行代码后的结果如图5-78所示。

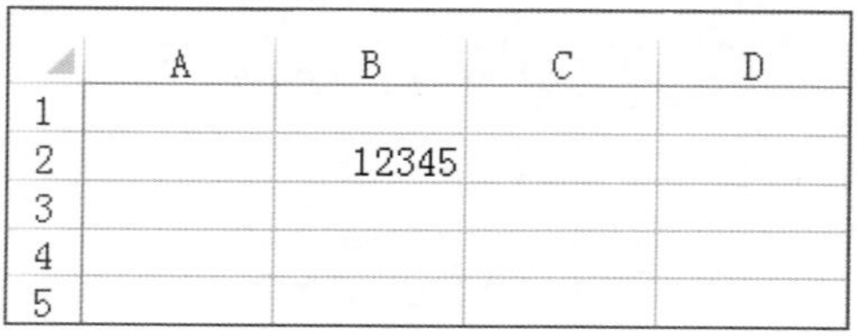

	A	B	C	D
1				
2		12345		
3				
4				
5				

图5-78

技巧29 使用Range属性引用单元格区域

本例介绍使用Range属性引用连续和非连续单元格区域的方法。

① 如图5-79所示,分别是使用Range属性引用当前工作表中的连续单元格区域(A1:D5)和非连续单元格区域(A1:A5,C1:C5)的代码。

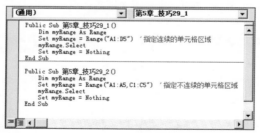

图5-79

② 运行第1段代码后的结果如图5-80所示。

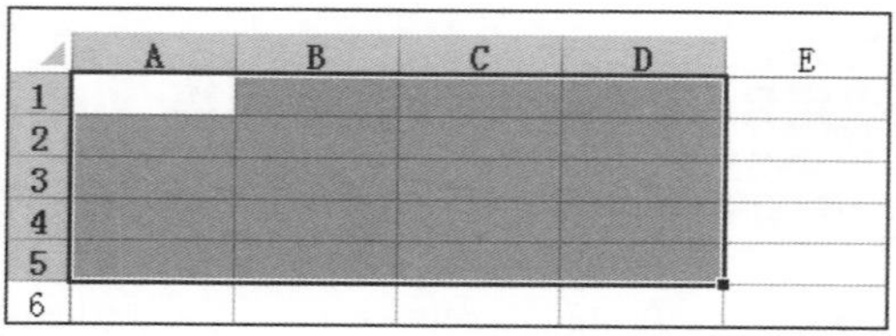

图5-80

③ 运行第2段代码后的结果如图5-81所示。

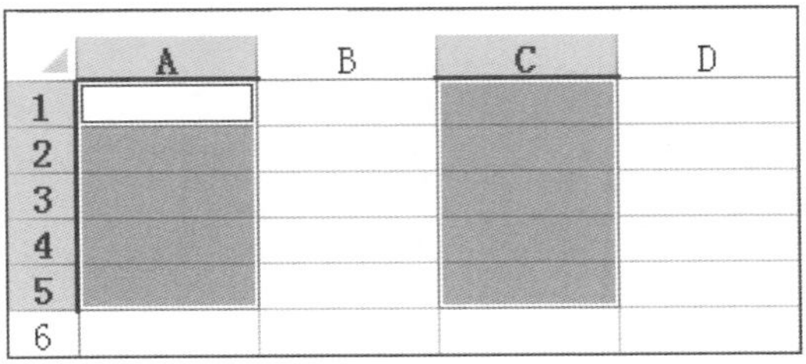

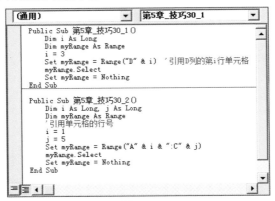

图5-81

技巧30 通过字符串引用单元格和单元格区域

在VBA中，用户还可以使用Range属性指定字符串的方式来引用单个单元格或连续的单元格区域。

① 如图5-82所示，分别是通过指定字符串的方式引用当前工作表中的D3单元格和A1:C5单元格区域的代码。

```
(通用)                              第5章_技巧30_1

Public Sub 第5章_技巧30_1()
    Dim i As Long
    Dim myRange As Range
    i = 3
    Set myRange = Range("D" & i)  '引用D列的第i行单元格
    myRange.Select
    Set myRange = Nothing
End Sub

Public Sub 第5章_技巧30_2()
    Dim i As Long, j As Long
    Dim myRange As Range
    '引用单元格的行号
    i = 1
    j = 5
    Set myRange = Range("A" & i & ":C" & j)
    myRange.Select
    Set myRange = Nothing
End Sub
```

图5-82

② 运行第1段代码后的结果如图5-83所示。

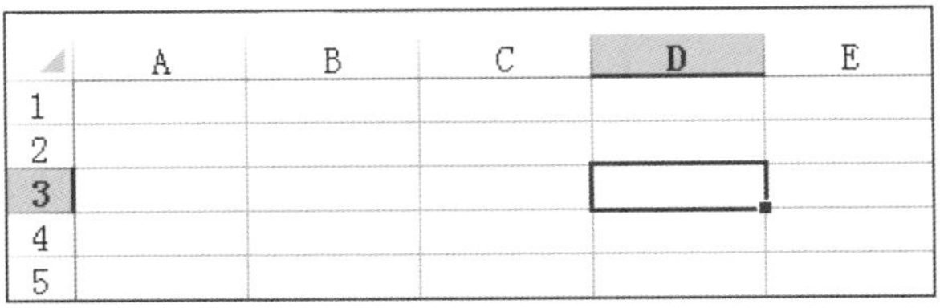

图5-83

③ 运行第2段代码后的结果如图5-84所示。

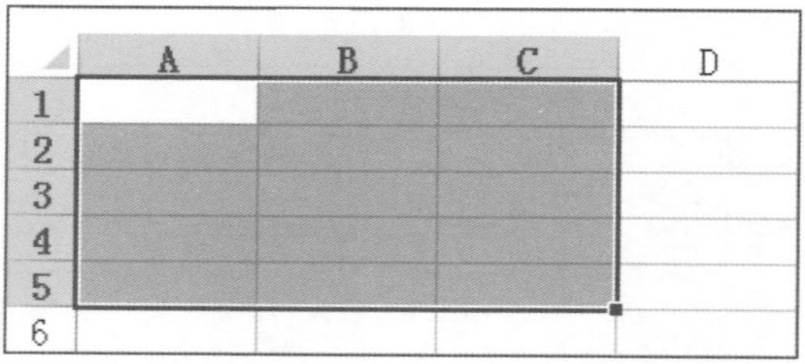
A
B
C
D
1
2
3
4
5
6

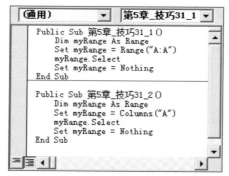

图5-84

技巧31 引用单列或多列

在VBA中，用户还可以使用Range属性和Columns属性来引用单列或多列。

❶ 如图5-85所示，分别是使用Range属性和Columns属性引用当前工作表中A列的代码。

(通用)
第5章_技巧31_1
Public Sub 第5章_技巧31_1()
Dim myRange As Range
Set myRange = Range("A:A")
myRange.Select
Set myRange = Nothing
End Sub
Public Sub 第5章_技巧31_2()
Dim myRange As Range
Set myRange = Columns("A")
myRange.Select
Set myRange = Nothing
End Sub

图5-85

❷ 运行两段代码后的结果相同，如图5-86所示。

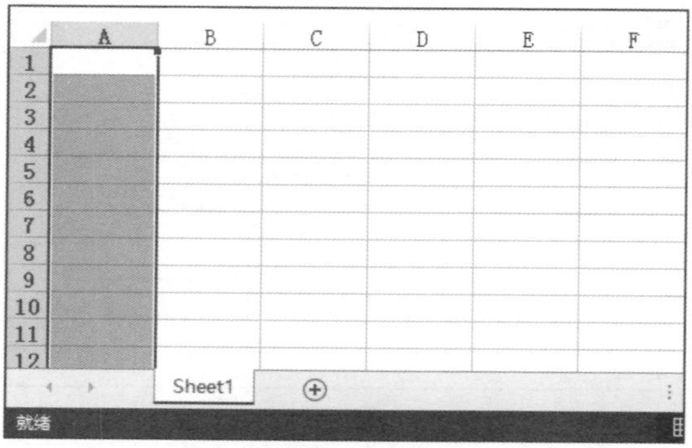
A
B
C
D
E
F
1
2
3
4
5
6
7
8
9
10
11
12
Sheet1
就绪

图5-86

专家提示

　　将第1段代码第3行中的Range("A:A")换成Range("A:D")即可引用连续的A至D列，若换成Range("A:A,C:C, D:D")即可引用不连续的A列、C列、D列。

技巧32 引用单行或多行

　　使用Range属性引用单行或多行的方法和引用单列或多列的方法相同，具体操作如下。

❶ 如图5-87所示，分别是使用Range属性引用当前工作表中第3行以及连续的第1～5行的代码。

图5-87

❷ 运行第1段代码后的结果如图5-88所示。

图5-88

❸ 运行第2段代码后的结果如图5-89所示。

专家提示

　　将第2段代码第3行中的Range("1:5")换成Range("1:1,3:3, 5:5")即可引用不连续的多行：第1行、第3行、第5行。

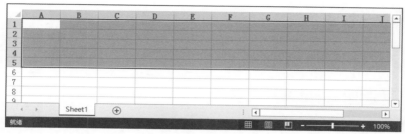

图5-89

技巧33 使用Cells属性引用单元格

用户若需要循环引用单元格区域中的各个单元格，可以使用Cells属性来实现，Cells (i,j)表示引用第i行第j列的单元格。

❶ 如图5-90所示，是使用Cells属性引用当前工作表中的C10单元格并显示其地址的代码。

❷ 运行代码后的结果如图5-91所示。

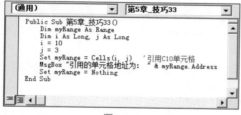

图5-90

图5-91

技巧34 使用Cells属性引用单元格区域

用户若需要在变化的单元格区域中引用单元格，可以使用Cells属性结合Range属性来实现。

❶ 如图5-92所示，是使用Cells属性和Range属性引用当前工作表中的A1:D10单元格区域，并在其中输入随机数字的代码。

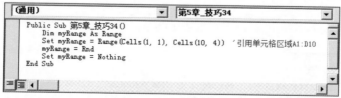

图5-92

② 运行代码后的结果如图5-93示。

	A	B	C	D	E	F
1	0.289562	0.289562	0.289562	0.289562		
2	0.289562	0.289562	0.289562	0.289562		
3	0.289562	0.289562	0.289562	0.289562		
4	0.289562	0.289562	0.289562	0.289562		
5	0.289562	0.289562	0.289562	0.289562		
6	0.289562	0.289562	0.289562	0.289562		
7	0.289562	0.289562	0.289562	0.289562		
8	0.289562	0.289562	0.289562	0.289562		
9	0.289562	0.289562	0.289562	0.289562		
10	0.289562	0.289562	0.289562	0.289562		
11						

图5-93

技巧35 使用Offset属性引用单元格或单元格区域

用户还可以使用Offset属性，以初始值设定的单元格或单元格区域为起点相对移动指定的行或列，从而引用新的单元格或单元格区域。

① 如图5-94所示，分别是使用Offset属性引用从初始单元格A1向右移动1列、向下移动3行的单元格，以及从初始单元格区域D1:E2向右移动2列、向下移动4行的单元格区域的代码。

```
(通用)                                        第5章_技巧35_1

Public Sub 第5章_技巧35_1()
    Dim myRange1 As Range, myRange2 As Range
    Dim myCol As Integer, myRow As Integer
    myCol = 1
    myRow = 3
    Set myRange1 = Range("A1")      '指定当前的单元格
    Set myRange2 = myRange1.Offset(myRow, myCol)
    MsgBox "引用的单元格地址为： " & myRange2.Address
    myRange2.Select
    Set myRange1 = Nothing
    Set myRange2 = Nothing
End Sub

Public Sub 第5章_技巧35_2()
    Dim myRange1 As Range, myRange2 As Range
    Dim myCol As Integer, myRow As Integer
    myCol = 2
    myRow = 4
    Set myRange1 = Range("D1:E2")      '指定当前的单元格区域
    Set myRange2 = myRange1.Offset(myRow, myCol)
    myRange2.BorderAround ColorIndex:=3, Weight:=xlThick
    myRange2.Select
    MsgBox "引用的单元格地为： " & myRange2.Address
    Set myRange1 = Nothing
    Set myRange2 = Nothing
End Sub
```

图5-94

② 运行第1段代码后，弹出如图5-95所示的信息对话框。

③ 单击"确定"按钮，即可引用指定的单元格，效果如图5-96所示。

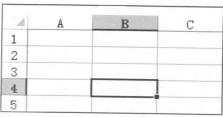

图5-95

图5-96

④ 运行第2段代码后的结果如图5-97所示。

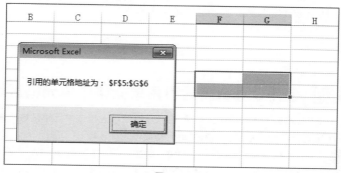

图5-97

⑤ 此时，单击"确定"按钮，然后单击其他单元格，即可看到引用的单元格区域显示为设置的红色粗边框，如图5-98所示。

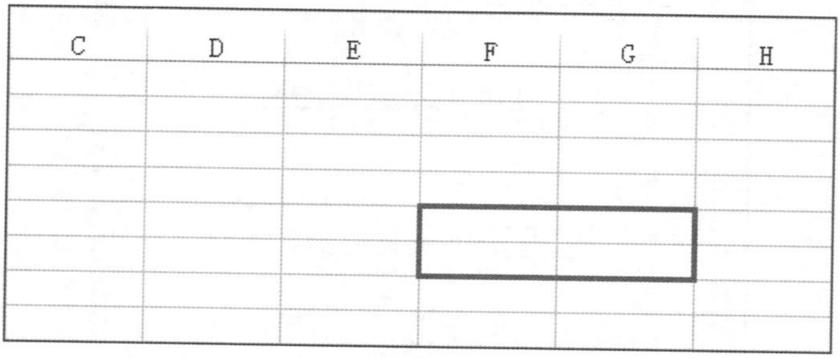

图5-98

技巧36 引用单元格的快捷方式

引用单元格还有一种比较快捷的方式，即通过使用中括号"[]"直接引用需要引用的单元格。

① 如图5-99所示，是使用快捷方式引用B5单元格的代码。

图5-99

2 运行代码后的结果如图5-100所示。

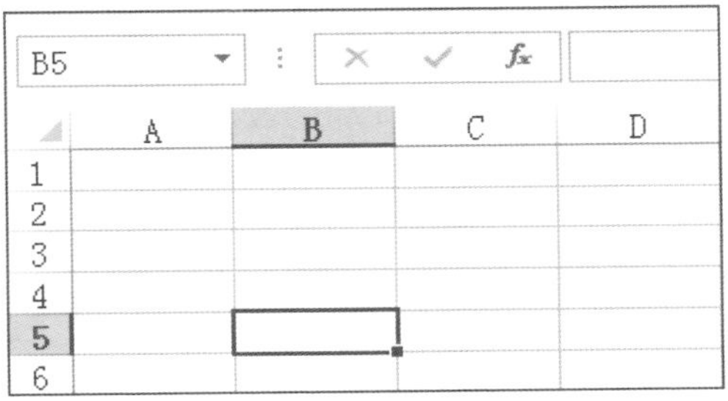

B5		▼	⋮	×	✓	f_x	
	A		B		C		D
1							
2							
3							
4							
5							
6							

图5-100

专家提示

利用该快捷方式不仅可以引用单个单元格，还可以引用单元格区域（如A1:C5）、单列（如A列：A:A）、多列（如A～D列：A:D）、单行（如第1行：1:1）、多行（如第1～5列：1:5）、定义了名称的单元格区域（如定义为"部门"的单元格区域：部门）。

技巧37 通过已定义的名称引用单元格区域

在VBA中，用户还可以使用Range属性来引用定义的名称所指定的单元格区域。

1 如图5-101所示，是使用Range属性引用定义名称为YHH的单元格区域的代码。

图5-101

2 运行代码后的结果如图5-102所示。

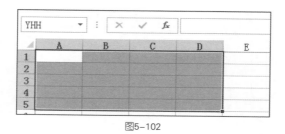

图5-102

技巧38 引用含有公式的单元格

在VBA中，将SpecialCells方法的Type参数设置为xlCellTypeFormulas，可以在当前已用单元格区域中引用所有含有公式的单元格。

1 如图5-103所示，是使用SpecialCells方法在当前已用单元格区域中引用所有含有公式的单元格，并选定和显示这些单元格地址的代码。

```
(通用)                                    第5章_技巧38
Public Sub 第5章_技巧38()
    Dim myRange1 As Range, myRange2 As Range
    Set myRange1 = ActiveSheet.UsedRange   '指定已用的单元格区域
    Set myRange2 = myRange1.SpecialCells(xlCellTypeFormulas)
    myRange2.Select
    MsgBox "已用单元格区域内含有公式的单元格的地址为： " & myRange2.Address
    Set myRange1 = Nothing
    Set myRange2 = Nothing
End Sub
```

图5-103

2 运行代码后的结果如图5-104所示。

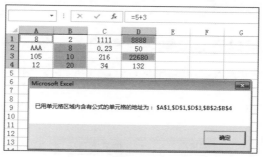

图5-104

技巧39 引用含有批注的单元格

在VBA中，将SpecialCells方法的Type参数设置为xlCellTypeComments，可以在当前已用单元格区域中引用所有含有批注的单元格。

1 如图5-105所示，是使用SpecialCells方法在当前已用单元格区域中引用所有含有批注的单元格，并选定和显示这些单元格地址的代码。

图5-105

2 运行代码后的结果如图5-106所示。

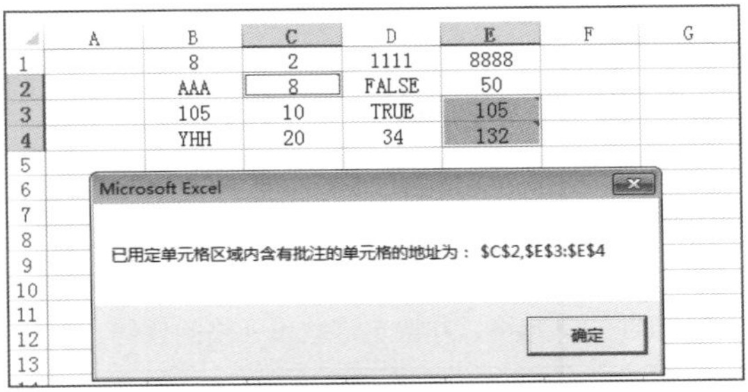

图5-106

技巧40 引用空白单元格

在VBA中，将SpecialCells方法的Type参数设置为xlCellTypeBlanks，可以在当前已用单元格区域中引用所有空白单元格。

1 如图5-107所示，是使用SpecialCells方法在当前已用单元格区域中引用所有空白单元格，并选定和显示这些单元格地址的代码。

图5-107

2 运行代码后的结果如图5-108所示。

专家提示

> 若将第4行代码中括号内的xlCellTypeBlanks换成xlCellTypeConstants、xlNumbers、xlTextValues，即可在当前已用单元格区域中引用所有含有常量、数字、文本的单元格。

图5-108

技巧41 引用设置了数据有效性的单元格

在VBA中，将SpecialCells方法的Type参数设置为xlCellTypeAllValidation，可以在当前已用单元格区域中引用所有设置了数据有效性的单元格。

1 如图5-109所示，是使用SpecialCells方法在当前已用单元格区域中引用所有设置了数据有效性的单元格，并选定这些单元格的代码。

```
(通用)                              第5章_技巧41
Public Sub 第5章_技巧41 ()
    Dim myRange As Range, myRange1 As Range
    Set myRange = ActiveSheet.UsedRange   '指定单元格区域
    On Error Resume Next
    Set myRange1 = myRange.SpecialCells(xlCellTypeAllValidation)
    On Error GoTo 0
    If myRange1 Is Nothing Then
        MsgBox "未设置数据有效性。"
    Else
        myRange1.Select
        MsgBox "设置了数据有效性的单元格包括: " & myRange1.Address(False, False)
    End If
    Set myRange = Nothing
    Set myRange1 = Nothing
End Sub
```

图5-109

2 运行代码后的结果如图5-110所示。

图5-110

技巧42 返回公式中引用的所有单元格

在VBA中，使用Precedents属性可以返回指定单元格中的计算公式引用的所有单元格。

1 如图5-111所示，是使用Precedents属性返回A1单元格中公式引用的所有单元格的代码。

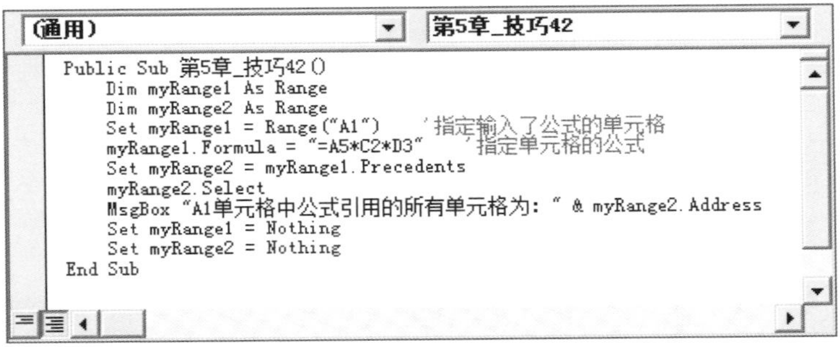

```
(通用)                          第5章_技巧42
Public Sub 第5章_技巧42()
    Dim myRange1 As Range
    Dim myRange2 As Range
    Set myRange1 = Range("A1")      '指定输入了公式的单元格
    myRange1.Formula = "=A5*C2*D3"  '指定单元格的公式
    Set myRange2 = myRange1.Precedents
    myRange2.Select
    MsgBox "A1单元格中公式引用的所有单元格为：" & myRange2.Address
    Set myRange1 = Nothing
    Set myRange2 = Nothing
End Sub
```

图5-111

2 运行代码后的结果如图5-112所示。

图5-112

5.4 单元格基本信息的查看

在VBA中，利用单元格对象的有关属性，可以轻松获取单元格的一些基本信息，如单元格的行号、列号、显示值、格式、批注、超链接等。

技巧43 查看单元格区域内的单元格数目

在VBA中，可以使用Count属性查看指定单元格区域内的单元格数目。

① 如图5-113所示，在当前工作表中的A1:C10单元格区域内输入了不同类型的数据。

◢	A	B	C	D	E
1	123				
2		0	0		
3	aaaa	TRUE	113146		
4		1123	0		
5	0.5665	−9			
6	−4647				
7	0.25	FALSE			
8	−1654	0	146		
9	0	65			
10	−4	0.12	bbbb		
11					

图5-113

② 如图5-114所示，是使用Count属性查看当前工作表中已用单元格区域内单元格数目的代码。

```
(通用)                          第5章_技巧43
    Public Sub 第5章_技巧43()
        Dim myRange As Range
        Set myRange = ActiveSheet.UsedRange      '指定单元格区域
        MsgBox "已用单元格区域的单元格数目为 " & myRange.Count
    End Sub
```

图5-114

③ 运行代码后即弹出显示结果的信息对话框，如图5-115所示。

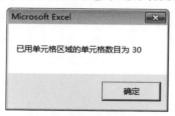

Microsoft Excel

已用单元格区域的单元格数目为 30

确定

图5-115

技巧44 查看单元格区域的行数和列数

在VBA中，使用Rows属性和Count属性可以查看指定单元格区域内的行数，而使用Columns属性和Count属性则可以查看指定单元格区域内的列数。

① 如图5-116所示，分别是查看当前工作表中已用单元格区域内的行数和列数的代码。

图5-116

② 运行两段代码后，即可分别弹出相应的显示结果的信息对话框，如图5-117、图5-118所示。

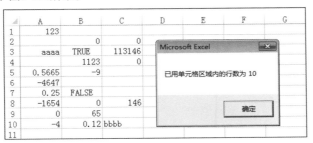

图5-117

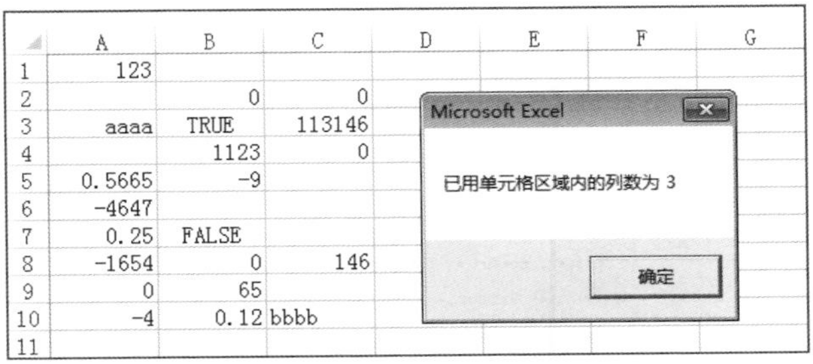

图5-118

技巧45 查看单元格的行号和列号

在VBA中，使用Row属性和Cloumn属性分别可以查看指定单元格的行号和列号。

① 如图5-119所示，分别是查看当前工作表中指定的C10单元格的行号和列号的代码。

② 运行两段代码后，即可分别弹出相应的显示结果的信息对话框，如图5-120、图5-121所示。

```
(通用)                                    ▼  第5章_技巧45_1                    ▼
    Public Sub 第5章_技巧45_1()
        Dim myRange As Range
        Set myRange = Range("C10")      '指定单元格
        MsgBox "指定单元格 " & myRange.Address & " 的行号为 " & myRange.Row
        Set myRange = Nothing
    End Sub

    Public Sub 第5章_技巧45_2()
        Dim myRange As Range
        Set myRange = Range("C10")      '指定单元格
        MsgBox "指定单元格 " & myRange.Address & " 的列号为 " & myRange.Column
        Set myRange = Nothing
    End Sub
```

图5-119

图5-120

图5-121

技巧46 查看单元格区域的行号和列号起止范围

在VBA中，使用Cells属性和Row属性可以查看指定单元格区域的行号范围，而使用Cells属性和Column属性则可以查看列号范围。

1 如图5-122所示，分别是查看当前工作表中已用单元格区域内的行号范围和列号范围的代码。

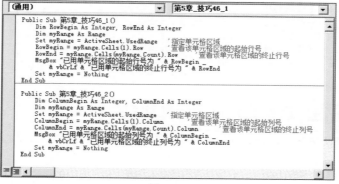

```
(通用)                                    ▼  第5章_技巧46_1                    ▼
    Public Sub 第5章_技巧46_1()
        Dim RowBegin As Integer, RowEnd As Integer
        Dim myRange As Range
        Set myRange = ActiveSheet.UsedRange      '指定单元格区域
        RowBegin = myRange.Cells(1).Row          '查看该单元格区域的起始行号
        RowEnd = myRange.Cells(myRange.Count).Row      '查看该单元格区域的终止行号
        MsgBox "已用单元格区域的起始行号为 " & RowBegin _
            & vbCrLf & "已用单元格区域的终止行号为 " & RowEnd
        Set myRange = Nothing
    End Sub

    Public Sub 第5章_技巧46_2()
        Dim ColumnBegin As Integer, ColumnEnd As Integer
        Dim myRange As Range
        Set myRange = ActiveSheet.UsedRange      '指定单元格区域
        ColumnBegin = myRange.Cells(1).Column      '查看该单元格区域的起始列号
        ColumnEnd = myRange.Cells(myRange.Count).Column      '查看该单元格区域的终止列号
        MsgBox "已用单元格区域的起始列号为 " & ColumnBegin _
            & vbCrLf & "已用单元格区域的终止列号为 " & ColumnEnd
        Set myRange = Nothing
    End Sub
```

图5-122

2 运行两段代码后，即可分别弹出相应的显示结果的信息对话框，如图5-123、图5-124所示。

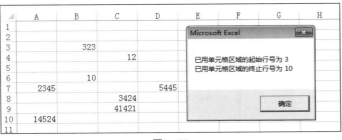

图5-123

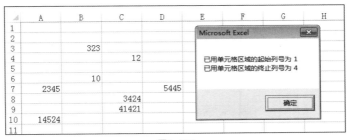

图5-124

技巧47 查看单元格的显示值和显示字符串

在VBA中，使用Value属性可以查看指定单元格内显示的任何数据，而使用Text属性则可以查看指定单元格内显示的字符串（若提取的是数字，会自动转换为字符串）。需要注意的是，当单元格内出现的是#NAME?、#NUM等错误值，使用Value属性仅能获取错误号，而使用Text属性则可以取出错误显示值。

❶ 如图5-125所示，分别是查看当前工作表中C1单元格的显示值和显示字符串的代码。

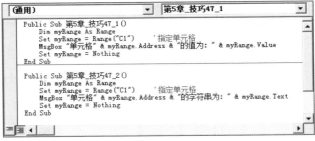

图5-125

❷ 运行第1段代码后的结果如图5-126所示。

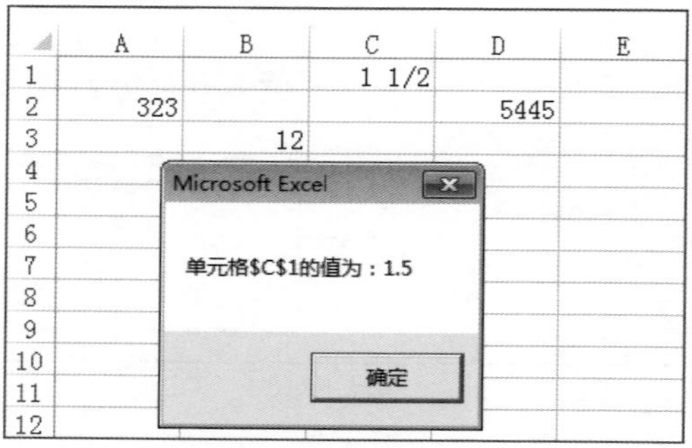

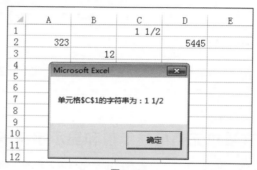

图5-126

③ 运行第2段代码后的结果如图5-127所示。

图5-127

技巧48 查看单元格内输入的公式

在VBA中，使用Formula属性可以查看单元格内输入的公式。

① 如图5-128所示，是使用Formula属性查看B2单元格内输入公式的代码。

```
(通用)                                    第5章_技巧48
    Public Sub 第5章_技巧48()
        Dim myRange As Range
        Dim myFormula As String
        Set myRange = Range("B2")   '指定单元格
        If myRange.HasFormula = True Then
            myFormula = myRange.Formula
            MsgBox "单元格 " & myRange.Address & " 内输入的公式为: " & myFormula
        Else
            MsgBox "未输入公式! "
        End If
        Set myRange = Nothing
    End Sub
```

图5-128

② 运行代码后的结果如图5-129所示。

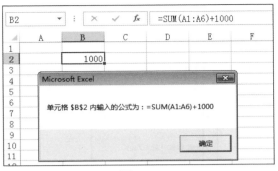

图5-129

专家提示

　　若指定单元格内不包含公式，则运行代码后的结果如图5-130所示。

图5-130

技巧49 判断单元格内是否输入了公式

　　在VBA中，使用HasFormula属性可以判断单元格内是否输入了公式，具体有两种方法：一是通过将HasFormula设置为True来判断；二是结合Left函数根据公式的最左边都有等号 "=" 这一性质来判断。

　　❶ 如图5-131所示，分别是利用这两种方法判断当前工作表中B2单元格内是否输入了公式的代码。

```
Public Sub 第5章_技巧49_1()
    Dim myRange As Range
    Set myRange = Range("B2")    '指定单元格
    If myRange.HasFormula = True Then
        MsgBox "单元格 " & myRange.Address & " 内输入了公式！"
    Else
        MsgBox "未输入公式！"
    End If
    Set myRange = Nothing
End Sub

Public Sub 第5章_技巧49_2()
    Dim myRange As Range
    Set myRange = Range("B2")    '指定任意单元格
    If Left(myRange.Formula, 1) = "=" Then
        MsgBox "单元格 " & myRange.Address & " 内输入了公式！"
    Else
        MsgBox "未输入公式！"
    End If
    Set myRange = Nothing
End Sub
```

图5-131

② 运行两段代码后，即可弹出相同的显示结果的信息对话框，如图5-132所示。

图5-132

专家提示

若指定单元格内不包含公式，则运行代码后的结果如图5-133所示。

图5-133

技巧50 判断单元格内的公式是否引用了其他工作表或工作簿的数据

在Excel中，当单元格内的公式引用了其他工作表的数据时，公式的表达式里会含有"！"符号；当引用了其他工作簿的数据时，公式的表达式里则会含有引用的工作簿名称及其扩展名".xls"符号。利用这两个性质，用户可以使用HasFormula属性、Formula属性和InStr函数来判断单元格内的公式是否引用了其他工作表或工作簿的数据。

① 如图5-134所示，分别是判断当前工作表中指定的A1、C1单元格内的公式是否引用了其他工作表、工作簿的数据的代码。

② 运行两段代码后，即可分别弹出相应的显示结果的信息对话框，如图5-135、图5-136所示。

```
(通用)                              ▼  第5章_技巧50_1                 ▼
    Public Sub 第5章_技巧50_1()
        Dim myRange As Range
        Set myRange = Range("A1")         '指定单元格
        If myRange.HasFormula And InStr(myRange.Formula, "!") > 0 Then
            MsgBox "单元格 " & myRange.Address & " 引用了其他工作表: " _
                & vbCrLf & "引用的工作表为: " _
                & Mid(myRange.Formula, 2, InStr(myRange.Formula, "!") - 2)
        Else
            MsgBox "未引用其他工作表! "
        End If
        Set myRange = Nothing
    End Sub

    Public Sub 第5章_技巧50_2()
        Dim myRange As Range
        Set myRange = Range("C1")         '指定单元格
        If myRange.HasFormula And InStr(myRange.Formula, "xls") > 0 Then
            MsgBox "单元格 " & myRange.Address & " 引用了其他工作簿! "
        Else
            MsgBox "未引用其他工作簿! "
        End If
        Set myRange = Nothing
    End Sub
```

图5-134

图5-135

图5-136

技巧51 判断单元格内的公式是否存在错误

在VBA中，将IsError函数设置为True，可以判断单元格内的公式是否存在错误。

① 如图5-137所示，是判断当前工作表中B1单元格内的公式是否存在错误的代码。

```
(通用)                              第5章_技巧51
    Public Sub 第5章_技巧51()
        If VBA.IsError(Range("B1").Value) = True Then
            MsgBox "B1单元格错误类型为:" & Range("B1").Text
        Else
            MsgBox "B1单元格公式结果为" & Range("B1").Value
        End If
    End Sub
```

图5-137

② 运行代码后的结果如图5-138所示。

图5-138

技巧52 判断单元格是否包含在合并单元格区域中

在VBA中，将MergeCells属性设置为True，可以判断单元格是否包含在合并单元格区域内。

① 如图5-139所示，是判断当前工作表中的C1单元格是否包含在合并单元格区域内的代码。

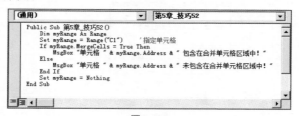

```
(通用)                              第5章_技巧52
    Public Sub 第5章_技巧52()
        Dim myRange As Range
        Set myRange = Range("C1")      '指定单元格
        If myRange.MergeCells = True Then
            MsgBox "单元格 " & myRange.Address & " 包含在合并单元格区域中!"
        Else
            MsgBox "单元格 " & myRange.Address & " 未包含在合并单元格区域中!"
        End If
        Set myRange = Nothing
    End Sub
```

图5-139

2 运行代码后的结果如图5-140所示。

图5-140

专家提示

若指定的单元格没有包含在合并单元格区域内，则运行代码后的结果如图5-141所示。

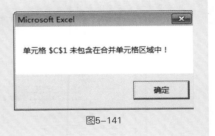

图5-141

技巧53　查看单元格的数字格式

在VBA中，使用NumberFormatLocal属性可以查看指定单元格的数字格式。

1 如图5-142所示，是判断当前工作表中的B1单元格数字格式的代码。

```
(通用)                              第5章_技巧53

Public Sub 第5章_技巧53()
    Dim myRange As Range
    Set myRange = Range("B1")    '指定单元格
    MsgBox "单元格" & myRange.Address & "的格式为："& myRange.NumberFormatLocal
    Set myRange = Nothing
End Sub
```

图5-142

② 运行代码后的结果如图5-143所示。

图5-143

技巧54 判断单元格是否含有超链接

在VBA中，使用Hyperlinks属性和Hyperlinks集合，再结合"当有超链接存在时Count属性不为0"这一性质，可以判断单元格是否含有超链接。

① 如图5-144所示，是判断当前工作表中的A1单元格是否含有超链接并判断其相关联位置的代码。

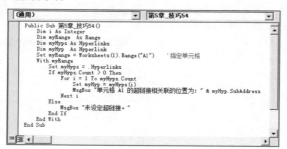

图5-144

② 运行代码后的结果如图5-145所示。

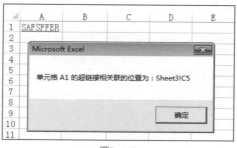

图5-145

专家提示

若指定单元格没有超链接，则运行代码后的结果如图5-146所示。

图5-146

技巧55 判断单元格是否含有批注

在VBA中，使用Comment属性可以判断单元格是否含有批注。

1 如图5-147所示，是判断当前工作表中的C1单元格是否含有批注并显示批注内容的代码。

2 运行代码后的结果如图5-148所示。

图5-147

图5-148

专家提示

若指定单元格没有插入批注，则运行代码后的结果如图5-149所示。

图5-149

5.5 单元格基本信息的设置

在VBA中，利用单元格对象的有关属性，还可以轻松设置单元格的一些基本信息，如单元格的字体、填充颜色、边框、对齐方式、超链接、数据有效性等。

技巧56 设置单元格的字体格式

在VBA中，可分别使用Font对象的Name属性、Size属性、Bold属性、Italic属性、ColorIndex属性来设置单元格的字体、字号、是否加粗、是否倾斜、文本颜色。

1 如图5-150所示，在当前工作表中的A1单元格内输入了默认字体格式的数据。

图5-150

2 如图5-151所示，是设置A1单元格内的文本为"微软雅黑"、20号字、加粗、斜体、蓝色的代码。

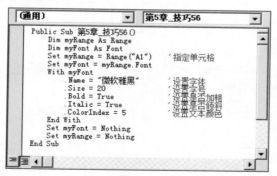

图5-151

3 运行代码后的结果如图5-152所示。

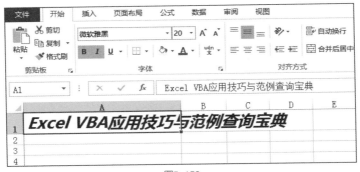

图5-152

专家提示

若将第9～10行代码中的True换成False，则单元格中的文本格式被设置为不加粗、不倾斜。

技巧57　设置单元格的下划线

在Excel中，单元格的下划线有单下划线、双下划线等多种类型，用户可以使用Font对象的Underline属性来设置指定单元格的下划线。

❶ 如图5-153所示，是为当前工作表中的A1单元格依次添加单下划线、双下划线、再取消下划线的代码。

❷ 运行代码后，即弹出相应的信息对话框，如图5-154所示。

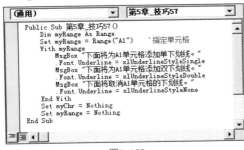

图5-153

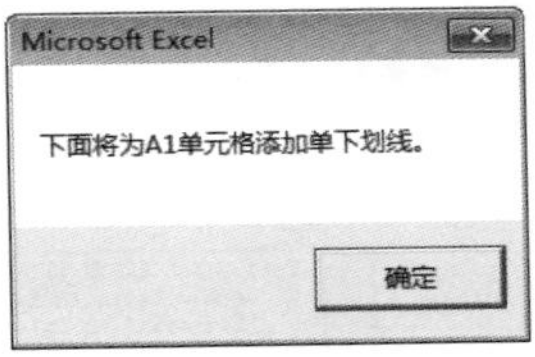

图5-154

❸ 单击"确定"按钮，即可为A1单元格添加单下划线并弹出下一个提示的对话框，如图5-155所示。

❹ 再次单击"确定"按钮，即可为A1单元格添加双下划线并弹出下一个提示的对话框，如图5-156所示。

❺ 最后再单击"确定"按钮，即可为取消A1单元格的下划线。

图5-155

图5-156

技巧58 设置单元格的填充颜色和背景图案

在VBA中，可以使用Range对象的Interior属性设置指定单元格的填充颜色和背景图案。

1 如图5-157所示，是为当前工作表中的A1单元格添加"绿色"背景色、"黑色"图案颜色、"细 对角线 剖面线"图案样式的代码。

```
(通用)                              第5章_技巧58
Public Sub 第5章_技巧58 ()
    Dim myRange As Range
    Dim myItr As Interior
    Set myRange = Range("A1")            '指定单元格
    Set myItr = myRange.Interior
    myRange.Clear                        '清除单元格
    MsgBox "下面为A1单元格设置填充颜色和背景图案!"
    With myItr
        .ColorIndex = 4                  '指定单元格填充颜色（绿色）
        .Pattern = xlPatternCrissCross   '指定单元格背景图案（细 对角线 剖面线）
        .PatternColorIndex = 1           '指定单元格背景颜色（黑色）
    End With
    Set myItr = Nothing
    Set myRange = Nothing
End Sub
```

图5-157

② 运行代码后，即弹出相应的信息对话框，如图5-158所示。

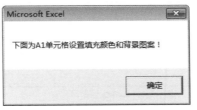

图5-158

③ 单击"确定"按钮，即可为A1单元格设置指定的填充颜色和背景图案，效果如图5-159所示。

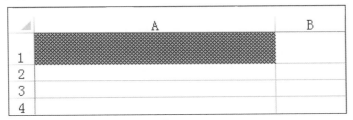

图5-159

技巧59 为单元格添加边框

在VBA中，使用Range对象的Borders集合可以快速地对单元格区域的每个边框应用相同的格式，而使用BorderAround方法则可以为单元格区域添加外边框。

① 如图5-160所示，是为当前工作表中的B2:G5单元格区域添加指定线型、线宽及颜色的内边框和外边框的代码。

```
(通用)                        第5章_技巧59

Public Sub 第5章_技巧59()
    Dim rng As Range
    Set rng = Range("B2:G5")
    With rng.Borders      '设置单元格区域边框
        .LineStyle = xlContinuous      '设置边框线型
        .Weight = xlThin      '设置边框线宽
        .ColorIndex = 5      '设置边框颜色
    End With
    rng.BorderAround xlContinuous, xlThick, 3  '应用外边框
    Set rng = Nothing
End Sub
```

图5-160

② 运行代码后的结果如图5-161所示。

	A	B	C	D	E	F	G	H
1								
2								
3								
4								
5								
6								
7								
8								
9								

图5-161

技巧60 设置单元格的对齐方式

单元格的对齐方式主要包括：水平左对齐（xlLeft）、水平右对齐（xlRight）、水平居中（xlCenter）、水平分散对齐（xlDistributed）、垂直靠上（xlTop）、垂直靠下（xlBottom）、垂直居中（xlCenter）。在VBA中，使用HorizontalAlignment属性可以对单元格进行水平对齐设置，而使用VerticalAlignment方法则可以进行垂直对齐设置。

❶ 如图5-162所示，是将A1单元格的对齐方式依次设置为水平居中、垂直向上的代码。

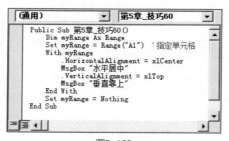

```
(通用)                    第5章_技巧60
Public Sub 第5章_技巧60()
    Dim myRange As Range
    Set myRange = Range("A1")  '指定单元格
    With myRange
        .HorizontalAlignment = xlCenter
        MsgBox "水平居中"
        .VerticalAlignment = xlTop
        MsgBox "垂直靠上"
    End With
    Set myRange = Nothing
End Sub
```

图5-162

❷ 运行代码后，即可将A1单元格水平居中并弹出相应的信息对话框，如图5-163所示。

图5-163

❸ 单击"确定"按钮，即可将A1单元格垂直靠上并再弹出如图5-164所示的信息对话框。

图5-164

技巧61 当单元格内容过长时自动缩小字体

在VBA中，使用ShrinkToFit属性可以将单元格内的文本字体缩小，以使单元格内的内容能够全部显示出来。

❶ 如图5-165所示，A1单元格中输入的数据内容因长度超过单元格宽度而无法完全显示。

| A1 | ▼ | : | × | ✓ | fx | 15215154542 |

▲	A	B	C	D	E
1	1.52E+10				
2					
3					
4					
5					

图5-165

❷ 如图5-166所示，是缩小A1单元格文本字体以显示其全部内容的代码。

| （通用） | ▼ | 第5章_技巧61 | ▼ |

```
Public Sub 第5章_技巧61 ()
    Dim myRange As Range
    Set myRange = Range("A1")   '指定单元格
    With myRange
        MsgBox "下面将缩小字体以显示单元格全部内容！"
        .ShrinkToFit = True
    End With
    Set myRange = Nothing
End Sub
```

图5-166

❸ 运行代码后，即弹出相应的信息对话框，如图5-167所示。

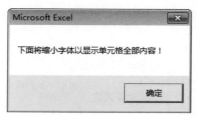

图5-167

④ 单击"确定"按钮，即可缩小A1单元格中的文本字体，效果如图5-168所示。

	A	B	C	D
1	15215154542			
2				
3				
4				
5				

图5-168

技巧62 设置单元格的大小

在VBA中，使用RowHeight属性和ColumnWidth属性可以以磅、厘米、英寸为单位分别来设置单元格的行高和列宽。

① 如图5-169所示，分别是以磅、厘米、英寸为单位设置A1单元格行高和列宽的代码。

```
(通用)                                 第5章_技巧62_1

Public Sub 第5章_技巧62_1()
    Dim myRange As Range
    Set myRange = Range("A1")     '指定单元格
    With myRange
        .RowHeight = 50          '指定行高为50磅
        .ColumnWidth = 10        '指定列宽为10磅
    End With
    Set myRange = Nothing
End Sub

Public Sub 第5章_技巧62_2()
    Dim myRange As Range
    Set myRange = Range("A1")     '指定单元格
    With myRange
        .RowHeight = Application.CentimetersToPoints(2.5)     '指定行高为2.5cm
        .ColumnWidth = Application.CentimetersToPoints(0.8)   '指定列宽为0.8cm
    End With
    Set myRange = Nothing
End Sub

Public Sub 第5章_技巧62_3()
    Dim myRange As Range
    Set myRange = Range("A1")     '指定单元格
    With myRange
        .RowHeight = Application.InchesToPoints(1.5)     '指定行高1.5英寸
        .ColumnWidth = Application.InchesToPoints(0.4)   '指定列宽0.4英寸
    End With
    Set myRange = Nothing
End Sub
```

图5-169

2 运行第1段代码后的效果如图5-170所示。

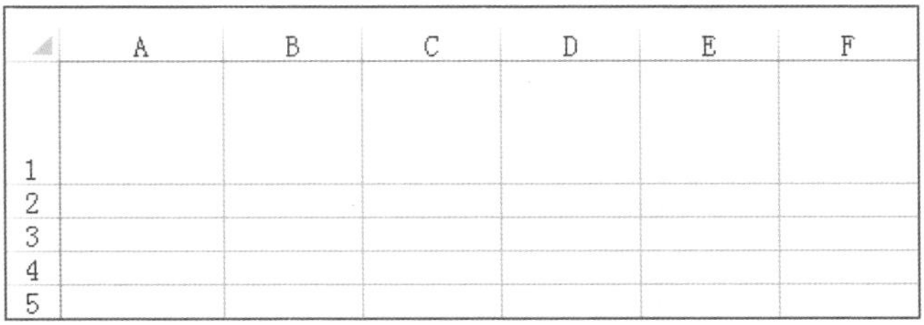

◢	A	B	C	D	E	F
1						
2						
3						
4						
5						

图5-170

3 运行第2段代码后的效果如图5-171所示。

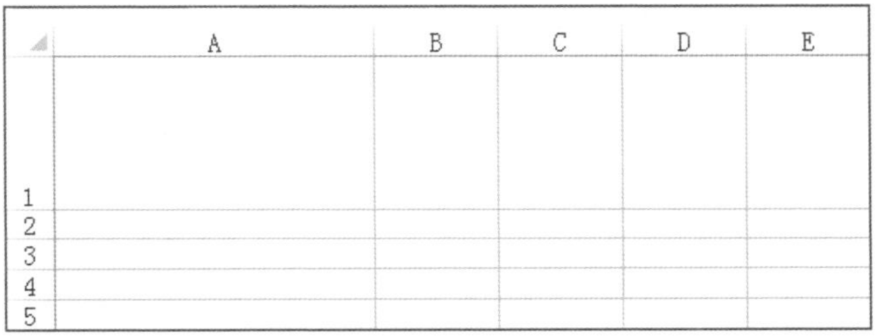

◢	A	B	C	D	E
1					
2					
3					
4					
5					

图5-171

4 运行第3段代码后的效果如图5-172所示。

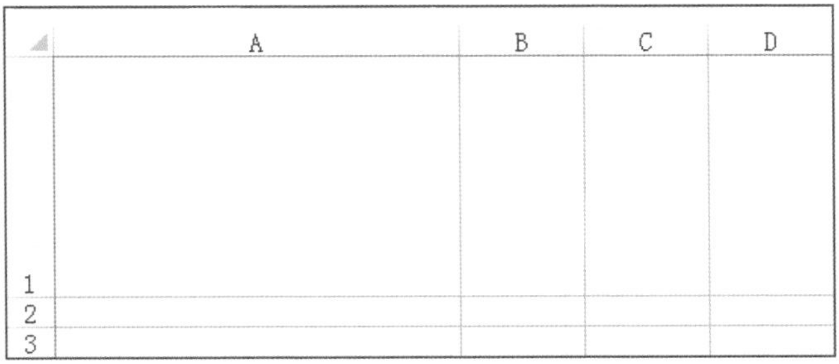

◢	A	B	C	D
1				
2				
3				

图5-172

技巧63 为单元格插入超链接

在VBA中，仅使用Hyperlinks属性的Hyperlinks对象可以为指定单元格插入指向当前工作簿内部的超链接。若结合Address参数，则可以插入指向当前工作簿外部的超链接。

1 如图5-173所示，是在A1单元格中分别插入指向Sheet2工作表中C5单元格的超链接及指向百度网站的超链接的代码。

图5-173

② 运行第1段代码后,可以看到A1单元格插入的超链接如图5-174所示。

	A	B	C	D
1	Sheet2!C5			
2	单击可激活指向的工作表			
3				
4				
5				

图5-174

③ 运行第2段代码后,可以看到A1单元格插入的超链接如图5-175所示。

	A	B	C	D
1	http://www.baidu.com/			
2	单击即可浏览百度网站			
3				
4				
5				

图5-175

技巧64 为单元格添加、修改批注

在VBA中,使用Comment属性和AddComment方法可以为单元格添加批注,而使用Comment对象的Text属性则可以修改单元格的批注。

1 如图5-176所示，分别是为A1单元格添加批注和修改批注的代码。

```
(通用)                              第5章_技巧64_1

Public Sub 第5章_技巧64_1()
    Dim myRange As Range
    Set myRange = Range("A1")      '指定需要添加批注的单元格
    With myRange
        On Error Resume Next
        .Comment.Delete            '删除已经存在的批注
        On Error GoTo 0
        '添加批注
        .AddComment "单元格的批注"
    End With
    Set myRange = Nothing
End Sub

Public Sub 第5章_技巧64_2()
    Dim myRange As Range
    Set myRange = Range("A1")      '指定需要修改批注的单元格
    With myRange
        On Error Resume Next
        .Comment.Visible = False   '隐藏批注
    End With
    myRange.Comment.Text Text:="修改: ", Start:=1, overwrite:=False
    Set myRange = Nothing
End Sub
```

图5-176

2 运行第1段代码后，可以看到为A1单元格添加的批注，如图5-177所示。

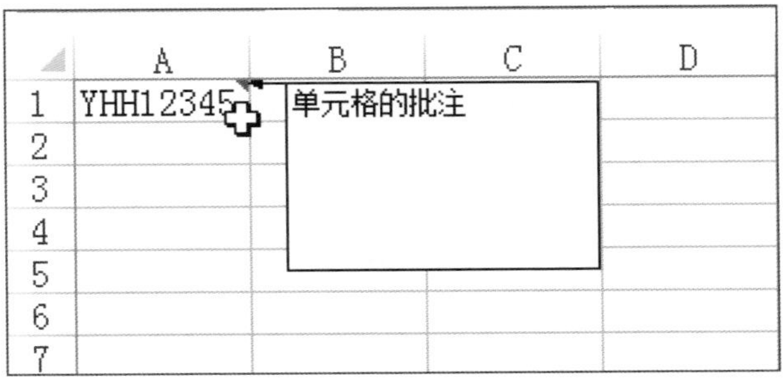

图5-177

3 运行第2段代码后，可以看到A1单元格中添加的批注被修改，如图5-178所示。

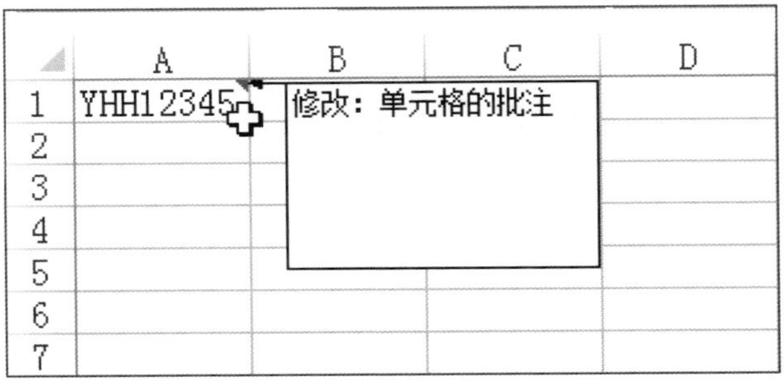

图5-178

技巧65 为单元格区域定义名称

在VBA中，为单元格区域定义名称的方法有多种，本例介绍其中的两种：一是使用Name属性来定义；二是使用Add方法来定义。

❶ 如图5-179所示，分别是使用这两种方法将A1:D5单元格区域的名称定义为"应用技巧"的代码。

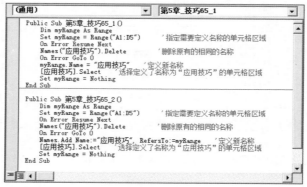

```
(通用)                                      第5章_技巧65_1

Public Sub 第5章_技巧65_1()
    Dim myRange As Range
    Set myRange = Range("A1:D5")        '指定需要定义名称的单元格区域
    On Error Resume Next
    Names("应用技巧").Delete            '删除原有的相同的名称
    On Error GoTo 0
    myRange.Name = "应用技巧"          '定义新名称
    [应用技巧].Select                  '选择定义了名称为"应用技巧"的单元格区域
    Set myRange = Nothing
End Sub

Public Sub 第5章_技巧65_2()
    Dim myRange As Range
    Set myRange = Range("A1:D5")        '指定需要定义名称的单元格区域
    On Error Resume Next
    Names("应用技巧").Delete            '删除原有的相同的名称
    On Error GoTo 0
    Names.Add Name:="应用技巧", RefersTo:=myRange  '定义新名称
    [应用技巧].Select                  '选择定义了名称为"应用技巧"的单元格区域
    Set myRange = Nothing
End Sub
```

图5-179

❷ 运行两段代码后的结果相同，如图5-180所示。

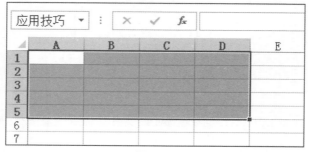

图5-180

技巧66 为单元格设置数据有效性序列

在VBA中，使用Validation对象的Add方法可以为指定的单元格设置数据有效性序列。

❶ 如图5-181所示，是将当前工作簿中工作表"YHH"以外的工作表名称设置为"YHH"表中A2单元格的数据有效性序列的代码。

❷ 运行代码后，即可看到A2单元格被设置了指定的数据有效性序列，如图5-182所示。

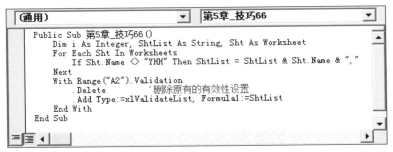

图5-181

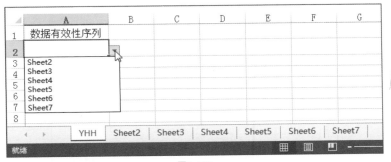

图5-182

📎 **代码解析**

(1) 第3～5行代码表示获取由当前工作簿中的各个工作表名称组成的序列字符串，使用逗号分隔字符串。

(2) 第6～9行代码表示使用Validation对象的方法在指定的A2单元格中添加数据有效性设置。

(3) 第7行代码表示删除单元格原有的数据有效性设置。

(4) 第8行代码表示为A2单元格添加数据有效性设置，并指定其类型为xlValidateList（序列），同时指定序列的来源为字符串变量ShtList。

技巧67 隐藏、显示单元格和单元格区域

在VBA中，可以先使用EntireRow属性和EntireColumn属性返回Range对象或某个单元格区域，然后再使用Hidden属性隐藏或显示其所在的行或列。

① 如图5-183所示，分别是隐藏、显示B2单元格及A1:C10单元格区域的代码。

② 运行第1段代码后，可以看到B2单元格所在的行和列均被隐藏，如图5-184所示，单击"确定"按钮即可重新显示。

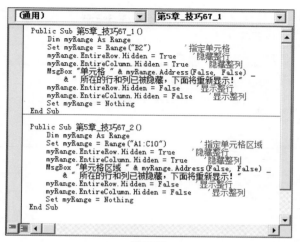

图5-183

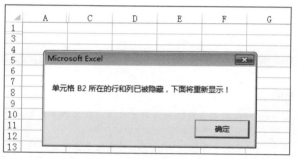

图5-184

③ 运行第2段代码后，可以看到A1:C10单元格区域所在的行和列均被隐藏，如图5-185所示，单击"确定"按钮即可重新显示。

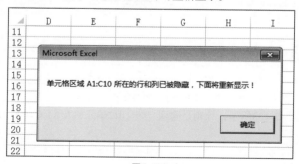

图5-185

技巧68 隐藏、显示单元格的公式

在VBA中，将FormulaHidden属性设置为True即可隐藏单元格中的公式；设置为False，则可以显示单元格中的公式。

❶ 如图5-186所示，当前工作表的A1单元格中包含了公式。

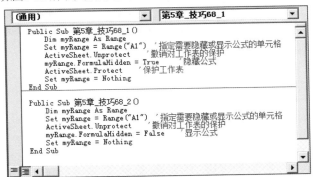

图5-186

❷ 如图5-187所示，分别是隐藏和显示A1单元格中公式的代码。

```
Public Sub 第5章_技巧68_1()
    Dim myRange As Range
    Set myRange = Range("A1")    '指定需要隐藏或显示公式的单元格
    ActiveSheet.Unprotect        '撤销对工作表的保护
    myRange.FormulaHidden = True '隐藏公式
    ActiveSheet.Protect          '保护工作表
    Set myRange = Nothing
End Sub

Public Sub 第5章_技巧68_2()
    Dim myRange As Range
    Set myRange = Range("A1")     '指定需要隐藏或显示公式的单元格
    ActiveSheet.Unprotect         '撤销对工作表的保护
    myRange.FormulaHidden = False '显示公式
    Set myRange = Nothing
End Sub
```

图5-187

❸ 运行第1段代码后，即可将A1单元格中的公式隐藏，且保护当前工作表，如图5-188所示。

图5-188

4 运行第2段代码后，可以重新显示A1单元格中的公式，且撤销对当前工作表的保护，如图5-189所示。

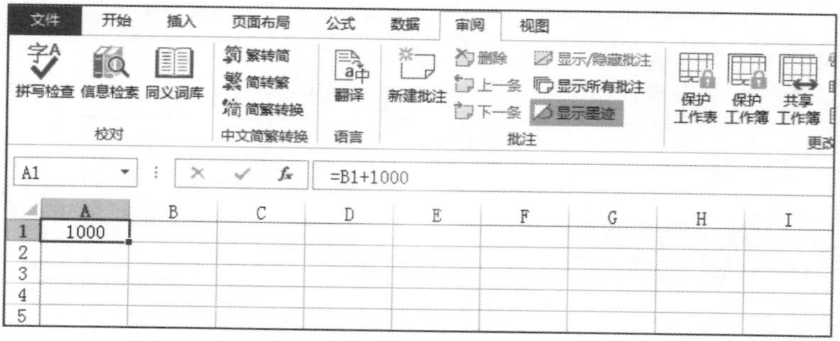

图5-189

专家提示

在Excel中，若工作表没有被保护，即使单元格的公式被隐藏，该公式仍然处于可见状态。只有在工作表被保护的情况下，隐藏单元格公式才能起作用。

第 6 章

Chart
（图表）对象

本章中部分素材文件在光盘中对应的章节下。

6.1 认识Chart（图表）对象

Chart对象代表工作簿中的图表，该图表既可以是嵌入图表（包含在ChartObject 中），也可以是一个单独的图表工作表。通过数据制作图表，可以使数据更加形象化和直观化。

本章将介绍利用VBA代码对Chart（图表）对象进行操作的一些实用方法和技巧。

6.2 图表常用的基本操作

图表常用的基本操作主要包括创建、排列、保存以及删除等，下面将介绍如何利用图表对象的属性和方法，使这些操作更加方便、快捷。

技巧1 自动生成单个图表

在VBA中，可以使用Add方法、SetSourceData方法以及ChartType属性在当前工作表中根据已有数据自动生成一个嵌入图表，并对其类型、颜色、标题等有关属性进行设置。

❶ 如图6-1所示，是根据工作表中的已有数据制作一个指定颜色和格式的簇状柱形图表的代码。

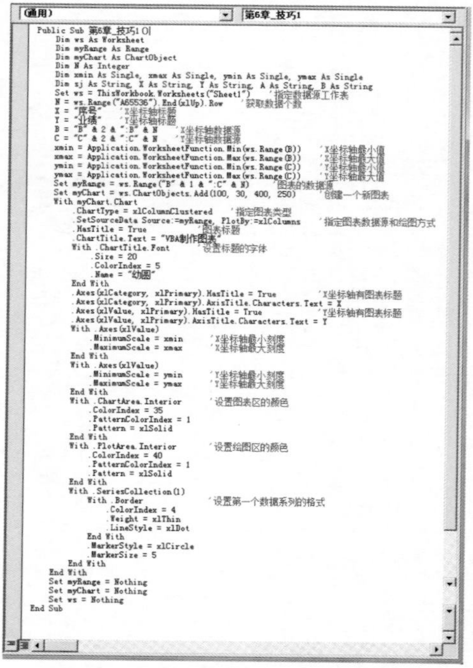

```
(通用)                                   第6章_技巧1
Public Sub 第6章_技巧1()
    Dim ws As Worksheet
    Dim myRange As Range
    Dim myChart As ChartObject
    Dim N As Integer
    Dim xmin As Single, xmax As Single, ymin As Single, ymax As Single
    Dim sj As String, X As String, Y As String, A As String, B As String
    Set ws = ThisWorkbook.Worksheets("Sheet1")    '指定数据源工作表
    N = ws.Range("A65536").End(xlUp).Row    '获取数据个数
    X = "序号"    'X坐标轴标题
    Y = "业绩"    'Y坐标轴标题
    B = "B" & 2 & ":B" & N    'X坐标轴数据源
    C = "C" & 2 & ":C" & N    'Y坐标轴数据源
    xmin = Application.WorksheetFunction.Min(ws.Range(B))    'X坐标轴最小值
    xmax = Application.WorksheetFunction.Max(ws.Range(B))    'X坐标轴最大值
    ymin = Application.WorksheetFunction.Min(ws.Range(C))    'Y坐标轴最小值
    ymax = Application.WorksheetFunction.Max(ws.Range(C))    'Y坐标轴最大值
    Set myRange = ws.Range("B" & 1 & ":C" & N)    '图表的数据源
    Set myChart = ws.ChartObjects.Add(100, 30, 400, 250)    '创建一个新图表
    With myChart.Chart
        .ChartType = xlColumnClustered    '指定图表类型
        .SetSourceData Source:=myRange, PlotBy:=xlColumns    '指定图表数据源和绘图方式
        .HasTitle = True    '图表标题
        .ChartTitle.Text = "VBA制作图表"
        With .ChartTitle.Font    '设置标题的字体
            .Size = 20
            .ColorIndex = 5
            .Name = "幼圆"
        End With
        .Axes(xlCategory, xlPrimary).HasTitle = True    'X坐标轴有图表标题
        .Axes(xlCategory, xlPrimary).AxisTitle.Characters.Text = X
        .Axes(xlValue, xlPrimary).HasTitle = True    'Y坐标轴有图表标题
        .Axes(xlValue, xlPrimary).AxisTitle.Characters.Text = Y
        With .Axes(xlValue)
            .MinimumScale = xmin    'X坐标轴最小刻度
            .MaximumScale = xmax    'X坐标轴最大刻度
        End With
        With .Axes(xlValue)
            .MinimumScale = ymin    'Y坐标轴最小刻度
            .MaximumScale = ymax    'Y坐标轴最大刻度
        End With
        With .ChartArea.Interior    '设置图表区的颜色
            .ColorIndex = 35
            .PatternColorIndex = 1
            .Pattern = xlSolid
        End With
        With .PlotArea.Interior    '设置绘图区的颜色
            .ColorIndex = 40
            .PatternColorIndex = 1
            .Pattern = xlSolid
        End With
        With .SeriesCollection(1)
            With .Border    '设置第一个数据系列的格式
                .ColorIndex = 4
                .Weight = xlThin
                .LineStyle = xlDot
            End With
            .MarkerStyle = xlCircle
            .MarkerSize = 5
        End With
    End With
    Set myRange = Nothing
    Set myChart = Nothing
    Set ws = Nothing
End Sub
```

图6-1

❷ 运行代码后，即可制作出指定属性的图表，效果如图6-2所示。

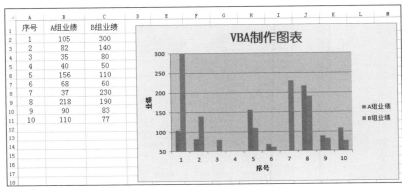

	A	B	C	D	E	F	G	H	I	J	K	L	M
1	序号	A组业绩	B组业绩										
2	1	105	300										
3	2	82	140										
4	3	35	80										
5	4	40	50										
6	5	156	110										
7	6	68	60										
8	7	37	230										
9	8	218	190										
10	9	90	83										
11	10	110	77										

图6-2

技巧2　自动生成多个图表

在VBA中，可以利用Chart对象的Add方法、SetSourceData方法以及SeriesCollection方法在当前工作表中根据已有数据生成多个嵌入图表，并对其类型、颜色、标题等有关属性进行设置。

❶ 如图6-3所示，当前工作表中输入了各员工的姓名及报销费用数据。

	A	B	C	D	E	F	G
1		姓名	差旅费	通讯费	交通费	维修费	
2	1	李倩	300	105	60	18	
3	2	马云梅	140	80	83	62	
4	3	宋强	80	216	20	245	
5	4	张家海	50	168	105	100	
6							

图6-3

❷ 如图6-4所示，是根据工作表中的已有数据制作多个相同颜色和格式的簇状柱形图的代码。

❸ 运行代码后，即可制作出显示每个员工每项报销费用的5个图表，这些图表均彼此重叠显示在一个地方，显示于最上面的为最后一个员工报销费用的图表，如图6-5所示。

```
(通用)                                 ▼  第6章_技巧2                          ▼
    Public Sub 第6章_技巧2 ()
        Dim myChart As Chart
        Dim myChartobj As ChartObject
        Dim ws As Worksheet
        Dim myRangeX As Range, myRangeY As Range, myRangeName As Range
        Dim i As Integer
        Set ws = Worksheets("Sheet1")      '指定数据源工作表
        Set myRangeX = ws.Range("C1:F1")   '指定坐标轴数据源
        Set myRangeY = ws.Range("C2:F2")   '指定Y坐标轴数据源
        Set myRangeName = ws.Range("B2")
        For Each myChartobj In ws.ChartObjects
            myChartobj.Delete
        Next
        For i = 1 To 4
            Set myChart = Charts.Add
            With myChart
                .ChartType = xlColumnClustered      '指定图表类型
                .SetSourceData Source:=ws.Range("B1"), PlotBy:=xlRows
                With .SeriesCollection(1)
                    .XValues = myRangeX
                    .Values = myRangeY.Offset(i - 1)
                    .Name = myRangeName.Offset(i - 1)
                    .ApplyDataLabels AutoText:=True, ShowValue:=True
                End With
                .Location Where:=xlLocationAsObject, Name:=ws.Name
            End With
            With ws.ChartObjects
                Set myChart = .Item(.Count).Chart
            End With
            With ws.Shapes(ws.Shapes.Count)      '指定图表区大小
                .Width = 200
                .Height = 200
            End With
            With myChart
                With .PlotArea      '指定绘图区大小
                    .Left = 8
                    .Top = 10
                    .Width = 180
                    .Height = 180
                    With .Interior      '指定图表区与绘图区颜色
                        .ColorIndex = 6
                        .PatternColorIndex = 2
                        .Pattern = xlSolid
                    End With
                End With
                With .ChartTitle      '设置图表标题的字体与位置
                    .Left = 75
                    .Top = 1
                    .Font.Size = 12
                    .Font.Name = "隶书"
                End With
                With .Axes(xlValue)      '设置Y坐标轴格式
                    .MinimumScale = 0
                    .MaximumScale = 300
                    .MinorUnitIsAuto = True
                    .MajorUnitIsAuto = True
                End With
                .HasLegend = False
            End With
        Next i
        ws.Range("A1").Activate
        Set myRangeX = Nothing
        Set myRangeY = Nothing
        Set myRangeName = Nothing
        Set ws = Nothing
        Set myChart = Nothing
        Set myChartobj = Nothing
    End Sub
```

图6-4

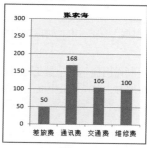

图6-5

技巧3 重排多个图表

对于上例中制作的多个彼此重叠并显示于同一位置的图表，用户可以使用ChartObjects对象的Top属性和Left属性对其进行重排。

❶ 如图6-6所示，是对当前工作表中制作的多个重叠图表进行重新布置的代码。

```
(通用)                              第6章_技巧3
Public Sub 第6章_技巧3()
    Dim myChtObj As ChartObject
    Dim myChart As Worksheet
    Dim i As Integer
    Set myChart = ThisWorkbook.Worksheets(1)    '指定工作表
    For i = 1 To myChart.ChartObjects.Count
        Set myChtObj = myChart.ChartObjects(i)    '循环各个图表
        With myChtObj    '设置各个图表（间）的位置
            .Top = ((i - 1) \ 2 + 2) * 200 - 350
            .Left = (((i - 1) Mod 2) + 2) * 200 - 100
        End With
    Next i
End Sub
```

图6-6

❷ 运行代码后的结果如图6-7所示。

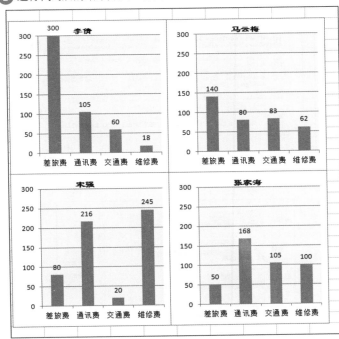

图6-7

技巧4 创建可以随源数据变化而变化的图表

在Excel图表制作过程中，经常需要添加、减少或者更改源数据。在VBA中，可以利用Change事件结合Add方法、SetSourceData方法创建能随着源数据变化而变化的图表。

1 如图6-8所示，当前工作表中输入了各员工的姓名及报销费用数据。

	A	B	C	D	E	F
1	姓名	差旅费	通讯费	交通费	维修费	
2	李倩	280	105	60	18	
3	马云梅	140	80	83	62	
4	宋强	80	216	20	245	
5	张家海	50	168	105	100	
6						

图6-8

2 如图6-9所示，是创建能随着源数据变化而变化的条形图的代码。

```
(通用)                                    第6章_技巧4
Private Sub Worksheet_Change(ByVal Target As Range)
    Call 第6章_技巧4
End Sub

Public Sub 第6章_技巧4()
    Dim myRange As String
    myRange = "A1:E" & Range("A65536").End(xlUp).Row
    Range(myRange).Select
    Charts.Add
    ActiveChart.ChartType = xlBarClustered          '指定图表类型
    ActiveChart.SetSourceData Source:=Sheets("Sheet1").Range(myRange), _
        PlotBy:=xlColumns
    ActiveChart.Location Where:=xlLocationAsObject, Name:="Sheet1"
    With ActiveChart
        .Axes(xlCategory, xlPrimary).HasTitle = False  'X坐标轴无图表标题
        .Axes(xlValue, xlPrimary).HasTitle = False     'Y坐标轴无图表标题
        .HasLegend = True                              '有图例
    End With
    With Sheets("Sheet1").ChartObjects(1)              '设置图表位置
        .Left = 150
        .Top = 100
    End With
    Sheets("Sheet1").Range("A" & Range("A65536").End(xlUp).Row).Select
End Sub
```

图6-9

3 运行代码后的结果如图6-10所示。

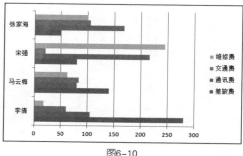

图6-10

④ 此时若更改源数据中的内容（如E5单元格中的数据），则图表中的数据也作出相应的调整，效果如图6-11所示。

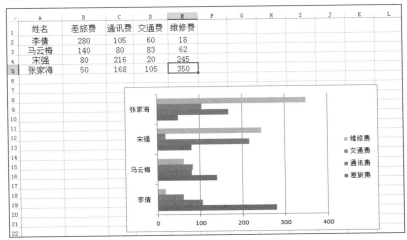

图6-11

技巧5 将图表保存为图像文件

在VBA中，可以使用Chart对象的Export方法将图表导出，并将其以JPG、GIF等格式保存至指定的文件夹中。

① 如图6-12所示，是将当前工作表中的图表以"图像文件.jpg"名称保存于当前工作簿所在文件夹中的代码。

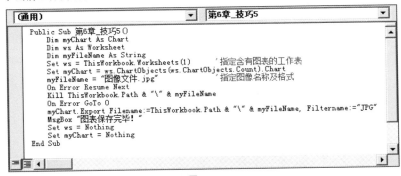

图6-12

② 运行代码后，弹出相应的信息提示对话框，并将图表以指定名称保存至指定的文件夹中，如图6-13、图6-14所示。

图6-13　　　　　　　　　　　　图6-14

技巧6　将图表图像文件载入到工作表中

除了可以将图表从工作表中以图像文件形式保存至文件夹中，还可以将保存于文件夹中的图表图像文件重新载入至工作表中，具体可以使用Pictures对象的Insert方法来实现。

1 如图6-15所示，是将当前工作簿所在文件夹中的"图像文件.jpg"图表图像文件载入到当前工作表中的代码。

```
(通用)                              第6章_技巧6
Public Sub 第6章_技巧6()
    Dim myFile As String, myFileName As String
    Dim ws As Worksheet
    Set ws = ThisWorkbook.Worksheets("Sheet1")  '指定要载入图表图像的工作表
    myFileName = "图像文件.jpg"  '指定图表图像文件的名称
    myFile = ThisWorkbook.Path & "\" & myFileName  '指定具有完整目录的图表图像文件名
    With ws.Pictures
        .Insert myFile  '载入图表图像文件
    End With
End Sub
```

图6-15

2 运行代码后，即可在当前工作表中选定的单元格处显示被载入的图表图像文件，如图6-16所示。

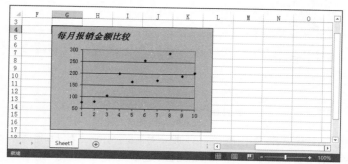

图6-16

技巧7　删除图表

在VBA中，可以使用ChartObjects对象的Delete方法删除生成的图表。

1 如图6-17所示，当前工作表包含了4个图表。

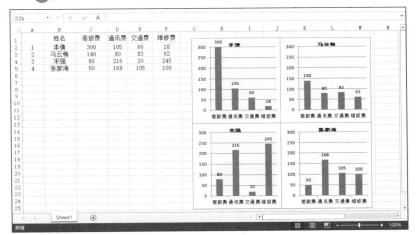

图6-17

2 如图6-18所示，是利用Delete方法删除当前工作表中的所有工作表的代码。

图6-18

3 运行代码后的结果如图6-19所示。

图6-19

6.3 图表基本信息的查看

在VBA中，利用Chart对象的有关属性，可以轻松获取图表的一些基本信息，如图表的名称、大小、位置及标题、图例、坐标轴等信息。

技巧8 查看图表的名称

在VBA中，可以使用ChartObject对象的Name属性查看指定图表的名称。

1 当前工作表中的图表及其源数据如图6-20所示。

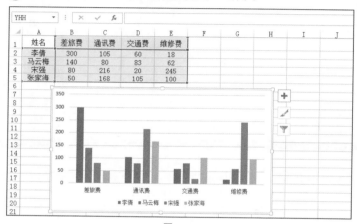

图6-20

2 如图6-21所示，是使用Name属性查看当前工作表中图表名称的代码。

3 运行代码后即可弹出显示结果的信息对话框，如图6-22所示。

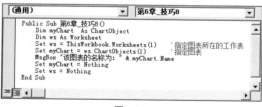

```
(通用)                    第6章_技巧8
    Public Sub 第6章_技巧8()
        Dim myChart  As ChartObject
        Dim ws As Worksheet
        Set ws = ThisWorkbook.Worksheets(1)    '指定图表所在的工作表
        Set myChart = ws.ChartObjects(1)       '指定图表
        MsgBox "该图表的名称为: " & myChart.Name
        Set myChart = Nothing
        Set ws = Nothing
    End Sub
```

图6-21

图6-22

技巧9 查看图表的大小

在VBA中，可以使用ChartObject对象的Height属性和Width属性分别查看指定图表的高度和宽度。

1 如图6-23所示，是查看当前工作表中图表的高度和宽度的代码。

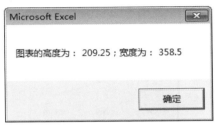

```
(通用)                                    第6章_技巧9
Public Sub 第6章_技巧9()
    Dim myChart  As ChartObject
    Dim ws As Worksheet
    Set ws = ThisWorkbook.Worksheets(1)    '指定图表所在的工作表
    Set myChart = ws.ChartObjects(1)       '指定图表
    MsgBox "图表的高度为: " & myChart.Height & "; 宽度为: " & myChart.Width
    Set myChart = Nothing
    Set ws = Nothing
End Sub
```

图6–23

❷ 运行代码后，即可弹出相应的显示结果的信息对话框，如图6-24所示。

Microsoft Excel
图表的高度为： 209.25；宽度为： 358.5
确定

图6–24

技巧10 查看图表的位置

在VBA中，可以使用ChartObject对象的Left属性和Top属性分别查看指定图表与工作表左侧和顶部的距离。

❶ 如图6-25所示，是查看图表与其所在的工作表左侧和顶部的距离的代码。

```
(通用)                                    第6章_技巧10
Public Sub 第6章_技巧10()
    Dim myChart  As ChartObject
    Dim ws As Worksheet
    Set ws = ThisWorkbook.Worksheets(1)    '指定图表所在的工作表
    Set myChart = ws.ChartObjects(1)       '指定图表
    MsgBox "图表距离工作表左侧为: " & myChart.Left & ";  距离工作表顶部为: " & myChart.Top
    Set myChart = Nothing
    Set ws = Nothing
End Sub
```

图6–25

❷ 运行代码后，即可弹出相应的显示结果的信息对话框，如图6-26所示。

Microsoft Excel
图表距离工作表左侧为： 23.25； 距离工作表顶部为： 91.5
确定

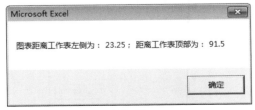

图6–26

技巧11 查看图表的标题信息

在VBA中，可以使用Chart对象的ChartTitle属性、Text属性、Left属性、Top属性查看指定图表标题的名称及位置。

1 当前工作表中图表的标题名称及位置如图6-27所示。

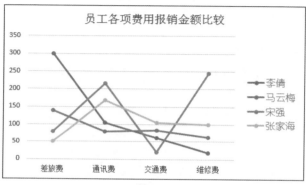

图6-27

2 如图6-28所示，是查看图表标题名称以及与工作表左侧和顶部的距离的代码。

```
(通用)                                      第6章_技巧11
Public Sub 第6章_技巧11()
    Dim myTitle As ChartTitle
    Dim myChart As Chart
    Dim ws As Worksheet
    Set ws = ThisWorkbook.Worksheets(1)        '指定含有图表的工作表
    Set myChart = ws.ChartObjects(1).Chart     '指定图表
    If myChart.HasTitle = True Then
        Set myTitle = myChart.ChartTitle
        With myTitle
            MsgBox "图表标题名称为: " & .Text & vbCrLf & _
            "图表标题的位置为: 距离左侧 " & .Left & " 距离顶部 " & .Top
        End With
    Else
        MsgBox "该图表没有标题! "
    End If
    Set myTitle = Nothing
    Set myChart = Nothing
    Set ws = Nothing
End Sub
```

图6-28

3 运行代码后，即可弹出相应的显示结果的信息对话框，如图6-29所示。

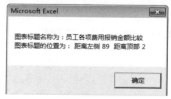

图6-29

专家提示

　　若指定图表内没有标题，则运行代码后弹出的信息对话框如图6-30所示。

图6-30

技巧12　查看图表的图例信息

　　在VBA中，可以使用Chart对象的Legend属性、Font属性、Size 属性、ColorIndex属性、Left属性、Top属性查看指定图表图例的字体、字号、颜色及位置。

1 当前工作表中图表图例的字体格式及位置如图6-31所示。

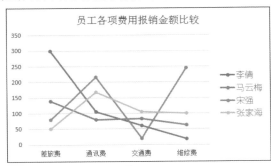

图6-31

2 如图6-32所，是查看图表图例的字体、字号、颜色以及与工作表左侧和顶部的距离的代码。

```
(通用)                              第6章_技巧12
Public Sub 第6章_技巧12 ()
    Dim myChart As Chart
    Dim ws As Worksheet
    Set ws = ThisWorkbook.Worksheets(1)      '指定含有图表的工作表
    Set myChart = ws.ChartObjects(1).Chart   '指定图表
    If myChart.HasLegend = True Then
        With myChart.Legend
            MsgBox "图例文字的字体为: " & .Font.Name & vbCrLf & _
                   "图例文字的字号: " & .Font.Size & vbCrLf & _
                   "图例文字的颜色为: " & .Font.ColorIndex & vbCrLf & _
                   "图例的位置为: 距离左侧 " & .Left & " 距离顶部 " & .Top
        End With
    Else
        MsgBox "该图表没有图例! "
    End If
    Set myChart = Nothing
    Set ws = Nothing
End Sub
```

图6-32

③ 运行代码后，即可弹出相应的显示结果的信息对话框，如图6-33所示。

图6-33

专家提示

若指定图表内没有图例，则运行代码后弹出的信息对话框如图6-34所示。

图6-34

技巧13 查看图表的坐标轴信息

在VBA中，可以使用Chart对象的Axes方法、HasTitle属性、AxisTitle属性、MinimumScale属性、MaximumScale属性查看指定图表X、Y坐标轴的标题及最小和最大刻度值。

① 当前工作表中图表的坐标轴标题及刻度值如图6-35所示。

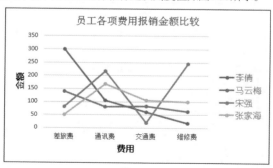

图6-35

② 如图6-36所示，是查看图表X、Y坐标轴的标题及最小、最大刻度值的代码。

```
(通用)                              ▼    第6章_技巧13                          ▼
    Public Sub 第6章_技巧13()
        Dim myChart  As Chart
        Dim ws As Worksheet
        Set ws = ThisWorkbook.Worksheets(1)      '指定含有图表的工作表
        Set myChart = ws.ChartObjects(1).Chart       '指定图表
        With myChart.Axes(xlCategory)
            If .HasTitle = True Then
                MsgBox "图表的X 坐标轴标题为:" & .AxisTitle.Text
            Else
                MsgBox "图表的X 坐标轴没有标题"
            End If
        End With
        With myChart.Axes(xlValue)
            If .HasTitle = True Then
                MsgBox "图表的Y坐标轴标题为:" & .AxisTitle.Text & vbCrLf _
                    & "最小刻度为:" & .MinimumScale & vbCrLf _
                    & "最大刻度为:" & .MaximumScale
            Else
                MsgBox "图表的Y 坐标轴没有标题" & vbCrLf _
                    & "最小刻度为:" & .MinimumScale & vbCrLf _
                    & "最大刻度为:" & .MaximumScale
            End If
        End With
        Set myChart = Nothing
        Set ws = Nothing
    End Sub
```

图6-36

3 运行代码后，即可依次弹出相应的显示结果的信息对话框，如图6-37、图6-38所示。

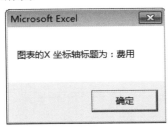

图6-37

图6-38

6.4　图表基本信息的设置

在VBA中，利用图表对象的有关属性，还可以轻松设置图表的一些基本信息，如图表的类型、大小、名称、数据源及标题格式、图例格式、坐标轴格式等。

技巧14　更改图表的类型

在VBA中，使用ChartType属性可以更改图表的类型。

1 如图6-39所示，当前工作表中的图表类型为簇状柱形图。

2 如图6-40所示，是使用**ChartType**属性将当前工作表中的图表类型更改为簇状条形图的代码。

3 运行代码后，弹出相应的信息提示对话框，如图6-41所示。

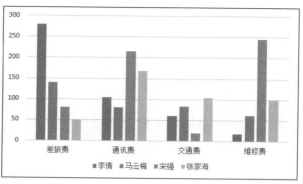

图6-39

图6-40   图6-41

④ 单击"确定"按钮，即可将图表更换为簇状条形图，效果如图6-42所示。

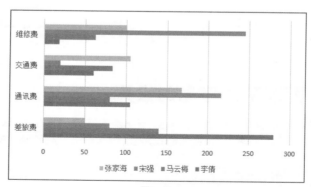

图6-42

技巧15 更改图表的大小

在VBA中，使用Height属性和Width属性可以更改图表的高度和宽度，即图表的大小。

1 当前工作表中的图表大小如图6-43所示。

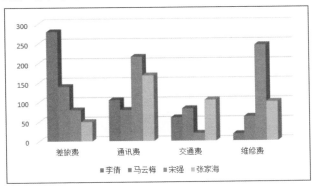

图6-43

2 如图6-44所示，是将当前工作表中图表的高度和宽度分别更改为150和400的代码。

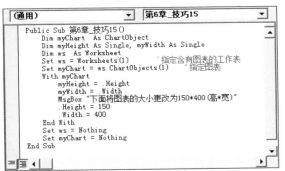

图6-44

3 运行代码后，即可弹出相应的信息提示对话框，如图6-45所示。

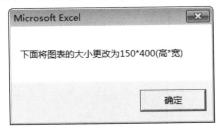

图6-45

4 单击"确定"按钮，即可将图表更改为设置的大小，效果如图6-46所示。

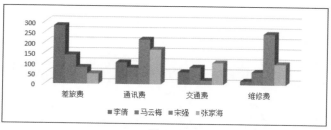

图6-46

技巧16 更改图表的名称

在Excel中，创建的图表是以"图表1"、"图表2"、"图表3"的顺序排列的。若用户不满意，可以使用Name属性更改图表的名称。

❶ 如图6-47所示，是将当前工作表中的"图表1"图表的名称更改为YHH的代码。

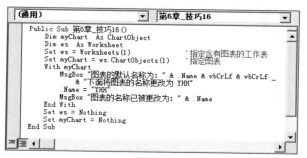

图6-47

❷ 运行代码后，即可弹出相应的信息提示对话框，如图6-48所示。

❸ 单击"确定"按钮，弹出相应的另一信息提示对话框，如图6-49所示。

图6-48

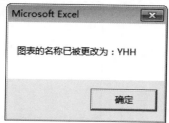

图6-49

❹ 再次单击"确定"按钮，即可看到当前图表的名称被更改为YHH，效果如图6-50所示。

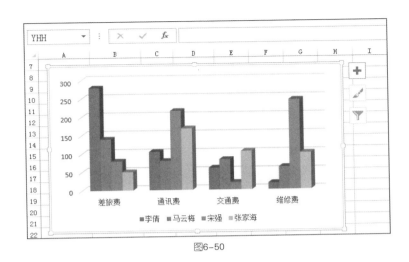

图6-50

技巧17　更改图表的源数据

在VBA中，用户可以通过在XValues属性和Values属性中指定Range对象来更改图表的源数据。

❶ 如图6-51所示，图表中的源数据区域为A1:B5。

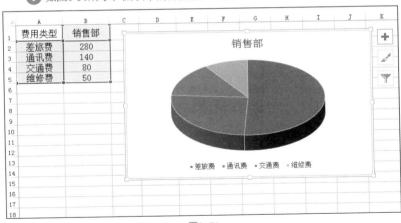

图6-51

❷ 如图6-52所示，是在图表中将源数据区域扩展到A1:B10的代码。

❸ 运行代码后的结果如图6-53所示。

❹ 此时若在扩展的源数据区域中补充数据，即可在不必重新制作图表的情况下改变图表的源数据，效果如图6-54所示。

```
(通用)                              ▼   第6章_技巧17                      ▼
    Public Sub 第6章_技巧17()
        Dim myChart   As Chart
        Dim myChartObj As ChartObject
        Dim ws   As Worksheet
        Dim myRange1   As Range
        Dim myRange2   As Range
        Set ws = Worksheets(1)              '指定含有图表的工作表
        '获取原来的源数据区域
        Set myRange1 = ws.Range("A2:A5")
        Set myRange2 = ws.Range("B2:B5")
        Set myChart = ws.ChartObjects(1).Chart   '指定图表
        With myChart.SeriesCollection(1)         '更改源数据区域
            .XValues = myRange1.Resize(9)
            .Values = myRange2.Resize(9)
        End With
        ws.Range("A1").Activate
        Set myRange1 = Nothing
        Set myRange2 = Nothing
        Set ws = Nothing
        Set myChart = Nothing
        Set myChartObj = Nothing
    End Sub
```

图6-52

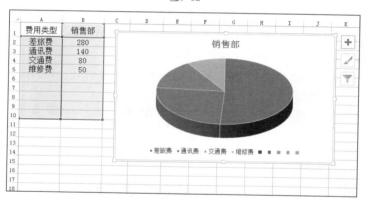

图6-53

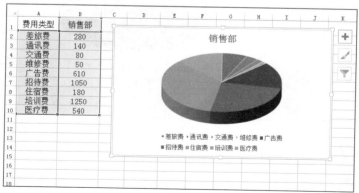

图6-54

技巧18 设置图表区的格式

在Excel中，图表区即为图表的整个区域，其格式可以通过使用ChartArea属性来重新设置。

1 如图6-55所示，当前图表的图表区为默认的格式。

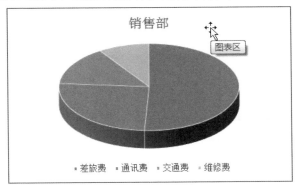

图6-55

2 如图6-56所示，是使用ChartArea属性更改图表区的字体、字号、边框及填充颜色的代码。

```
（通用）                     第6章_技巧18
Public Sub 第6章_技巧18()
    Dim myChart  As ChartObject
    Dim myHeight As Single, myWidth As Single
    Dim ws  As Worksheet
    Set ws = Worksheets(1)     '指定有图表的工作表
    Set myChart = ws.ChartObjects(1)     '指定图表
    With myChart.Chart.ChartArea
        MsgBox "下面将重新设置图表区的格式！"
        With .Font          '设置图表区的字体格式
            .Size = 16
            .Name = "华文彩云"
            .ColorIndex = 5
        End With
        With .Border        '设置图表区的边框格式
            .LineStyle = xlDash
            .Weight = xlThin
            .ColorIndex = 1
        End With
        .Interior.ColorIndex = 15  '设置图表区的填充颜色
    End With
    Set ws = Nothing
    Set myChart = Nothing
End Sub
```

图6-56

3 运行代码后，即可弹出相应的信息对话框，如图6-57所示。

4 单击"确定"按钮，即可将图表的图表区更改为设置的格式，效果如图6-58所示。

图6-57

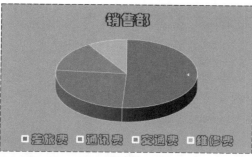

图6-58

技巧19 设置绘图区的格式

在Excel中，图表的绘图区是指以坐标轴为界并包含所有数据系列的区域，其格式可以通过使用PlotArea属性来重新设置。

1 如图6-59所示，当前图表的绘图区为默认的格式。

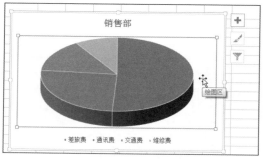

图6-59

2 如图6-60所示，是使用PlotArea属性更改绘图区的边框格式及填充颜色的代码。

```
(通用)                              第6章_技巧19

Public Sub 第6章_技巧19()
    Dim myChart As ChartObject
    Dim myHeight As Single, myWidth As Single
    Dim ws As Worksheet
    Set ws = Worksheets(1)      '指定有图表的工作表
    Set myChart = ws.ChartObjects(1)   '指定图表
    With myChart.Chart.PlotArea
        MsgBox "下面将重新设置绘图区的格式！"
        With .Border        '设置绘图区的边框格式
            .LineStyle = xlDash
            .Weight = xlThin
            .ColorIndex = 5
        End With
        .Height = 150
        .Width = 300
        .Interior.ColorIndex = 28    '设置绘图区的填充颜色
    End With
    Set ws = Nothing
    Set myChart = Nothing
End Sub
```

图6-60

③ 运行代码后，即可弹出相应的信息对话框，如图6-61所示。

④ 单击"确定"按钮，即可将图表的绘图区更改为设置的格式，效果如图6-62所示。

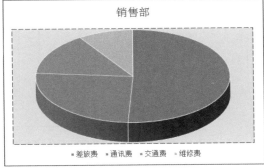

图6-61　　　　　　　　　　　　　图6-62

技巧20　设置图表的标题格式

在VBA中，可以使用ChartTitle属性重新设置图表标题的字体、颜色、位置等格式。

① 如图6-63所示，当前图表的标题为默认的格式和位置。

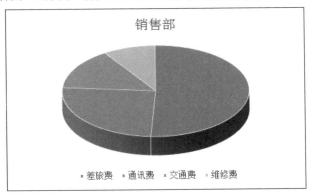

图6-63

② 如图6-64所示，是使用ChartTitle属性更改图表的标题内容、字体、字号、颜色及位置的代码。

③ 运行代码后，即可弹出相应的信息对话框，如图6-65所示。

④ 单击"确定"按钮，即可将图表的标题更改为设置的格式，效果如图6-66所示。

```
(通用)                    ▼    第6章_技巧20              ▼
Public Sub 第6章_技巧20 ()
    Dim myChart  As ChartObject
    Dim ws  As Worksheet
    Set ws = Worksheets(1)        '指定含有图表的工作表
    Set myChart = ws.ChartObjects(1)      '指定图表
    With myChart
    MsgBox "下面将更改图表的标题格式！"
        With .Chart.ChartTitle
            .Text = "销售部报销费用比较"
            .Font.Name = "幼圆"
            .Font.Size = 20
            .Font.ColorIndex = 5
            .Top = 5
            .Left = 100
        End With
    End With
    Set ws = Nothing
    Set myChart = Nothing
End Sub
```

图6-64

Microsoft Excel

下面将更改图表的标题格式！

确定

图6-65

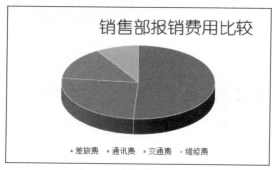

图6-66

技巧21 设置图表的图例格式

在VBA中，可以使用ChartObject对象的Legend属性重新设置图表中图例的字体、颜色及位置等格式。

❶ 如图6-67所示，当前图表的图例为默认的格式。

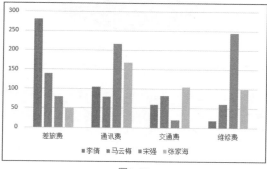

图6-67

② 如图6-68所示，是使用Legend属性更改图表中图例的字体、字号、颜色及位置的代码。

图6-68

③ 运行代码后，即可弹出相应的信息对话框，如图6-69所示。

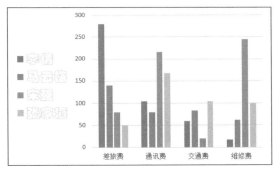

图6-69

技巧22　设置图表的坐标轴格式

在VBA中，可以使用ChartObject对象的Axes方法设置图表的坐标轴格式。

① 如图6-70所示，当前图表的坐标轴为默认的格式。

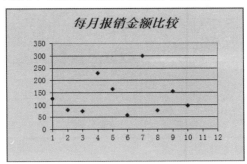

图6-70

❷ 如图6-71所示，是使用Axes方法设置图表坐标轴的边界值、字体、字号并添加坐标轴标题的代码。

```
(通用)                                          第6章_技巧22

Public Sub 第6章_技巧22()
    Dim myChart  As ChartObject
    Dim myHeight As Single, myWidth As Single
    Dim ws  As Worksheet
    Set ws = Worksheets(1)                          '指定含有图表的工作表
    Set myChart = ws.ChartObjects(1)                '指定图表
    With myChart.Chart.Axes(xlCategory)             '设置X坐标轴的格式
        .MinimumScale = 1
        .MaximumScale = 10
        With .TickLabels.Font
            .Name = "隶书"
            .FontStyle = "常规"
            .Size = 14
        End With
        .HasTitle = True
        .AxisTitle.Text = "月份"
        .AxisTitle.Font.Size = 12
        .AxisTitle.Font.ColorIndex = 5
    End With
    With myChart.Chart.Axes(xlValue)                '设置Y坐标轴的格式
        .MinimumScale = 50
        .MaximumScale = 300
        .HasTitle = True
        .AxisTitle.Text = "报销金额"
        .AxisTitle.Font.Size = 12
        .AxisTitle.Font.ColorIndex = 5
        With .TickLabels.Font
            .Name = "华文细黑"
            .FontStyle = "常规"
            .Size = 14
        End With
    End With
    Set ws = Nothing
    Set myChart = Nothing
End Sub
```

图6-71

❸ 运行代码后的结果如图6-72所示。

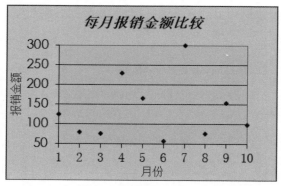

图6-72

第 7 章

Shape
（图形）对象

本章中部分素材文件在光盘中对应的章节下。

7.1 认识Shape（图形）对象

Shape对象代表工作簿绘图层中的对象，如自选图形、任意多边形、OLE对象、ActiveX 控件或图片。一个Shape对象就是一个图形，多个Shape对象则组成Shapes集合，Shapes集合代表所有图形。

除了Shape对象和Shapes集合，代表图形的还有ShapeRange对象。

本章将介绍利用VBA代码对Shape（图形）对象进行操作的一些实用的方法和技巧。

7.2 图形常用的基本操作

图形常用的基本操作主要包括插入、选择、移动、保存及删除等，下面介绍如何利用图形对象的属性和方法，使这些操作更加方便、快捷。

技巧1 快速插入图形对象

在VBA中，可以使用AddShape方法快速插入图形对象，并结合Type属性、Left属性、Top属性、Width属性、Height属性依次指定其类型、左侧距离、顶部距离以及宽度和高度。

❶ 如图7-1所示，是使用AddShape方法在工作表中的指定位置插入一个矩形对象的代码。

```
Public Sub 第7章_技巧1()
    Dim myShape As Shape
    Dim ws As Worksheet
    Set ws = ThisWorkbook.Worksheets(1)      '指定要插入图形的工作表
    Set myShape = ws.Shapes.AddShape(Type:=msoShapeRectangle, Left:=100, _
        Top:=50, Width:=80, Height:=150)
    Set myShape = Nothing
    Set ws = Nothing
End Sub
```

图7-1

❷ 运行代码后的结果如图7-2所示。

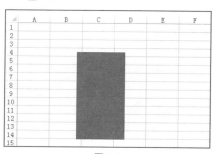

图7-2

专家提示

（1）本例中第5行代码也可换成：

Set myShape = ws.Shapes.AddShape(Type:=msoShapeRectangle, 100, 50, 80, 150)。

（2）Shape对象的类型有很多种，具体参见图7-3。

	A	B	C
1	常量	值	名称
2	msoShapeTypeMixed	-2	混合型图形
3	msoAutoShape	1	自选图形
4	msoCallout	2	没有边框线的标注
5	msoChart	3	图表
6	msoComment	4	批注
7	msoFreeform	5	任意多边形
8	msoGroup	6	图形组合
9	msoFormControl	8	窗体控件
10	msoLine	9	线条
11	msoLinkedOLEObject	10	链接式或内嵌OLE对象
12	msoLinkedPicture	11	剪贴画或图片
13	msoOLEControlObject	12	ActiveX 控件
14	msoPicture	13	图片
15	msoTextEffect	15	艺术字
16	msoTextBox	17	文本框
17	msoDiagram	21	组织结构图或其他图示
18			

图7-3

技巧2　插入指定名称的图形对象

在VBA中，使用AddShape方法插入图形对象的同时可以结合Name属性指定图形的名称。

❶ 如图7-4所示，是在工作表中的指定位置插入一个名为YHH的月亮图形的代码。

```
Public Sub 第7章_技巧2()
    Dim myShape As Shape
    Dim ws As Worksheet
    Dim myName As String
    myName = "YHH"          指定插入图形对象的名称
    Set ws = ThisWorkbook.Worksheets(1)    指定工作表
    With ws.Shapes
        On Error Resume Next
        Set myShape = .Item(myName)
        On Error GoTo 0
        If myShape Is Nothing Then
            .AddShape(Type:=msoShapeMoon, _
                Left:=50, Top:=20, Width:=150, Height:=150).Name = myName
        Else
            MsgBox "名称为 " & myName & "的图形对象已存在！"
        End If
    End With
    Set myShape = Nothing
    Set ws = Nothing
End Sub
```

图7-4

② 运行代码后的结果如图7-5所示。

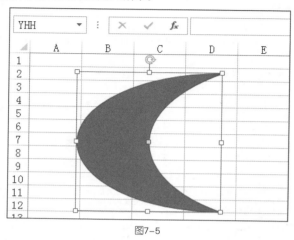

图7-5

专家提示

　　若工作表中已经存在指定名称的图形对象，则弹出如图7-6所示的信息提示对话框。

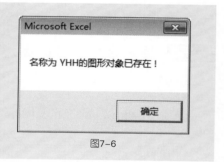

图7-6

技巧3 插入指定宏的图形对象

　　在VBA中，还可以使用AddShape方法结合OnAction属性插入指定宏代码的图形对象。

① 如图7-7所示，是在工作表中的指定位置插入一个指定名为SSS宏代码的图形对象，并为其添加指定文字的代码。

② 运行代码后，即可在指定位置插入指定文字的图形对象，如图7-8所示。

③ 单击该图形对象，即可弹出指定宏代码的信息提示对话框，如图7-9所示。

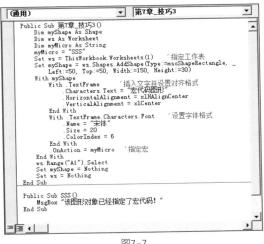

图7-7

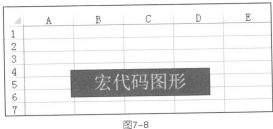

图7-8

图7-9

技巧4　为插入的图形对象指定不同的宏

本例将介绍如何使用OnAction属性为插入的图形对象指定不同的宏代码。

1 如图7-10所示，当前工作表中插入的图形名称为Shape1。

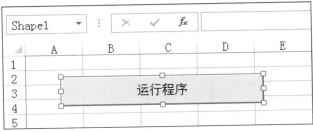

图7-10

2 如图7-11所示，是为Shape1图形指定两个不同宏代码的代码。

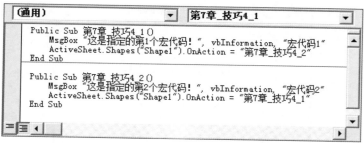

图7-11

③ 运行代码后，即可依次弹出指定宏代码的信息提示对话框，如图7-12、图7-13所示。

图7-12

图7-13

技巧5 选定相同类型的图形对象

在VBA中，可以使用Shape对象的Type属性在工作表中选定同一种类型的图形对象。

① 如图7-14所示，是使用Type属性选定当前工作表中的任意多边形图形的代码。

```
Public Sub 第7章_技巧5()
    Dim myShape As Shape
    Dim ws As Worksheet
    Set ws = Worksheets(1)        '指定含有Shape对象的工作表
    For Each myShape In ws.Shapes
        With myShape
            If .Type = msoFreeform Then    '指定要选择Shape对象的类型
                .Select False
            End If
        End With
    Next
    Set ws = Nothing
End Sub
```

图7-14

② 运行代码后的结果如图7-15所示。

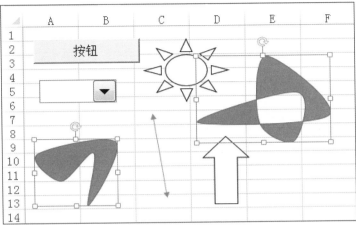

图7-15

技巧6　制作Flash动画图形

在VBA中，可以在制作图形对象的同时使用IncrementRotation方法和DoEvents参数来移动和旋转图形，使其形成Flash动画。

① 如图7-16所示，是在当前工作表中制作一个右箭头图形对象并将其制作成Flash动画的代码。

```
Public Sub 第7章_技巧6()
    Dim myShape As Shape
    Dim ws As Worksheet
    Dim i As Long
    Dim j As Long
    Set ws = Worksheets(1)
    With ws
        For Each myShape In .Shapes      '删除工作表中原有的Shape对象
            myShape.Delete
        Next
        Set myShape = .Shapes.AddShape(Type:=msoShapeRightArrow, _
            Left:=50, Top:=120, Width:=150, Height:=200)
    End With
    With myShape      '指定图形的位置和旋转等
        For i = 1 To 3000 Step 5
            .Top = Sin(i * (3.1416 / 180)) * 80 + 80
            .Left = Cos(i * (3.1416 / 180)) * 80 + 80
            .Fill.ForeColor.RGB = i * 80
            For j = 1 To 10
                .IncrementRotation -1      '顺时针方向旋转
                DoEvents
            Next j
        Next i
    End With
End Sub
```

图7-16

❷ 运行代码后，即可制作出动态的右箭头图形对象，其移动并旋转的过程如图7-17～图7-19所示。

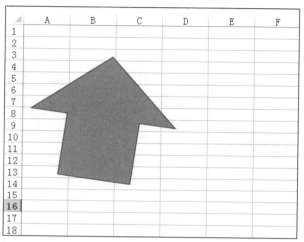

图7-17

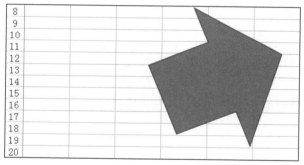

图7-18

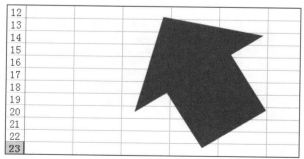

图7-19

技巧7 一次性复制多个图形对象

在VBA中，可以使用Group方法将多个图形对象组合成一个整体，然后使用Copy属性和Paste属性对其进行复制和粘贴。

1 如图7-20所示，在Sheet1工作表中包含了多个图形对象。

图7-20

2 如图7-21所示，是将Sheet1工作表中的所有图形对象组合成一个整体复制到Sheet2工作表中，然后再将其拆分的代码。

```
Public Sub 第7章_技巧7()
    Dim myShape As Shape
    Dim myShapeGroup As Shape
    Dim myArray() As Variant
    Dim ws1 As Worksheet
    Dim ws2 As Worksheet
    Dim i As Long
    Set ws1 = Worksheets(1)    '指定复制组合的Shape对象所在的工作表
    Set ws2 = Worksheets(2)    '指定粘贴组合的Shape对象所在的工作表
    i = 0
    With ws1
        For Each myShape In .Shapes
            With myShape

                If .Type = msoAutoShape Then    '指定要复制组合的Shape对象类型
                    i = i + 1
                    ReDim Preserve myArray(1 To i)
                    myArray(i) = .Name
                End If
            End With
        Next
        Set myShapeGroup = .Shapes.Range(myArray).Group
    End With
    myShapeGroup.Copy
    With ws2
        .Paste
        .Shapes(1).Ungroup
    End With
    myShapeGroup.Ungroup
    Set myShapeGroup = Nothing
    Set ws1 = Nothing
    Set ws2 = Nothing
End Sub
```

图7-21

❸ 运行代码后，即可在Sheet2工作表中选定的单元格处显示复制的图形对象，如图7-22所示。

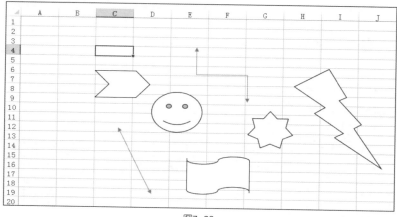

图7-22

技巧8 移动图形对象

在VBA中，可以使用Top属性和Left属性分别指定图形对象与顶部和左侧的距离，从而将图形对象移至指定的位置。

❶ 需要移动的图形对象在工作表中的源位置如图7-23所示。

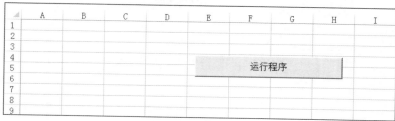

图7-23

❷ 如图7-24所示，是将该图形对象移至指定位置的代码。

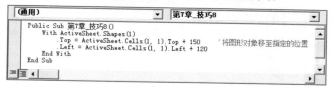

```
(通用)                               第7章_技巧8
    Public Sub 第7章_技巧8()
        With ActiveSheet.Shapes(1)
            .Top = ActiveSheet.Cells(1, 1).Top + 150    '将图形对象移至指定的位置
            .Left = ActiveSheet.Cells(1, 1).Left + 120
        End With
    End Sub
```

图7-24

❸ 运行代码后的结果如图7-25所示。

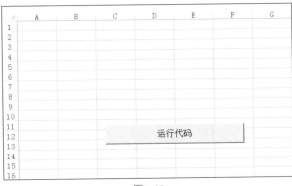

图7-25

技巧9 将图形对象保存为图片

在VBA中，可以使用Copy方法将工作表中的图形对象以图片的格式复制并粘贴到该图表上。

1 如图7-26所示，在当前工作表中包含了多个图形对象。

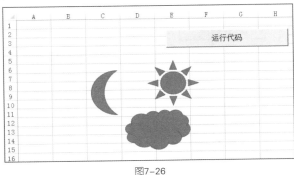

图7-26

2 如图7-27所示，是将这些图形对象以图片的格式复制到指定位置的代码。

```
(通用)                          第7章_技巧9

Public Sub 第7章_技巧9()
    Dim Shp As Shape, i As Integer
    With ActiveSheet
        For i = 1 To .Shapes.Count  '指定所有图形对象
        Set Shp = .Shapes(i)
        Shp.Copy  '复制图形对象
        With .ChartObjects.Add(10, 10, _
        Shp.Width, Shp.Height + 50).Chart
            .Paste
        End With
        Next
    End With
End Sub
```

图7-27

❸ 运行代码后的结果如图7-28所示。

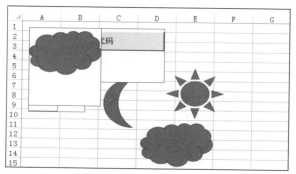

图7-28

技巧10 删除图形对象

在VBA中，可以使用Delete方法删除工作表中的图形对象。

❶ 如图7-29所示，在当前工作表中包含了多个图形对象。

图7-29

❷ 如图7-30所示，是删除其中的任意多边形图形的代码。

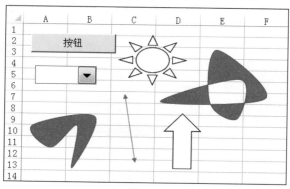

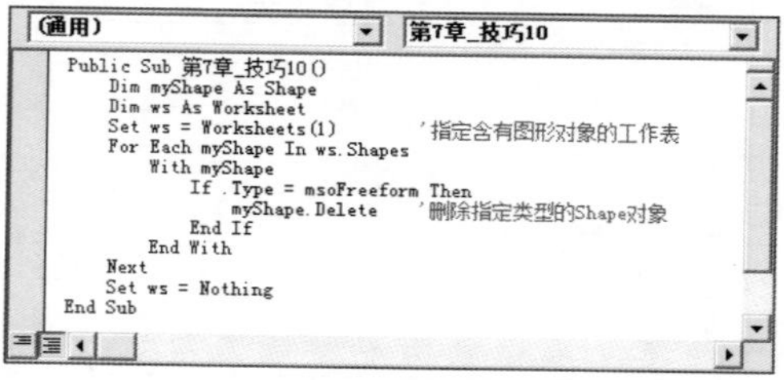

```
Public Sub 第7章_技巧10()
    Dim myShape As Shape
    Dim ws As Worksheet
    Set ws = Worksheets(1)        '指定含有图形对象的工作表
    For Each myShape In ws.Shapes
        With myShape
            If .Type = msoFreeform Then
                myShape.Delete    '删除指定类型的Shape对象
            End If
        End With
    Next
    Set ws = Nothing
End Sub
```

图7-30

③ 运行代码后的结果如图7-31所示。

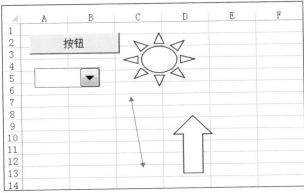

图7-31

7.3 图形基本信息的查看

在VBA中，利用Shape对象的有关属性，可以轻松获取图形对象的一些基本信息，如图形对象的名称、大小、位置及类型等。

技巧11 查看图形对象的名称

在VBA中，可以使用Shape对象的Name属性查看指定图形对象的名称。

① 如图7-32所示，在当前工作表中包含了多个图形对象。

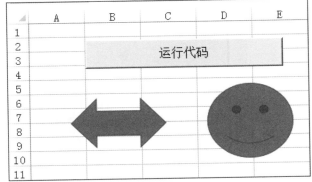

图7-32

② 如图7-33所示，是使用Name属性查看当前工作表中第3个图形对象名称的代码。

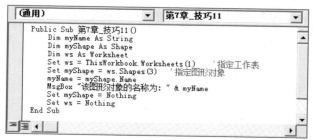

图7-33

③ 运行代码后，即可弹出显示结果的信息对话框，如图7-34所示。

图7-34

技巧12 查看图形对象的类型

在VBA中，可以使用Shape对象的Type属性查看指定图形对象的类型。

① 如图7-35所示，在当前工作表中包含了多个图形对象。

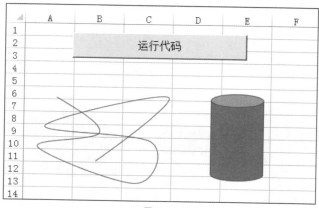

图7-35

② 如图7-36所示，是使用Type属性查看当前工作表中第2个图形对象类型的代码。

```
(通用)                              ▼    第7章_技巧12                    ▼
    Public Sub 第7章_技巧12()
        Dim myType As String
        Dim myShape As Shape
        Dim ws As Worksheet
        Set ws = ThisWorkbook.Worksheets(1)      '指定工作表
        Set myShape = ws.Shapes(2)           '指定图形对象
        With myShape
            Select Case .Type
                Case msoShapeTypeMixed
                    myType = "混合型图形"
                Case msoAutoShape
                    myType = "自选图形"
                Case msoCallout
                    myType = "没有边框线的标注"
                Case msoChart
                    myType = "图表"
                Case msoComment
                    myType = "批注"
                Case msoFreeform
                    myType = "任意多边形"
                Case msoGroup
                    myType = "图形组合"
                Case msoFormControl
                    myType = "窗体控件"
                Case msoLine
                    myType = "线条"
                Case msoLinkedOLEObject
                    myType = "链接式或内嵌OLE对象"
                Case msoLinkedPicture
                    myType = "剪贴画或图片"
                Case msoOLEControlObject
                    myType = "ActiveX 控件"
                Case msoPicture
                    myType = "图片"
                Case msoTextEffect
                    myType = "艺术字"
                Case msoTextBox
                    myType = "文本框"
                Case msoDiagram
                    myType = "组织结构图或其他图示"
                Case Else
                    myType = "其他类型的图形"
            End Select
        End With
        MsgBox "该图形对象的类型为: " & myType
        Set myShape = Nothing
        Set ws = Nothing
    End Sub
```

图7-36

3 运行代码后，即可弹出显示结果的信息对话框，如图7-37所示。

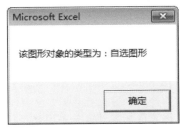

图7-37

技巧13 查看图形对象的大小

在VBA中，可以使用Height属性和Width属性查看指定图形对象的高度和宽度。

① 如图7-38所示，是使用Height属性和Width属性查看当前工作表中第2个图形对象的高度和宽度的代码。

② 运行代码后即可弹出显示结果的信息对话框，如图7-39所示。

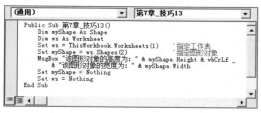

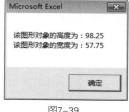

图7-38　　　　　　　　　　　　　　　　　　图7-39

技巧14 查看图形对象的位置

在VBA中，可以使用Top属性和Left属性分别查看图形对象与顶部和左侧的距离。

① 如图7-40所示，是使用Top属性和Left属性查看当前工作表中第3个图形对象与左侧和顶部距离的代码。

② 运行代码后即可弹出显示结果的信息对话框，如图7-41所示。

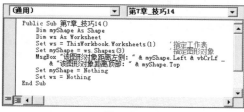

图7-40　　　　　　　　　　　　　　　　　　图7-41

技巧15 查看图形对象中的文字

在VBA中，可以使用TextEffect属性（艺术字对象）或TextFrame属性（艺术字以外的对象）、Characters属性以及Text属性查看指定图形对象中的文字。

① 如图7-42所示，是查看当前工作表中第2个图形对象中文字的代码。

② 运行代码后，即可弹出显示结果的信息对话框，如图7-43所示。

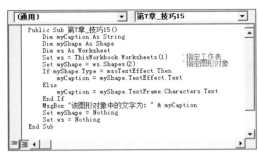

图7-42   图7-43

技巧16　查看图形对象的宏名称

在VBA中，可以使用OnAction属性可以查看指定的图形对象是否指定了宏，并返回宏的名称。

1 如图7-44所示，是查看当前工作表中第1个图形对象中是否指定了宏并返回其名称的代码。

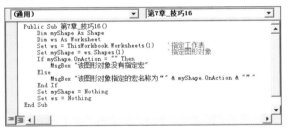

图7-44

2 运行代码后，即可弹出显示结果的信息对话框，如图7-45所示。

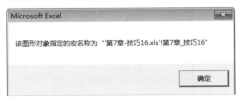

图7-45

7.4　图形基本信息的设置

在VBA中，利用Shape对象的有关属性，还可以轻松设置图形的一些基本信息，如图形的文字、大小、位置等。

技巧17 设置图形对象中的文字

在VBA中，使用Characters对象和Text对象可以设置图形对象中的文字。

1️⃣ 如图7-46所示，在当前工作表中包含了多个图形对象。

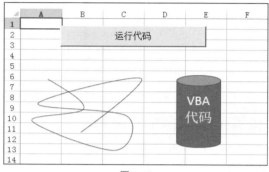

图7-46

2️⃣ 如图7-47所示，是在当前工作表中第2个图形对象的文字后添加100以内的随机数字的代码。

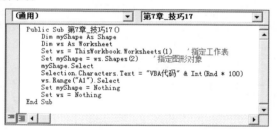

图7-47

3️⃣ 运行代码后，即可在指定图形对象中的文字后添加随机的数字，如图7-48所示。

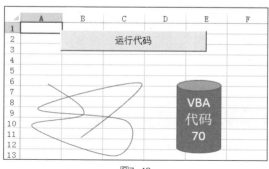

图7-48

技巧18 设置图形对象的大小

在VBA中，使用Height属性和Width属性可以更改图形对象的高度和宽度。

1 当前工作表中的图形对象大小如图7-49所示。

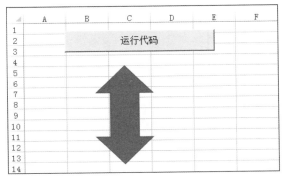

图7-49

2 如图7-50所示，是将当前工作表中图形对象的高度和宽度分别更改为150和60的代码。

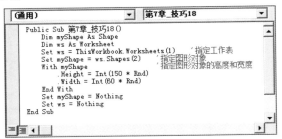

图7-50

3 运行代码后，即可将指定图形对象更改为设置的大小，效果如图7-51所示。

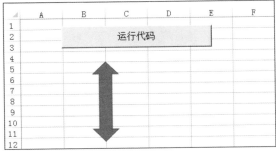

图7-51

技巧19 更改图形对象的位置

在VBA中，可以使用Top属性和Left属性分别指定图形对象与顶部和左侧的距离。

① 当前工作表中的图形对象位置如图7-52所示。

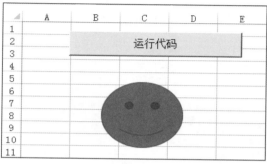

图7-52

② 如图7-53所示，是将当前工作表中第2个图形对象与左侧和顶部距离分别更改为500和300的代码。

```
(通用)                              第7章_技巧19
Public Sub 第7章_技巧19()
    Dim myShape As Shape
    Dim ws As Worksheet
    Set ws = ThisWorkbook.Worksheets(1)     '指定工作表
    Set myShape = ws.Shapes(2)              '指定图形对象
    With myShape                            '指定图形对象的位置
        .Left = Int(500 * Rnd)
        .Top = Int(300 * Rnd)
    End With
    Set myShape = Nothing
    Set ws = Nothing
End Sub
```

图7-53

③ 运行代码后，即可将指定图形对象移至指定的位置，效果如图7-54所示。

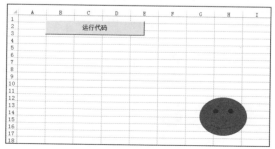

图7-54

技巧20　为图形对象插入超链接

在VBA中，用户可以使用Hyperlinks属性和Add方法在插入图形对象的同时为其添加超链接。

1 如图7-55所示，是在当前工作表中插入一个右箭头图形对象，并为其添加指向Sheet2工作表超链接的代码。

```
Public Sub 第7章_技巧20()
    Dim myShape As Shape
    Dim ws As Worksheet
    Set ws = Worksheets(1)
    Set myShape = ws.Shapes.AddShape(msoShapeRightArrow, 100, 80, 250, 80)  '插入一个矩形对象
        '为添加的图形添加文字并设置其格式
    With myShape
        With .TextFrame.Characters
            Text = "激活Sheet2工作表的超链接"
            With .Font
                .Name = "隶书"
                .FontStyle = "常规"
                .Size = 17
                .ColorIndex = 8
            End With
        End With
        With .TextFrame    '设定文字的对齐方式
            .HorizontalAlignment = xlCenter
            .VerticalAlignment = xlCenter
        End With
        .Placement = xlFreeFloating    '设置右箭头图形大小和位置不随单元格而变
    End With
    ws.Range("A1").Select
    ws.Hyperlinks.Add Anchor:=myShape, Address:="", _
        SubAddress:="Sheet2!A1", ScreenTip:="激活工作表Sheet2"  '为添加的右箭头图形对象添加超链接
    Set myShape = Nothing
    Set ws = Nothing
End Sub
```

图7-55

2 运行代码后，即可在指定位置插入一个指定大小的右箭头图形对象，如图7-56所示。

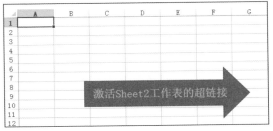

图7-56

3 单击该图形对象中的超链接，即可激活Sheet2工作表，如图7-57所示。

图7-57

读书笔记

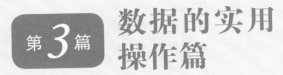

第**3**篇 数据的实用操作篇

第**8**章

数据的查询、排序及筛选

本章中部分素材文件在光盘中对应的章节下。

8.1 数据的查询操作

在VBA中，可以通过使用多种方法、函数或属性来查询符合一个或多个条件的数据，具体介绍如下。

技巧1 从活动工作表中查询数据

在本例中，将使用Find方法查询出职位为"部门经理"的所有员工记录，并激活其所在的单元格。其中，设置参数LookIn为xlValue，是为了只查询数据或公式的计算结果，而并非公式本身。

① 如图8-1所示，是当前工作表中的所有数据。

	A	B	C	D	E	F	G	H
1	姓名	性别	年龄	学历	专业	部门	职位	
2	李敏	女	30	大专	行政管理	行政部	员工	
3	苏海峰	男	32	大专	市场营销	销售部	部门经理	
4	胡可	女	24	本科	财会	财务部	员工	
5	张曼曼	女	25	大专	市场营销	销售部	业务员	
6	蒋妍	女	28	硕士	电子工程	企划部	员工	
7	胡子龙	男	37	高中及以下	市场营销	销售部	业务员	
8	刘云	女	41	本科	行政管理	行政部	部门经理	
9	韩平	男	23	本科	IT网络	网络安全部	员工	
10	王媛媛	女	45	高中及以下	市场营销	销售部	业务员	
11	孙丽	女	27	大专	行政管理	行政部	员工	
12								

图8-1

② 如图8-2所示，是在当前工作表中的已有数据区域中查询出所有"部门经理"的记录并激活其所在单元格的代码。

```
(通用)                                    第8章_技巧1
Public Sub 第8章_技巧1()
    Dim myRange As Range
    Set myRange = Cells.Find(what:="部门经理", _
        After:=ActiveCell, LookIn:=xlValues, _
        LookAt:=xlPart, SearchOrder:=xlByRows, _
        SearchDirection:=xlNext, MatchCase:=False)    '设置查询的条件
    If myRange Is Nothing Then
        MsgBox "未找到符合条件的单元格"
    Else
        MsgBox "符合条件的单元格为: " & myRange.Address(False, False)
        myRange.Activate                '激活单元格
    End If
    Set myRange = Nothing
End Sub
```

图8-2

③ 运行代码后，即可弹出显示结果的信息对话框，如图8-3所示。

④ 单击"确定"按钮，即可激活G3单元格，如图8-4所示。

图8-3

	E	F	G	H
1	专业	部门	职位	
2	行政管理	行政部	员工	
3	市场营销	销售部	部门经理	
4	财会	财务部	员工	

图8-4

5 继续运行代码，若其他单元格中也有相同数据，即可弹出显示另一结果的信息对话框，如图8-5所示。

6 单击"确定"按钮，即可激活G8单元格，如图8-6所示。

图8-5

	E	F	G	H
7	市场营销	销售部	业务员	
8	行政管理	行政部	部门经理	
9	IT网络	网络安全部	员工	
10	市场营销	销售部	业务员	
11	行政管理	行政部	员工	

图8-6

技巧2 从多个工作表中查询数据

使用Find方法还可以在当前打开的每个工作簿及其中的工作表中循环查询出指定的数据。本例将在打开的"第8章-技巧1"和"第8章-技巧2"两个工作簿中查询出姓名为"李敏"的所有记录。

1 如图8-7所示，是在当前所有打开工作簿的工作表中查询出所有"李敏"的记录并显示其所在地址的代码。

```
Public Sub 第8章_技巧2()
    Dim wb As Workbook
    Dim ws As Worksheet
    Dim myRange As Range
    Dim myFind As Boolean
    myFind = False
    For Each wb In Workbooks
        For Each ws In wb.Worksheets
            Set myRange = ws.Cells.Find(what:="李敏")    '设定查询条件
            If Not myRange Is Nothing Then
                myFind = True
                MsgBox "指定的数据在 " & wb.Name & " 工作簿的" _
                    & ws.Name & " 工作表中" & myRange.Address
            End If
        Next
    Next
    If myFind = False Then
        MsgBox "未找到符合条件的单元格"
    End If
    Set wb = Nothing
    Set ws = Nothing
    Set myRange = Nothing
End Sub
```

图8-7

2 运行代码后，即可依次弹出显示结果的信息对话框，如图8-8～图8-10所示。

图8-8

图8-9

图8-10

技巧3 查询数据及其公式

使用Find方法查询数据时，若设置参数LookIn为xlFormulas，即可查询指定的数据及其运用的公式。

❶ 如图8-11所示，是在当前工作表中查询出所有包含函数SUM的数据记录及其公式的代码。

```
(通用)                                          第8章_技巧3
   Public Sub 第8章_技巧3()
      Dim myRange As Range
      Dim i As Long
      For i = 1 To Range("A65536").End(xlUp).Row
      Set myRange = Cells.Find(what:="SUM", _
         After:=ActiveCell, LookIn:=xlFormulas, _
         LookAt:=xlPart, SearchOrder:=xlByRows, _
         SearchDirection:=xlNext, MatchCase:=False)    '设定查询的条件
      If myRange Is Nothing Then
         MsgBox "未找到符合条件的单元格"
      Else
         myRange.Activate
         MsgBox "符合条件的单元格为: " & myRange.Address(False, False) _
            & vbCrLf & "该单元格的值为: " & myRange.Value _
            & vbCrLf & "该单元格的公式为: " & myRange.Formula
      End If
      Next i
      Set myRange = Nothing
   End Sub
```

图8-11

❷ 运行代码后，即可依次弹出显示结果的信息对话框并激活单元格，如图8-12、图8-13等所示。

图8-12

图8-13

技巧4 查询数据所在的行

在VBA中，可以使用工作表函数中的Match函数查询并选中指定数据所在的行。

❶ 如图8-14所示，是在当前工作表中查询出学历为"硕士"的数据记录所在行的代码。

```
(通用)                              第8章_技巧4
Public Sub 第8章_技巧4()
    Dim myRange1 As Range
    Dim myRange2 As Range
    Dim myRow  As Long
    Set myRange1 = Columns("D")        '设定查询的范围
    On Error Resume Next
    myRow = WorksheetFunction.Match("硕士", myRange1, 0)  '设定查询条件
    On Error GoTo 0
    If myRow = 0 Then
        MsgBox "未找到符合条件的单元格"
    Else
        Set myRange2 = myRange1.Cells(myRow)
        myRange2.EntireRow.Select
    End If
    Set myRange1 = Nothing
    Set myRange2 = Nothing
End Sub
```

图8-14

❷ 运行代码后，即可选中指定数据所在的行，如图8-15所示。

	A	B	C	D	E	F	G	H	I
1	姓名	性别	年龄	学历	专业	部门	职位		
2	李敏	女	30	大专	行政管理	行政部	员工		
3	苏海峰	男	32	大专	市场营销	销售部	部门经理		
4	胡可	女	24	本科	财会	财务部	员工		
5	张曼曼	女	25	大专	市场营销	销售部	业务员		
6	蒋妍	女	28	硕士	电子工程	企划部	员工		
7	胡子龙	男	37	高中及以下	市场营销	销售部	业务员		
8	刘云	女	41	本科	行政管理	行政部	部门经理		
9	韩平	男	23	本科	IT网络	网络安全部	员工		
10	王媛媛	女	45	高中及以下	市场营销	销售部	业务员		
11	孙丽	女	27	大专	行政管理	行政部	员工		
12									

图8-15

技巧5 通过指定多个条件查询数据（1）

在VBA中，可以使用工作表函数中的VLookup函数通过指定多个条件查询数据。

❶ 如图8-16所示，是在当前工作表中查询出"刘云"实发工资的代码。

```
(通用)                                           第8章_技巧5

Public Sub 第8章_技巧5()
    Dim myRange As Range
    Dim myScore As Single
    Dim myKey As String
    Dim myErrNum As Long
    Set myRange = Columns("A:G")        '设定查询的范围
    myKey = "刘云"         '设定查询的一个条件
    On Error Resume Next
    '设定查询的另一条件所在的列
    myScore = WorksheetFunction.VLookup(myKey, myRange, 7, False)
    myErrNum = Err.Number
    On Error GoTo 0
    If myErrNum = 0 Then
        MsgBox myKey & "的实发工资为： " & myScore
    Else
        MsgBox "未找到符合条件的单元格"
    End If
    Set myRange = Nothing
End Sub
```

图8-16

❷ 运行代码后，即可弹出显示结果的信息对话框，如图8-17所示。

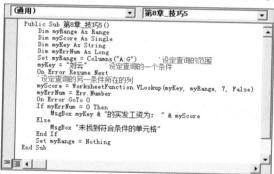

	A	B	C	D	E	F	G	H	I	J	K
1	姓名	部门	基本工资	岗位工资	业绩奖金	满勤奖金	实发工资				
2	李敏	行政部	1500	800	500	100	2900				
3	苏海峰	销售部	1200	1000	1800	300	4300				
4	胡可	财务部	1800	1200	200	200	3400				
5	张曼曼	销售部	1200	1000	1500	100	3800				
6	蒋妍	企划部	2500	1500	1600	200	5800				
7	胡子龙	销售部	1600	800	2000	150	4550				
8	刘云	行政部	2000	1000	1800	300	5100				
9	韩平	网络安全部	3000	2500	600	150	6250				
10	王媛媛	销售部	2800	600	800	400	4600				
11	孙丽	行政部	2500	800	200	250	3750				
12											

图8-17

技巧6　通过指定多个条件查询数据（2）

在VBA中，可以使用Collection对象将查找关键词与对应的查找值的所有记录保存至Collection集合中，然后再从其中提取出目标数据。

① 如图8-18所示，是在当前工作表中查询出"蒋妍"基本工资的代码。

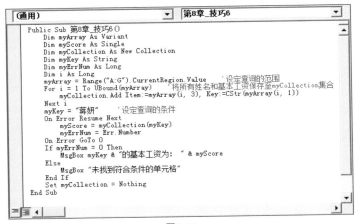

```
(通用)                                           第8章_技巧6

Public Sub 第8章_技巧6()
    Dim myArray As Variant
    Dim myScore As Single
    Dim myCollection As New Collection
    Dim myKey As String
    Dim myErrNum As Long
    Dim i As Long
    myArray = Range("A:G").CurrentRegion.Value      '设定查询的范围
    For i = 1 To UBound(myArray)      '将所有姓名和基本工资保存至myCollection集合
        myCollection.Add Item:=myArray(i, 3), Key:=CStr(myArray(i, 1))
    Next i
    myKey = "蒋妍"      '设定查询的条件
    On Error Resume Next
        myScore = myCollection(myKey)
        myErrNum = Err.Number
    On Error GoTo 0
    If myErrNum = 0 Then
        MsgBox myKey & "的基本工资为： " & myScore
    Else
        MsgBox "未找到符合条件的单元格"
    End If
    Set myCollection = Nothing
End Sub
```

图8-18

② 运行代码后，即可弹出显示结果的信息对话框，如图8-19所示。

	A	B	C	D	E	F	G
1	姓名	部门	基本工资	岗位工资	业绩奖金	满勤奖金	实发工资
2	李敏	行政部	1500	800	500	100	2900
3	苏海峰	销售部	1200	1000	1800	300	4300
4	胡可	财务部	1800	1200	200	200	3400
5	张曼曼	销售部	1200	1000	1500	100	3800
6	蒋妍	企划部	2500	1500	1600	200	5800
7	胡子龙	销售部	1600	800	2000	150	4550
8	刘云	行政部	2000	1000	1800	300	5100
9	韩平	网络安全部	3000	2500	600	150	6250
10	王媛媛	销售部	2800	600	800	400	4600
11	孙丽	行政部	2500	800	200	250	3750

Microsoft Excel

蒋妍的基本工资为：2500

确定

图8-19

技巧7　通过指定多个条件查询数据（3）

在VBA中，可以使用Find方法查询出包含指定数据的单元格，然后再利用Oddset属性获取该单元格所在行中指定单元格的内容。

① 如图8-20所示，是在当前工作表中查询出"苏海峰"业绩奖金的代码。

② 运行代码后，即可弹出显示结果的信息对话框，如图8-21所示。

```
(通用)                                    ▼   第8章_技巧7               ▼
Public Sub 第8章_技巧7()
    Dim myRange1 As Range
    Dim myRange2 As Range
    Dim myScore  As Long
    Dim myKey  As String
    Set myRange1 = Columns("A")        '设定查询的范围
    myKey = "苏海峰"       '设定查询的条件
    Set myRange2 = myRange1.Find(what:=myKey)
    If Not myRange2 Is Nothing Then
        myScore = myRange2.Offset(, 4)     '获取业绩奖金所在的列
        MsgBox myKey & "的业绩奖金为: " & myScore
    Else
        MsgBox "未找到符合条件的单元格"
    End If
    Set myRange1 = Nothing
    Set myRange2 = Nothing
End Sub
```

图8-20

	A	B	C	D	E	F	G	H	I	J	K
1	姓名	部门	基本工资	岗位工资	业绩奖金	满勤奖金	实发工资				
2	李敏	行政部	1500	800	500	100	2900				
3	苏海峰	销售部	1200	1000	1800	300	4300				
4	胡可	财务部	1800	1200	200	200	3400				
5	张曼曼	销售部	1200	1000	1500	100	3800				
6	蒋妍	企划部	2500	1500	1600	200	5800				
7	胡子龙	销售部	1600	800	2000	150	4550				
8	刘云	行政部	2000	1000	1800	300	5100				
9	韩平	网络安全部	3000	2500	600	150	6250				
10	王媛媛	销售部	2800	600	800	400	4600				
11	孙丽	行政部	2500	800	200	250	3750				
12											
13											

Microsoft Excel

苏海峰的业绩奖金为: 1800

确定

图8-21

技巧8 通过指定多个条件查询数据（4）

在VBA中，可以在工作表中先设置查询条件区域，然后在该区域中使用
DGet函数搜索符合多个条件的数据。

❶ 如图8-22所示，是在当前工作表中查询出"孙丽"满勤奖金的代码。

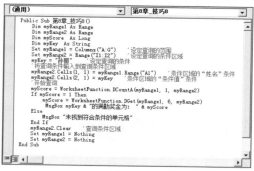

```
(通用)                                    ▼   第8章_技巧8               ▼
Public Sub 第8章_技巧8()
    Dim myRange1 As Range
    Dim myRange2 As Range
    Dim myScore As Long
    Dim myKey As String
    Set myRange1 = Columns("A:G")     '设定查询的范围
    Set myRange2 = Range("I1:I2")     '设定查询的条件区域
    myKey = "孙丽"         '设定查询的条件
    '将查询条件输入到查询条件区域
    myRange2.Cells(1, 1) = myRange1.Range("A1")    '条件区域的"姓名"条件
    myRange2.Cells(2, 1) = myKey      '条件区域的"条件值"条件
    '开始查询
    myScore = WorksheetFunction.DCountA(myRange1, 1, myRange2)
    If myScore = 1 Then
        myScore = WorksheetFunction.DGet(myRange1, 6, myRange2)
        MsgBox myKey & "的满勤奖金为: " & myScore
    Else
        MsgBox "未找到符合条件的单元格"
    End If
    myRange2.Clear     '查询条件区域
    Set myRange1 = Nothing
    Set myRange2 = Nothing
End Sub
```

图8-22

❷ 运行代码后，即可在指定单元格区域建立查询的条件，并弹出显示结果
的信息对话框，如图8-23所示。

图8-23

技巧9 通过指定多个条件查询数据（5）

在VBA中，还可以使用DCountA函数在工作表中先设置查询条件区域，然后在该区域中搜索符合多个条件的数据。

❶ 如图8-24所示，是在当前工作表中查询出部门中含有"销"字符、且基本工资≥1500、实发工资≥4500的员工人数的代码。

图8-24

❷ 运行代码后，即可在指定单元格区域建立查询的条件，并弹出显示结果的信息对话框，如图8-25所示。

图8-25

技巧10 查询包含指定字符的单元格数目

在VBA中，可以使用CountIf函数查询包含某个字符的单元格数目。

1️⃣ 如图8-26所示，是在当前工作表的F列查询出部门中含有"销"字符的单元格数目的代码。

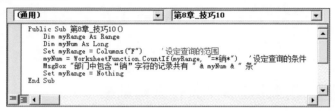

```
(通用)                              ▼  第8章_技巧10                    ▼
    Public Sub 第8章_技巧10()
        Dim myRange As Range
        Dim myNum As Long
        Set myRange = Columns("F")       '设定查询的范围
        myNum = WorksheetFunction.CountIf(myRange, "=*销*")   '设定查询的条件
        MsgBox "部门中包含"销"字符的记录共有 " & myNum & " 条"
        Set myRange = Nothing
    End Sub
```

图8-26

2️⃣ 运行代码后，即可弹出显示结果的信息对话框，如图8-27所示。

	A	B	C	D	E	F	G	H	I	J	K
1	姓名	性别	年龄	学历	专业	部门	职位				
2	李敏	女	30	大专	行政管理	行政部	员工				
3	苏海峰	男	32	大专	市场营销	销售部	部门经理				
4	胡可	女	24	本科	财会	财务部	员工				
5	张曼曼	女	25	大专	市场营销	销售部	业务员				
6	蒋妍	女	28	硕士	电子工程	企划部	员工				
7	胡子龙	男	37	高中及以下	市场营销	销售部	业务员				
8	刘云	女	41	本科	行政管理	行政部	部门经理				
9	韩平	男	23	本科	IT网络	网络安全部	员工				
10	王媛媛	女	45	高中及以下	市场营销	销售部	业务员				
11	孙丽	女	27	大专	行政管理	行政部	员工				
12											

Microsoft Excel
部门中包含"销"字符的记录共有 4 条
确定

图8-27

技巧11 查询包含指定字符所在的行

在VBA中，可以使用Like函数查询并选中包含某个字符所在的行。

1️⃣ 如图8-28所示，是在当前工作表中的G列查询出所有含有"理"字符的单元格并将其所在的行选中的代码。

```
(通用)                              ▼  第8章_技巧11                    ▼
    Public Sub 第8章_技巧11()
        Dim myRange1 As Range
        Dim myRange2 As Range
        Dim myNum As Single
        Set myRange1 = Columns("G")       '设定查询的范围
        For Each myRange2 In myRange1.Cells
            If myRange2.Value Like "*理*" Then   '设定查询的条件
                myRange2.EntireRow.Select
                MsgBox "查询下一个", vbInformation
                myNum = myNum + 1
            End If
        Next
        MsgBox "职位中包含"理"字符的记录共有 " & myNum & " 条"
        Set myRange1 = Nothing
        Set myRange2 = Nothing
    End Sub
```

图8-28

❷ 运行代码后，即可查询并选中第一个含有"理"字符的单元格所在的行，并弹出信息提示对话框，如图8-29所示。

	A	B	C	D	E	F	G	H	I	J
1	姓名	性别	年龄	学历	专业	部门	职位			
2	李敏	女	30	大专	行政管理	行政部	员工			
3	苏海峰	男	32	大专	市场营销	销售部	部门经理			
4	胡可	女	24	本科	财会	财务部	员工			
5	张曼曼	女	25	大专	市场营销	销售部	业务员			
6	蒋妍	女	28	硕士	电子工程	企划部	员工			
7	胡子龙	男	37	高中及以下	市场营销	销售部	员工			
8	刘云	女	41	本科	行政管理	行政部	部门经理			
9	韩平	男	23	本科	IT网络	网络安全部	员工			
10	王媛媛	女	45	高中及以下	市场营销	销售部	业务员			
11	孙丽	女	27	大专	行政管理	行政部	员工			
12										

图8-29

❸ 单击"确定"按钮，即可查询并选中下一个含有"理"字符的单元格所在的行，并同样弹出信息提示对话框，如图8-30所示。

	A	B	C	D	E	F	G	H	I	J
1	姓名	性别	年龄	学历	专业	部门	职位			
2	李敏	女	30	大专	行政管理	行政部	员工			
3	苏海峰	男	32	大专	市场营销	销售部	部门经理			
4	胡可	女	24	本科	财会	财务部	员工			
5	张曼曼	女	25	大专	市场营销	销售部	业务员			
6	蒋妍	女	28	硕士	电子工程	企划部	员工			
7	胡子龙	男	37	高中及以下	市场营销	销售部	员工			
8	刘云	女	41	本科	行政管理	行政部	部门经理			
9	韩平	男	23	本科	IT网络	网络安全部	员工			
10	王媛媛	女	45	高中及以下	市场营销	销售部	业务员			
11	孙丽	女	27	大专	行政管理	行政部	员工			
12										

图8-30

❹ 再单击"确定"按钮，即可弹出统计含有"理"字符的所有单元格数目的信息提示对话框，如图8-31所示。

图8-31

8.2 数据的排序操作

在Excel中，数据最简单最快速的排序是升序和降序，若要进行其他排序需要进行自定义的设置。而在VBA中，则可以直接编制代码进行一些复杂的排序。

技巧12 对指定区域数据进行自动排序

在VBA中，可以使用Sort方法对指定单元格区域的数据进行升序或者降序排序。

❶ 如图8-32所示，是当前工作表中的所有数据。

	A	B	C	D	E	F	G	H
1	姓名	部门	基本工资	岗位工资	业绩奖金	满勤奖金	实发工资	
2	李敏	行政部	1500	800	500	100	2900	
3	苏海峰	销售部	1200	1000	1800	300	4300	
4	胡可	财务部	1800	1200	200	200	3400	
5	张曼曼	销售部	1200	1000	1500	100	3800	
6	蒋妍	企划部	2500	1500	1600	200	5800	
7	胡子龙	销售部	1600	800	2000	150	4550	
8	刘云	行政部	2000	1000	1800	300	5100	
9	韩平	网络安全部	3000	2500	600	150	6250	
10	王媛媛	销售部	2800	600	800	400	4600	
11	孙丽	行政部	2500	800	200	250	3750	
12								

图8-32

❷ 如图8-33所示，是对当前工作表中的G列数据进行升序排序的代码。

```
(通用)                                        第8章_技巧12
  Public Sub 第8章_技巧12()
      Dim ws As Worksheet
      Dim myRange As Range
      Set ws = Worksheets(1)  '指定工作表
      Set myRange = ws.UsedRange       '设定数据区域
      MsgBox "下面对G列实发工资进行升序排序"
      myRange.Sort Key1:="实发工资", Order1:=xlAscending, Header:=xlYes
      Set myRange = Nothing
  End Sub
```

图8-33

❸ 运行代码后，即可弹出显示结果的信息对话框，如图8-34所示。

图8-34

❹ 单击"确定"按钮，即可按实发工资的升序进行排序，如图8-35所示。

	A	B	C	D	E	F	G	H
1	姓名	部门	基本工资	岗位工资	业绩奖金	满勤奖金	实发工资	
2	李敏	行政部	1500	800	500	100	2900	
3	胡可	财务部	1800	1200	200	200	3400	
4	孙丽	行政部	2500	800	200	250	3750	
5	张曼曼	销售部	1200	1000	1500	100	3800	
6	苏海峰	销售部	1200	1000	1800	300	4300	
7	胡子龙	销售部	1600	800	2000	150	4550	
8	王媛媛	销售部	2800	600	800	400	4600	
9	刘云	行政部	2000	1000	1800	300	5100	
10	蒋妍	企划部	2500	1500	1600	200	5800	
11	韩平	网络安全部	3000	2500	600	150	6250	
12								

图8-35

技巧13 对数据进行排序后再重新恢复

在VBA中，还可以通过在工作表中先保存原始数据的顺序编号，然后在对指定区域的数据进行排序后，再恢复至原来的排序状态。

❶ 如图8-36所示，是将当前工作表中的所有数据按基本工资从低到高进行排序然后再恢复的代码。

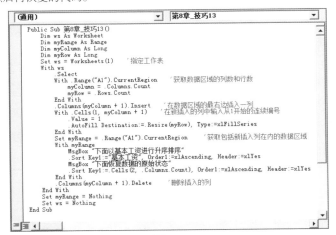

图8-36

❷ 运行代码后，即可在当前数据区域的最右侧插入以1开始编号的一列，并弹出提示开始排序的信息对话框，如图8-37所示。

❸ 单击"确定"按钮，即可将数据按基本工资从低到高进行排序，并弹出提示恢复原始状态的信息对话框，如图8-38所示。

图8-37

图8-38

④ 再次单击"确定"按钮，即可恢复为原始的数据状态，并删除最右侧新建的列。

技巧14 使用多个关键字进行排序

在VBA中，还可以使用Sort方法实现多个关键字的排序，其原理是先从指定的第1个关键字进行排序，如果遇到相同的数据，则按第2个关键字进行排序，依此类推。

① 如图8-39所示，是对当前区域中的数据按"业绩奖金"、"满勤奖金"、"岗位工资"、"基本工资"、"实发工资"5个关键字的优先顺序进行升序排序的代码。

```
Public Sub 第8章_技巧14()
    Dim ws As Worksheet
    Dim myRange As Range
    Dim myArray As Variant
    Dim i As Integer
    Set ws = Worksheets(1)    '指定工作表
    Set myRange = ws.Range("A1").CurrentRegion  '指定数据区域
    myArray = Array("业绩奖金", "满勤奖金", "岗位工资", "基本工资", "实发工资")  '指定关键字的优先顺序
    With myRange
        For i = 0 To UBound(myArray)
            .Sort Key1:=myArray(i), Order1:=xlAscending, Header:=xlYes
        Next i
    End With
    Set myRange = Nothing
    Set ws = Nothing
End Sub
```

图8-39

❷ 运行代码后，即可看到指定单元格区域中的数据已按指定的顺序进行了排序，如图8-40所示。

	A	B	C	D	E	F	G	H
1	姓名	部门	基本工资	岗位工资	业绩奖金	满勤奖金	实发工资	
2	李敏	行政部	1500	800	500	100	2900	
3	胡可	财务部	1800	1200	200	200	3400	
4	孙丽	行政部	2500	800	200	250	3750	
5	张曼曼	销售部	1200	1000	1500	100	3800	
6	苏海峰	销售部	1200	1000	1800	300	4300	
7	胡子龙	销售部	1600	800	2000	150	4550	
8	王媛媛	销售部	2800	600	800	400	4600	
9	刘云	行政部	2000	1000	1800	300	5100	
10	蒋妍	企划部	2500	1500	1600	200	5800	
11	韩平	网络安全部	3000	2500	600	150	6250	
12								

图8-40

技巧15 按自定义序列进行排序

在本例中，将使用Sort方法利用自定义的序列对当前数据区域中的B列进行降序排序。

❶ 如图8-41所示，是按系统内置的第7个自定义序列（即星期日、星期一、星期二……）对当前数据区域中的B列进行降序排序，并将排序后的效果显示于第2个工作表中的代码。

```
(通用)                              第8章_技巧15
Public Sub 第8章_技巧15()
    Dim ws1 As Worksheet
    Dim ws2 As Worksheet
    Dim myRange1 As Range
    Dim myRange2 As Range
    Set ws1 = Worksheets(1)      '指定工作表
    Set ws2 = Worksheets(2)      '指定工作表
    ws2.Cells.Delete shift:=xlUp
    Set myRange1 = ws1.UsedRange        '指定要复制的单元格区域
    Set myRange2 = ws2.Range("A1")        '指定要复制的位置
    myRange1.Copy
    myRange2.PasteSpecial Paste:=xlPasteValues
    Application.CutCopyMode = False
    Set myRange2 = ws2.UsedRange        '指定数据区域
    MsgBox "下面以第7个自定义序列（即星期日、星期一、...）进行降序排序"
    myRange2.Sort Key1:=ws2.Range("B1"), Order1:=xlDescending, _
        Header:=xlYes, OrderCustom:=7
    Set myRange1 = Nothing
    Set myRange2 = Nothing
    Set ws1 = Nothing
    Set ws2 = Nothing
End Sub
```

图8-41

❷ 运行代码后，即可弹出提示开始排序的信息对话框，如图8-42所示。

❸ 单击"确定"按钮即可完成排序，此时切换至Sheet2工作表中即可看到排序后的结果，如图8-43所示。

第6章
第7章
第8章
第9章
第10章

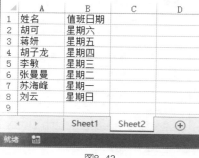

图8-42

图8-43

技巧16 按字符的长度进行排序

在本例中，将按照字符从长到短对当前数据区域中的A列进行降序排序。其方法是添加辅助列，在其中输入各单元格中的字符长度，再以该辅助列的关键字进行排序。

❶ 当前工作表中A列的数据如图8-44所示。

	A	B	C
1	adsdfaasd		
2	132		
3	121314		
4	f		
5	68fg		
6	01w!3232		
7	178		
8	h		
9	dsd2e		
10	ewewew		
11			

图8-44

❷ 如图8-45所示，是将A列数据按字符从长到短进行降序排序的代码。

```
Public Sub 第8章_技巧16()
    Dim ws As Worksheet
    Dim myRange As Range
    Dim myRow As Long
    Dim myColumn As Long
    Dim i As Long
    Set ws = Worksheets(1)        '指定工作表
    With ws
        With .Range("A1").CurrentRegion    '获取数据区域的列数和行数
            myColumn = .Columns.Count
            myRow = .Rows.Count
        End With
        .Columns(myColumn + 1).Insert      '在数据区域的最右侧插入1列
        For i = 2 To myRow          '将各个单元格的字符串长度插入到辅助插入的列中
            Cells(i, myColumn + 1).Value = Len(Cells(i, 1).Value)
        Next i
        '开始按字符串从长到短进行降序排序
        Set myRange = .Range("A1").CurrentRegion   '获取包括插入列在内的所有数据区域
        With myRange
            .Sort Key1:=Cells(1, myColumn + 1), Order1:=xlDescending, Header:=xlYes
        End With
        .Columns(myColumn + 1).Delete       '删除刚插入的列
    End With
    Set myRange = Nothing
    Set ws = Nothing
End Sub
```

图8-45

❸ 运行代码后，即可看到排序后的效果，如图8-46所示。

	A	B	C
1	adsdfaasd		
2	01w!3232		
3	121314		
4	ewewew		
5	dsd2e		
6	68fg		
7	132		
8	178		
9	f		
10	h		
11			

图8-46

技巧17 按单元格的颜色进行排序

在本例中，将按照单元格的颜色对当前数据区域中的A列进行降序排序。其方法和按字符长度排序的方法相同，也是通过添加辅助列来实现的。

❶ 如图8-47所示，是当前工作表中A列数据的单元格颜色排列效果。

	A	B	C
1	姓名	值班日期	
2	李敬	星期三	
3	苏海峰	星期一	
4	胡可	星期六	
5	张曼曼	星期二	
6	蒋妍	星期五	
7	胡子龙	星期四	
8	刘云	星期日	

图8-47

❷ 如图8-48所示，是将A列数据按单元格的填充颜色进行降序排序的代码。

```
(通用)                                        第8章_技巧17
Public Sub 第8章_技巧17()
    Dim ws As Worksheet
    Dim myRange As Range
    Dim myRow As Long
    Dim myColumn As Long
    Dim i As Long
    Set ws = Worksheets(1)        '指定工作表
    With ws
        With .Range("A1").CurrentRegion    '获取数据区域的列数和行数
            myColumn = .Columns.Count
            myRow = .Rows.Count
        End With
        .Columns(myColumn + 1).Insert    '在数据区域的最右列插入1列
        For i = 2 To myRow    '将各单元格的颜色编号输入至新插入的列
            .Cells(i, myColumn + 1).Value = .Cells(i, 1).Interior.ColorIndex
        Next i
        '开始按颜色进行排序
        Set myRange = .Range("A1").CurrentRegion    '获取包括新插入列在内的数据区域
        With myRange
            .Sort Key1:=.Cells(1, myColumn + 1), Order1:=xlDescending, Header:=xlYes
        End With
        .Columns(myColumn + 1).Delete    '删除新插入的列
    End With
    Set myRange = Nothing
    Set ws = Nothing
End Sub
```

图8-48

❸ 运行代码后，即可看到排序后的效果，如图8-49所示。

	A	B	C
1	姓名	值班日期	
2	张曼曼	星期二	
3	胡可	星期六	
4	蒋妍	星期五	
5	胡子龙	星期四	
6	苏海峰	星期一	
7	李敏	星期三	
8	刘云	星期日	
9			

图8–49

8.3 数据的筛选操作

数据的筛选可以通过“筛选”和“高级筛选”按钮来实现，也可以在VBA中直接编制代码来完成。

技巧18 执行、撤销自动筛选

本技巧将使用AutoFilter方法执行自动筛选，再利用该方法撤销自动筛选。

❶ 如图8-50所示，是当前工作表中的所有数据。

	A	B	C	D	E	F	G	H
1	姓名	部门	基本工资	岗位工资	业绩奖金	满勤奖金	实发工资	
2	李敏	行政部	1500	800	500	100	2900	
3	苏海峰	销售部	1200	1000	1800	300	4300	
4	胡可	财务部	1800	1200	200	200	3400	
5	张曼曼	销售部	1200	1000	1500	100	3800	
6	蒋妍	企划部	2500	1500	1600	200	5800	
7	胡子龙	销售部	1600	800	2000	150	4550	
8	刘云	行政部	2000	1000	1800	300	5100	
9	韩平	网络安全部	3000	2500	600	150	6250	
10	王媛媛	销售部	2800	600	800	400	4600	
11	孙丽	行政部	2500	800	200	250	3750	
12								

图8–50

❷ 如图8-51所示，分别是筛选和撤销筛选“销售部”基本工资≥1500的员工记录的代码。

❸ 运行第1段代码后，即可筛选出指定条件的数据，如图8-52所示。

❹ 运行第2段代码后，则可以撤销筛选，恢复至原来的数据状态。

```
(通用)                                    第8章_技巧18_1
Public Sub 第8章_技巧18_1()
    Dim myRange As Range
    Set myRange = Range("A1").CurrentRegion       '指定数据区域
    With myRange
        .AutoFilter Field:=2, Criteria1:="=销售部"      '设定第一个条件
        .AutoFilter Field:=3, Criteria1:=">=1500"      '设定另一条件
    End With
    Set myRange = Nothing
End Sub

Public Sub 第8章_技巧18_2()
    Dim ws  As Worksheet
    Dim myAutoFilter As AutoFilter
    Dim myRange  As Range
    Set ws = ActiveSheet
    Set myAutoFilter = ws.AutoFilter
    If Not myAutoFilter Is Nothing Then
        myAutoFilter.Range.AutoFilter
    Else
        MsgBox "无自动筛选！"
    End If
    Set myRange = Nothing
    Set myAutoFilter = Nothing
    Set ws = Nothing
End Sub
```

图8-51

	A	B	C	D	E	F	G	H
1	姓名	部门	基本工资	岗位工资	业绩奖金	满勤奖金	实发工资	
7	胡子龙	销售部	1600	800	2000	150	4550	
10	王媛媛	销售部	2800	600	800	400	4600	
12								
13								

图8-52

技巧19 执行与、或条件下的高级筛选

高级筛选中的“与”条件表示需同时符合多个条件，“或”条件则表示符合多个条件中的其中一个即可。本例将介绍如何使用AdvancedFilter方法实现这两个条件的筛选。

❶ 如图8-53所示，分别是在“与”条件下筛选出“基本工资”≥1500且“实发工资”≥4000的员工记录，以及在“或”条件下筛选出“销售部”所有“基本工资”≥1500或“实发工资”≥4000的员工记录的代码。

❷ 运行第1段代码后，即可在指定的“I1:J2”单元格区域中设置筛选的条件，并弹出提示开始筛选的信息对话框，如图8-54所示。

```
(通用)                                    第8章_技巧19_1
Public Sub 第8章_技巧19_1()
    Dim myRange1 As Range
    Dim myRange2 As Range
    Dim myCell As Range
    Set myRange1 = Range("A1").CurrentRegion     '指定数据区域
    Set myRange2 = Range("I1:J2")      '条件区域
    '在条件区域内设置筛选条件
    myRange2.Cells(1, 1) = "基本工资"      '第一个条件名称
    myRange2.Cells(1, 2) = "实发工资"      '第二个条件名称
    myRange2.Cells(2, 1) = ">=1500"      '第一个条件值
    myRange2.Cells(2, 2) = ">=4000"      '第二个条件值
    MsgBox "下面根据设置的条件进行高级筛选！"
    myRange1.AdvancedFilter Action:=xlFilterInPlace, CriteriaRange:=myRange2
    For Each myCell In myRange2.Cells
        myCell.Clear      '删除设置的条件区域
    Next
    Set myRange1 = Nothing
    Set myRange2 = Nothing
End Sub

Public Sub 第8章_技巧19_2()
    Dim myRange1 As Range
    Dim myRange2 As Range
    Dim myCell As Range
    Set myRange1 = Range("A1").CurrentRegion     '指定数据区域
    Set myRange2 = Range("I1:K3")      '条件区域
    '在条件区域内设置筛选条件
    myRange2.Cells(1, 1) = "基本工资"   '第一个条件名称
    myRange2.Cells(1, 2) = "部门"      '第二个条件名称
    myRange2.Cells(1, 3) = "实发工资"      '第三个条件名称
    myRange2.Cells(2, 1) = ">=1500"      '第一个条件值
    myRange2.Cells(2, 2) = "销售部"      '第二个条件值
    myRange2.Cells(3, 2) = "销售部"      '第二个条件值
    myRange2.Cells(3, 3) = ">=4000"      '第三个条件值
    MsgBox "下面根据设置的条件进行高级筛选！"
    myRange1.AdvancedFilter Action:=xlFilterInPlace, CriteriaRange:=myRange2
    For Each myCell In myRange2.Cells
        myCell.Clear      '删除设置的条件区域
    Next
    Set myRange1 = Nothing
    Set myRange2 = Nothing
End Sub
```

图8-53

	A	B	C	D	E	F	G	H	I	J	K
1	姓名	部门	基本工资	岗位工资	业绩奖金	满勤奖金	实发工资		基本工资	实发工资	
2	李敏	行政部	1500	800	500	100	2900		>=1500	>=4000	
3	苏海峰	销售部	1200	1000	1800	300	4300				
4	胡可	财务部	1800	1200	200	200	3400				
5	张曼曼	销售部	1200	1000	1500	100	3800				
6	蒋妍	企划部	2500	1500	1600	200	5800				
7	胡子龙	销售部	1600	800	2000	150	4550				
8	刘云	行政部	2000	1000	1800	300	5100				
9	韩平	网络安全部	3000	2500	600	150	6250				
10	王媛媛	销售部	2800	600	800	400	4600				
11	孙丽	行政部	2500	800	200	250	3750				
12											

图8-54

❸ 单击"确定"按钮，即可筛选出指定条件的数据，如图8-55所示。

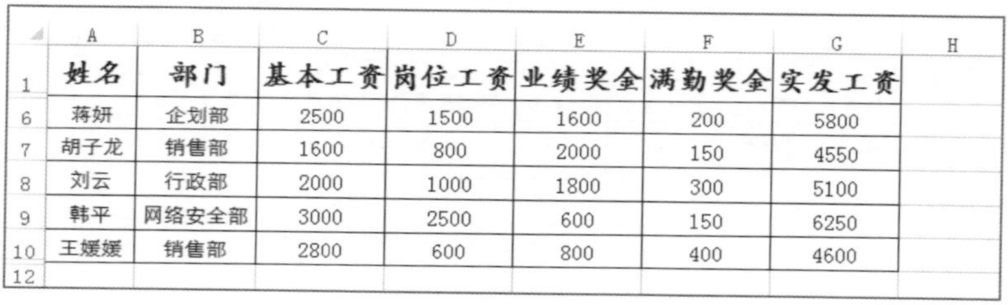

	A	B	C	D	E	F	G	H
1	姓名	部门	基本工资	岗位工资	业绩奖金	满勤奖金	实发工资	
6	蒋妍	企划部	2500	1500	1600	200	5800	
7	胡子龙	销售部	1600	800	2000	150	4550	
8	刘云	行政部	2000	1000	1800	300	5100	
9	韩平	网络安全部	3000	2500	600	150	6250	
10	王媛媛	销售部	2800	600	800	400	4600	
12								

图8-55

❹ 若运行第2段代码，则可以在指定的I1:K3单元格区域中设置筛选的条件，并弹出提示开始筛选的信息对话框，如图8-56所示。

	A	B	C	D	E	F	G	H	I	J	K
1	姓名	部门	基本工资	岗位工资	业绩奖金	满勤奖金	实发工资		基本工资	部门	实发工资
2	李敏	行政部	1500	800	500	100	2900		>=1500	销售部	
3	苏海峰	销售部	1200	1000	1800	300	4300			销售部	>=4000
4	胡可	财务部	1800	1200	200	200	3400				
5	张曼曼	销售部	1200	1000	1500	100	3800				
6	蒋妍	企划部	2500	1500	1600	200	5800				
7	胡子龙	销售部	1600	800	2000	150	4550				
8	刘云	行政部	2000	1000	1800	300	5100				
9	韩平	网络安全部	3000	2500	600	150	6250				
10	王媛媛	销售部	2800	600	800	400	4600				
11	孙丽	行政部	2500	800	200	250	3750				
12											

图8-56

❺ 单击"确定"按钮，即可筛选出指定条件的数据，如图8-57所示。

	A	B	C	D	E	F	G	H
1	姓名	部门	基本工资	岗位工资	业绩奖金	满勤奖金	实发工资	
3	苏海峰	销售部	1200	1000	1800	300	4300	
7	胡子龙	销售部	1600	800	2000	150	4550	
10	王媛媛	销售部	2800	600	800	400	4600	
12								

图8-57

技巧20 撤销高级筛选

在VBA中，可以使用ShowAllData方法撤销高级筛选。

1 如图8-58所示，是当前工作表中进行高级筛选后的数据记录。

	A	B	C	D	E	F	G	H
1	姓名	部门	基本工资	岗位工资	业绩奖金	满勤奖金	实发工资	
3	苏海峰	销售部	1200	1000	1800	300	4300	
7	胡子龙	销售部	1600	800	2000	150	4550	
10	王媛媛	销售部	2800	600	800	400	4600	
12								

图8-58

2 如图8-59所示，是撤销当前工作表中的高级筛选的代码。

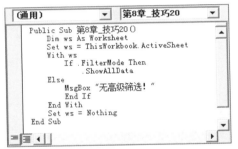

```
(通用)                    第8章_技巧20

Public Sub 第8章_技巧20()
    Dim ws As Worksheet
    Set ws = ThisWorkbook.ActiveSheet
    With ws
        If .FilterMode Then
            .ShowAllData
        Else
            MsgBox "无高级筛选！"
        End If
    End With
    Set ws = Nothing
End Sub
```

图8-59

3 运行代码后，即可撤销高级筛选，恢复至原来的数据状态，如图8-60所示。

	A	B	C	D	E	F	G	H
1	姓名	部门	基本工资	岗位工资	业绩奖金	满勤奖金	实发工资	
2	李敏	行政部	1500	800	500	100	2900	
3	苏海峰	销售部	1200	1000	1800	300	4300	
4	胡可	财务部	1800	1200	200	200	3400	
5	张曼曼	销售部	1200	1000	1500	100	3800	
6	蒋妍	企划部	2500	1500	1600	200	5800	
7	胡子龙	销售部	1600	800	2000	150	4550	
8	刘云	行政部	2000	1000	1800	300	5100	
9	韩平	网络安全部	3000	2500	600	150	6250	
10	王媛媛	销售部	2800	600	800	400	4600	
11	孙丽	行政部	2500	800	200	250	3750	
12								

图8-60

技巧21 在新工作表中显示筛选结果

在VBA中，通过将AdvancedFilter方法中的Action参数设置为xlFilterCopy，

可以复制筛选结果，再将结果复制到CopyToRange参数指定的目标区域中。本例将利用该方法将筛选的结果置于新建的工作表中。

❶ 如图8-61所示，是筛选出"业绩奖金"≥1500且"满勤奖金"≥200的员工记录，并将其显示于新建的工作表中的代码。

```
(通用)                                          第8章_技巧21

Public Sub 第8章_技巧21()
    Dim myRange As Range
    Dim myRangeD As Range
    Dim myRange1 As Range
    Dim myRange2 As Range
    Dim ws As Worksheet
    Set myRange1 = Range("A1").CurrentRegion        '指定数据区域
    Set myRange2 = Range("I1:J2")                    '设定条件区域
    Set myRange = Worksheets(1).Range("A1").CurrentRegion    '指定数据区域
    With Worksheets
        Set ws = .Add(After:=.Item(.Count))         '新建一个工作表
        Set myRangeD = ws.Range("A1")
    End With
    '在条件区域内设置筛选条件
    With myRange2
        .Cells(1, 1) = "业绩奖金"                    '第一个条件名称
        .Cells(1, 2) = "满勤奖金"                    '第二个条件名称
        .Cells(2, 1) = ">=1500"                     '第一个条件值
        .Cells(2, 2) = ">=200"                      '第二个条件值
    End With
    '筛选并复制数据
    myRange1.AdvancedFilter Action:=xlFilterCopy, _
        CriteriaRange:=myRange2, CopyToRange:=myRangeD
    myRange2.Clear      '删除设定的条件区域
    Set myRange1 = Nothing
    Set myRange2 = Nothing
    Set myRange = Nothing
    Set myRangeD = Nothing
    Set ws = Nothing
End Sub
```

图8-61

❷ 运行代码后，即可在新建的Sheet2工作表中显示出筛选的结果，如图8-62所示。

	A	B	C	D	E	F	G	H
1	姓名	部门	基本工资	岗位工资	业绩奖金	满勤奖金	实发工资	
2	苏海峰	销售部	1200	1000	1800	300	4300	
3	蒋妍	企划部	2500	1500	1600	200	5800	
4	刘云	行政部	2000	1000	1800	300	5100	
5								
6								
7								

图8-62

技巧22 筛选不重复的行数据

在VBA中，不仅可以通过将AdvancedFilter方法中的Unique参数设置为True来筛选出不重复的行数据，也可以使用RemoveDuplicates方法来进行筛选。

❶ 如图8-63所示，是当前工作表中的所有数据。

❷ 如图8-64所示，分别是使用AdvancedFilter方法和RemoveDuplicates方法来筛选出指定区域中不重复的行数据的代码。

图8-63

图8-64

③ 运行第1段代码后，即可筛选出不重复的行数据，并将重复的行数据隐藏起来，效果如图8-65所示。

④ 运行第2段代码后，即可筛选出不重复的行数据，并删除重复的行数据，效果如图8-66所示。

图8-65

图8-66

技巧23 筛选两个工作表中相同或不同的行数据

在VBA中，可以使用Copy方法和Countif函数通过循环筛选出两个工作表中相同或不相同的行数据。

① 如图8-67、图8-68所示，分别为Sheet1和Sheet2工作表中的数据。

② 如图8-69所示，分别是筛选出Sheet1和Sheet2工作表中相同及不相同的行数据的代码。

姓名	部门	基本工资	岗位工资	业绩奖金	满勤奖金	实发工资
李敏	行政部	1500	800	500	100	2900
苏海峰	销售部	1200	1000	1800	300	4300
胡可	财务部	1800	1200	200	200	3400
张曼曼	销售部	1200	1000	1500	100	3800
蒋妍	企划部	2500	1500	1600	200	5800
胡子龙	销售部	1600	800	2000	150	4550
刘云	行政部	2000	1000	1800	300	5100
韩平	网络安全部	3000	2500	600	150	6250
王媛媛	销售部	2800	600	800	400	4600
孙丽	行政部	2500	800	200	250	3750

图8-67

姓名	部门	基本工资	岗位工资	业绩奖金	满勤奖金	实发工资
李敏	行政部	1500	800	500	100	2900
张曼曼	销售部	1200	1000	1500	100	3800
刘云	行政部	2000	1000	1800	300	5100
韩平	网络安全部	3000	2500	600	150	6250
孙丽	行政部	2500	800	200	250	3750
甲	企划部	4000	2000	400	200	6600
乙	财务部	3500	1800	300	120	5720
丙	财务部	3500	1800	1000	180	6480
丁	企划部	4000	2000	150	50	6200

图8-68

```
(通用)                                            第8章_技巧23_1
Public Sub 第8章_技巧23_1()
    Dim myRange1 As Range
    Dim myRange2 As Range
    Dim myCell As Range
    Dim ws As Worksheet
    Dim i As Long
    With Worksheets    '获取两个工作表的数据区域与关键字
        Set myRange1 = .Item(1).Range("A1").CurrentRegion.Columns(1)
        Set myRange2 = .Item(2).Range("A1").CurrentRegion.Columns(1)
        Set ws = .Add(After:=.Item(.Count))    '新建工作表
    End With
    i = 0
    For Each myCell In myRange1.Cells
        If WorksheetFunction.CountIf(myRange2, myCell.Value) > 0 Then
            i = i + 1
            myCell.EntireRow.Copy ws.Cells(i, 1)
        End If
    Next
    Set myRange1 = Nothing
    Set myRange2 = Nothing
    Set myCell = Nothing
    Set ws = Nothing
End Sub
Public Sub 第8章_技巧23_2()
    Dim myRange1 As Range
    Dim myRange2 As Range
    Dim myCell As Range
    Dim ws As Worksheet
    Dim i As Long
    With Worksheets
        Set myRange1 = .Item(1).Range("A1").CurrentRegion.Columns(1)
        Set myRange2 = .Item(2).Range("A1").CurrentRegion.Columns(1)
        Set ws = .Add(After:=.Item(.Count))    '新建工作表
    End With
    i = 0
    For Each myCell In myRange1.Cells
        If WorksheetFunction.CountIf(myRange2, myCell.Value) = 0 Then
            i = i + 1
            myCell.EntireRow.Copy ws.Cells(i, 1)
        End If
    Next
    For Each myCell In myRange2.Cells
        If WorksheetFunction.CountIf(myRange1, myCell.Value) = 0 Then
            i = i + 1
            myCell.EntireRow.Copy ws.Cells(i, 1)
        End If
    Next
    Set myRange1 = Nothing
    Set myRange2 = Nothing
    Set myCell = Nothing
    Set ws = Nothing
End Sub
```

图8-69

③ 运行第1段代码后，即可筛选出两个工作表中相同的行数据，如图8-70所示。

图8-70

④ 运行第2段代码后，则可以筛选出两个工作表中不同的行数据，如图8-71所示。

图8-71

技巧24 筛选并删除数据区域中的空行或空列

在VBA中，可以使用CountA函数筛选出当前数据区域中的空行或空列，再使用Delete方法将其删除。

① 如图8-72所示，是当前工作表中的所有数据。

图8-72

② 如图8-73所示，分别是筛选并删除当前数据区域中的空白行和空白列的代码。

```
(通用)                                          第8章_技巧24_1
Public Sub 第8章_技巧24_1()
    Dim LastRow As Long
    Dim r As Long
    LastRow = ActiveSheet.UsedRange.Row - 1 + ActiveSheet.UsedRange.Rows.Count
    Application.ScreenUpdating = False
    For r = LastRow To 1 Step -1
        If Application.WorksheetFunction.CountA(Rows(r)) = 0 Then Rows(r).Delete    '筛选并删除空白行
    Next r
    Application.ScreenUpdating = True
End Sub

Public Sub 第8章_技巧24_2()
    Dim LastColumn As Long
    Dim r As Long
    LastColumn = ActiveSheet.UsedRange.Column - 1 + ActiveSheet.UsedRange.Columns.Count
    Application.ScreenUpdating = False
    For r = LastColumn To 1 Step -1
        If Application.WorksheetFunction.CountA(Columns(r)) = 0 Then Columns(r).Delete    '筛选并删除空白列
    Next r
    Application.ScreenUpdating = True
End Sub
```

图8-73

③ 运行第1段代码后，即可筛选并删除数据区域中的空白行，效果如图8-74所示。

	A	B	C	D	E	F	G	H	I	J	K
1	姓名		部门	基本工资		岗位工资	业绩奖金	满勤奖金		实发工资	
2	李敏		行政部	1500		800	500	100		2900	
3	苏海峰		销售部	1200		1000	1800	300		4300	
4	胡可		财务部	1800		1200	200	200		3400	
5	张曼曼		销售部	1200		1000	1500	100		3800	
6	蒋妍		企划部	2500		1500	1600	200		5800	
7	胡子龙		销售部	1600		800	2000	150		4550	
8	刘云		行政部	2000		1000	1800	300		5100	
9	韩平		网络安全部	3000		2500	600	150		6250	
10	王媛媛		销售部	2800		600	800	400		4600	
11	孙丽		行政部	2500		800	200	250		3750	
12											

图8-74

④ 运行第2段代码后，即可筛选并删除数据区域中的空白列，效果如图8-75所示。

	A	B	C	D	E	F	G	H
1	姓名	部门	基本工资	岗位工资	业绩奖金	满勤奖金	实发工资	
2	李敏	行政部	1500	800	500	100	2900	
3	苏海峰	销售部	1200	1000	1800	300	4300	
4	胡可	财务部	1800	1200	200	200	3400	
5	张曼曼	销售部	1200	1000	1500	100	3800	
6	蒋妍	企划部	2500	1500	1600	200	5800	
7	胡子龙	销售部	1600	800	2000	150	4550	
8	刘云	行政部	2000	1000	1800	300	5100	
9	韩平	网络安全部	3000	2500	600	150	6250	
10	王媛媛	销售部	2800	600	800	400	4600	
11	孙丽	行政部	2500	800	200	250	3750	
12								

图8-75

第 **9** 章

数据的条件格式操作

在Excel中，提供了条件格式功能，使用该功能可以非常方便地查询或标示出符合某个条件的所有数据，大大地提高了数据分析的效率。本章将介绍使用特殊字体、数据条、色阶和图标集来突出显示数据的实用操作技巧。

本章中部分素材文件在光盘中对应的章节下。

技巧1 突出显示数据区域中的前N项或最后N项

在Excel中，提供了特有的条件格式功能，利用该功能可以非常方便地突出显示指定条件的数据。本例将突出显示指定数据区域中的前N项和最后N项。

❶ 如图9-1所示，分别是在当前工作表的已有数据区域中以蓝色加粗字体突出显示前3项最大数据和前3项最小数据的代码。

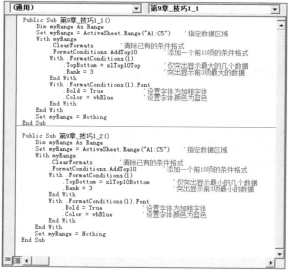

图9-1

❷ 运行第1段代码后的效果如图9-2所示。

	A	B	C	D
1	3234	56	12453	
2	**151212**	3423	429	
3	**24568**	14879	28	
4	4526	621	147	
5	11	2020	**452621**	
6				

图9-2

3 运行第2段代码后的效果如图9-3所示。

	A	B	C	D
1	3234	**56**	12453	
2	151212	3423	429	
3	24568	14879	**28**	
4	4526	621	147	
5	**11**	2020	452621	
6				

图9-3

技巧2 突出显示小于或大于平均值的数据

在本例中，将使用AddAboveAverage方法和AboveBelow属性突出显示小于或大于平均值的数据。

1 如图9-4所示，分别是在当前工作表的已有数据区域中以绿色加粗字体突出显示小于平均值的数据和大于平均值的数据的代码。

```
Public Sub 第9章_技巧2_1()
    Dim myRange As Range
    Set myRange = ActiveSheet.Range("A1:C5")      '指定数据区域
    With myRange
        .ClearFormats                              '清除已有的条件格式
        .FormatConditions.AddAboveAverage          '添加一个高于平均值的条件格式
        .FormatConditions(1).AboveBelow = xlBelowAverage   '仅突出显示小于平均值的数据
        With .FormatConditions(1).Font
            .Bold = True                           '设置字体为加粗字体
            .Color = vbGreen                       '设置字体颜色为绿色
        End With
    End With
    Set myRange = Nothing
End Sub

Public Sub 第9章_技巧2_2()
    Dim myRange As Range
    Set myRange = ActiveSheet.Range("A1:C5")      '指定数据区域
    With myRange
        .ClearFormats                              '清除已有的条件格式
        .FormatConditions.AddAboveAverage          '添加一个高于平均值的条件格式
        .FormatConditions(1).AboveBelow = xlAboveAverage   '仅突出显示大于平均值的数据
        With .FormatConditions(1).Font
            .Bold = True                           '设置字体为加粗字体
            .Color = vbGreen                       '设置字体颜色为绿色
        End With
    End With
    Set myRange = Nothing
End Sub
```

图9-4

2 运行第1段代码后的效果如图9-5所示。

	A	B	C	D
1	3234	56	12453	
2	151212	3423	429	
3	24568	14879	28	
4	4526	621	147	
5	11	2020	452621	
6				

图9-5

3 运行第2段代码后的效果如图9-6所示。

▲	A	B	C	D
1	3234	56	12453	
2	151212	3423	429	
3	24568	14879	28	
4	4526	621	147	
5	11	2020	452621	
6				

图9-6

技巧3 突出显示重复或不重复的数据

在本例中，将使用AddUniqueValues方法和DupeUnique属性突出显示重复和不重复的数据。

1 如图9-7所示，分别是在当前工作表的已有数据区域中以红色加粗字体突出显示重复和不重复数据的代码。

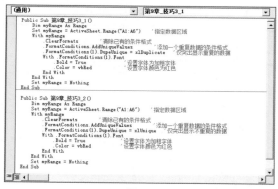

```
Public Sub 第9章_技巧3_1()
    Dim myRange As Range
    Set myRange = ActiveSheet.Range("A1:A6")        '指定数据区域
    With myRange
        .ClearFormats                               '清除已有的条件格式
        .FormatConditions.AddUniqueValues           '添加一个重复数据的条件格式
        .FormatConditions(1).DupeUnique = xlDuplicate  '仅突出显示重复的数据
        With .FormatConditions(1).Font
            .Bold = True                            '设置字体为加粗字体
            .Color = vbRed                          '设置字体颜色为红色
        End With
    End With
    Set myRange = Nothing
End Sub

Public Sub 第9章_技巧3_2()
    Dim myRange As Range
    Set myRange = ActiveSheet.Range("A1:A6")        '指定数据区域
    With myRange
        .ClearFormats                               '清除已有的条件格式
        .FormatConditions.AddUniqueValues           '添加一个重复数据的条件格式
        .FormatConditions(1).DupeUnique = xlUnique  '仅突出显示不重复的数据
        With .FormatConditions(1).Font
            .Bold = True                            '设置字体为加粗字体
            .Color = vbRed                          '设置字体颜色为红色
        End With
    End With
    Set myRange = Nothing
End Sub
```

图9-7

2 运行第1段代码后的效果如图9-8所示。

3 运行第2段代码后的效果如图9-9所示。

▲	A	B
1	**1122**	
2	**465**	
3	33	
4	**1122**	
5	68	
6	**465**	
7		
8		

图9-8

▲	A	B
1	1122	
2	465	
3	**33**	
4	1122	
5	**68**	
6	465	
7		
8		

图9-9

技巧4 突出显示昨天、今天、明天的数据

在本例中，将使用FormatConditions属性返回一个FormatConditions集合，然后使用该集合的Add方法为指定的数据区域添加一个日期条件格式，最后再根据这个条件格式找到并突出显示所需要的数据。

❶ 如图9-10所示，分别是在当前工作表的已有数据区域中以蓝色加粗字体突出显示昨天、今天和明天日期的代码。

图9-10

❷ 运行第1段代码后的效果如图9-11所示。

	A	B	C
1	发票日期	金额	
2	2013/6/18	15020	
3	2013/6/12	8615	
4	2013/6/13	34640	
5	**2013/6/19**	1000	
6	2013/6/24	2650	
7	2013/6/18	75610	
8	2013/6/20	1205	
9	2013/6/20	9720	
10	2013/5/3	3210	
11	**2013/6/19**	250	
12	**2013/6/19**	3546	
13	2013/6/28	79145	
14	2013/5/11	843	
15	2013/7/5	4120	
16	2013/6/21	12332	
17			

图9-11

③ 运行第2段代码后的效果如图9-12所示。

	A	B	C
1	发票日期	金额	
2	2013/6/18	15020	
3	2013/6/12	8615	
4	2013/6/13	34640	
5	2013/6/19	1000	
6	2013/6/24	2650	
7	2013/6/18	75610	
8	**2013/6/20**	1205	
9	**2013/6/20**	9720	
10	2013/5/3	3210	
11	2013/6/19	250	
12	2013/6/19	3546	
13	2013/6/28	79145	
14	2013/5/11	843	
15	2013/7/5	4120	
16	2013/6/21	12332	
17			

图9-12

④ 运行第3段代码后的效果如图9-13所示。

	A	B	C
1	发票日期	金额	
2	2013/6/18	15020	
3	2013/6/12	8615	
4	2013/6/13	34640	
5	2013/6/19	1000	
6	2013/6/24	2650	
7	2013/6/18	75610	
8	2013/6/20	1205	
9	2013/6/20	9720	
10	2013/5/3	3210	
11	2013/6/19	250	
12	2013/6/19	3546	
13	2013/6/28	79145	
14	2013/5/11	843	
15	2013/7/5	4120	
16	**2013/6/21**	12332	
17			

图9-13

技巧5 突出显示上周、本周、下周的数据

在本例中，将在指定的数据区域中突出显示出上周、本周和下周的数据，具体方法和上例介绍的方法相同，只是指定的日期条件格式运算符不同。

① 如图9-14所示，分别是在当前工作表的已有数据区域中以绿色加粗字体突出显示上周、本周和下周日期的代码。

```
(通用)                                    ▼  第9章_技巧5_1                    ▼
Public Sub 第9章_技巧5_1○
    Dim myRange As Range
    Set myRange = ActiveSheet.Range("A2:B16")    '指定数据区域
    With myRange
        .FormatConditions.Delete         '清除已有的条件格式
    '添加一个最近7天日期的条件格式
        .FormatConditions.Add Type:=xlTimePeriod, DateOperator:=xlLastWeek
        With .FormatConditions(1).Font
            .Bold = True                 '设置字体为加粗字体
            .Color = vbGreen             '设置字体颜色为绿色
        End With
    End With
    Set myRange = Nothing
End Sub

Public Sub 第9章_技巧5_2○
    Dim myRange As Range
    Set myRange = ActiveSheet.Range("A2:B16")    '指定数据区域
    With myRange
        .FormatConditions.Delete         '清除已有的条件格式
    '添加一个本周日期的条件格式
        .FormatConditions.Add Type:=xlTimePeriod, DateOperator:=xlThisWeek
        With .FormatConditions(1).Font
            .Bold = True                 '设置字体为加粗字体
            .Color = vbGreen             '设置字体颜色为绿色
        End With
    End With
    Set myRange = Nothing
End Sub

Public Sub 第9章_技巧5_3○
    Dim myRange As Range
    Set myRange = ActiveSheet.Range("A2:B16")    '指定数据区域
    With myRange
        .FormatConditions.Delete         '清除已有的条件格式
    '添加一个下周日期的条件格式
        .FormatConditions.Add Type:=xlTimePeriod, DateOperator:=xlNextWeek
        With .FormatConditions(1).Font
            .Bold = True                 '设置字体为加粗字体
            .Color = vbGreen             '设置字体颜色为绿色
        End With
    End With
    Set myRange = Nothing
End Sub
```

图9-14

② 运行第1段代码后的效果如图9-15所示。

	A	B	C
1	发票日期	金额	
2	2013/6/18	15020	
3	2013/6/12	8615	
4	2013/6/13	34640	
5	2013/6/19	1000	
6	2013/6/24	2650	
7	2013/6/18	75610	
8	2013/6/20	1205	
9	2013/6/20	9720	
10	2013/5/3	3210	
11	2013/6/19	250	
12	2013/6/19	3546	
13	2013/6/28	79145	
14	2013/5/11	843	
15	2013/7/5	4120	
16	2013/6/21	12332	
17			

图9-15

③ 运行第2段代码后的效果如图9-16所示。

⊿	A	B	C
1	发票日期	金额	
2	2013/6/18	15020	
3	2013/6/12	8615	
4	2013/6/13	34640	
5	2013/6/19	1000	
6	2013/6/24	2650	
7	2013/6/18	75610	
8	2013/6/20	1205	
9	2013/6/20	9720	
10	2013/5/3	3210	
11	2013/6/19	250	
12	2013/6/19	3546	
13	2013/6/28	79145	
14	2013/5/11	843	
15	2013/7/5	4120	
16	2013/6/21	12332	
17			

图9-16

④ 运行第3段代码后的效果如图9-17所示。

⊿	A	B	C
1	发票日期	金额	
2	2013/6/18	15020	
3	2013/6/12	8615	
4	2013/6/13	34640	
5	2013/6/19	1000	
6	2013/6/24	2650	
7	2013/6/18	75610	
8	2013/6/20	1205	
9	2013/6/20	9720	
10	2013/5/3	3210	
11	2013/6/19	250	
12	2013/6/19	3546	
13	2013/6/28	79145	
14	2013/5/11	843	
15	2013/7/5	4120	
16	2013/6/21	12332	
17			

图9-17

技巧6 突出显示上月、本月、下月的数据

在本例中，将在指定的数据区域中突出显示出上月、本月和下月的日期数据。

① 如图9-18所示，分别是在当前工作表的已有数据区域中以红色加粗字体突出显示上月、本月和下月的数据的代码。

② 运行第1段代码后的效果如图9-19所示。

图9-18

图9-19

3 运行第2段代码后的效果如图9-20所示。

	A	B	C
1	发票日期	金额	
2	2013/6/18	15020	
3	2013/6/12	8615	
4	2013/6/13	34640	
5	2013/6/19	1000	
6	2013/6/24	2650	
7	2013/6/18	75610	
8	2013/6/20	1205	
9	2013/6/20	9720	
10	2013/5/3	3210	
11	2013/6/19	250	
12	2013/6/19	3546	
13	2013/6/28	79145	
14	2013/5/11	843	
15	2013/7/5	4120	
16	2013/6/21	12332	
17			

图9-20

④ 运行第3段代码后的效果如图9-21所示。

	A	B	C
1	发票日期	金额	
2	2013/6/18	15020	
3	2013/6/12	8615	
4	2013/6/13	34640	
5	2013/6/19	1000	
6	2013/6/24	2650	
7	2013/6/18	75610	
8	2013/6/20	1205	
9	2013/6/20	9720	
10	2013/5/3	3210	
11	2013/6/19	250	
12	2013/6/19	3546	
13	2013/6/28	79145	
14	2013/5/11	843	
15	2013/7/5	4120	
16	2013/6/21	12332	
17			

图9-21

技巧7 利用数据条突出显示数据

在Excel中，利用系统内置的数据条格式功能，可以在单元格内用颜色渐变、长短不一的数据条来突出显示不同的数据。

本例将使用FormatConditions属性返回一个FormatConditions集合，然后使用该集合的AddDatabar方法为指定的数据区域添加一个数据条的条件格式，最后再根据这个条件格式找到并突出显示不同的数据。

① 如图9-22所示，分别是同时显示数据区域中的数据和黄色数据条，以及仅仅显示黄色数据条的代码。

```
)                          ▼    第9章_技巧7_1
blic Sub 第9章_技巧7_1 ()
  Dim myRange As Range
  Set myRange = ActiveSheet.Range("B1:B16")     '指定数据区域
  With myRange
      .FormatConditions.Delete              '清除已有的条件格式
      .FormatConditions.AddDatabar          '添加数据条的条件格式
      With .FormatConditions(1)
          .ShowValue = True                 '显示数据
          '最短数据条根据最小值确定
          .MinPoint.Modify newtype:=xlConditionValueLowestValue
          '最长数据条根据最大值确定
          .MaxPoint.Modify newtype:=xlConditionValueHighestValu
      End With
      '数据条颜色为黄色
      .FormatConditions(1).BarColor.Color = vbYellow
  End With
  Set myRange = Nothing
d Sub

blic Sub 第9章_技巧7_2 ()
  Dim myRange As Range
  Set myRange = ActiveSheet.Range("B1:B16")     '指定单元格区域
  With myRange
      .FormatConditions.Delete              '清除已有的条件格式
      .FormatConditions.AddDatabar          '添加数据条的条件格式
      With .FormatConditions(1)
          .ShowValue = False                '不显示数据
          '最短数据条根据最小值确定
          .MinPoint.Modify newtype:=xlConditionValueLowestValue
          '最长数据条根据最大值确定
          .MaxPoint.Modify newtype:=xlConditionValueHighestValu
```

图9-22

② 运行第1段代码后的效果如图9-23所示。

③ 运行第2段代码后的效果如图9-24所示。

	A	B	C
1	发票日期	金额	
2	2013/6/18	15020	
3	2013/6/12	8615	
4	2013/6/13	34640	
5	2013/6/19	1000	
6	2013/6/24	2650	
7	2013/6/18	75610	
8	2013/6/20	1205	
9	2013/6/20	9720	
10	2013/5/3	3210	
11	2013/6/19	250	
12	2013/6/19	3546	
13	2013/6/28	79145	
14	2013/5/11	843	
15	2013/7/5	4120	
16	2013/6/21	12332	
17			

图9-23

	A	B	C
1	发票日期	金额	
2	2013/6/18		
3	2013/6/12		
4	2013/6/13		
5	2013/6/19		
6	2013/6/24		
7	2013/6/18		
8	2013/6/20		
9	2013/6/20		
10	2013/5/3		
11	2013/6/19		
12	2013/6/19		
13	2013/6/28		
14	2013/5/11		
15	2013/7/5		
16	2013/6/21		
17			

图9-24

技巧8 利用图标集突出显示数据

在Excel中，还可以利用系统内置的图标集功能，在单元格内用箭头、交通灯等不同的符号来突出显示数据。

本例将使用FormatConditions属性返回一个FormatConditions集合，然后使用该集合的AddIconSetConditionr方法为指定的数据区域添加一个图标集的条件格式，最后再根据这个条件格式找到并突出显示不同的数据。

① 如图9-25所示，分别是同时显示数据区域中的数据和三色交通灯图标集，以及仅仅显示三色交通灯图标集的代码。

```
Public Sub 第9章_技巧8_1()
    Dim myRange As Range
    Set myRange = ActiveSheet.Range("B1:B16")       '指定数据区域
    With myRange
        .FormatConditions.Delete                     '清除已有的条件格式
        .FormatConditions.AddIconSetCondition        '添加一个图标集的条件格式
        With .FormatConditions(1)                     '设置图标集类型
            .ReverseOrder = False                     '不反转图标集的图标次序
            .ShowIconOnly = False                     '同时显示图标集和数据
            .IconSet = ActiveWorkbook.IconSets(xl3TrafficLights2)   '设置三色交通灯图标集
            With .IconCriteria(2)                     '设置显示图标集的规则,根据不同的值显示不同的图标
                .Type = xlConditionValuePercent        '按百分比设置33%
                .Value = 33                            '百分比是33%
                .Operator = xlGreaterEqual
            End With
            With .IconCriteria(3)
                .Type = xlConditionValuePercent
                .Value = 67
                .Operator = xlGreaterEqual
            End With
        End With
    End With
End Sub

Public Sub 第9章_技巧8_2()
    Dim myRange As Range
    Set myRange = ActiveSheet.Range("B1:B16")       '指定数据区域
    With myRange
        .FormatConditions.Delete                     '清除已有的条件格式
        .FormatConditions.AddIconSetCondition        '添加一个图标集的条件格式
        With .FormatConditions(1)                     '设置图标集类型
            .ReverseOrder = False                     '不反转图标次序
            .ShowIconOnly = True                      '仅显示图标集,不显示数据
            .IconSet = ActiveWorkbook.IconSets(xl3TrafficLights2)   '设置三色交通灯图标集
            With .IconCriteria(2)                     '设置显示图标集的规则,根据不同的值显示不同的图标
                .Type = xlConditionValuePercent        '按百分比设置33%
                .Value = 33                            '百分比是33%
                .Operator = xlGreaterEqual
            End With
            With .IconCriteria(3)
                .Type = xlConditionValuePercent
                .Value = 67
                .Operator = xlGreaterEqual
            End With
        End With
    End With
End Sub
```

图9-25

② 运行第1段代码后的效果如图9-26所示。

	A	B	C
1	发票日期	金额	
2	2013/6/18	15020	
3	2013/6/12	8615	
4	2013/6/13	34640	
5	2013/6/19	1000	
6	2013/6/24	2650	
7	2013/6/18	75610	
8	2013/6/20	1205	
9	2013/6/20	9720	
10	2013/5/3	3210	
11	2013/6/19	250	
12	2013/6/19	3546	
13	2013/6/28	79145	
14	2013/5/11	843	
15	2013/7/5	4120	
16	2013/6/21	12332	
17			

图9-26

❸ 运行第2段代码后的效果如图9-27所示。

	A	B	C
1	发票日期	金额	
2	2013/6/18		
3	2013/6/12		
4	2013/6/13		
5	2013/6/19		
6	2013/6/24		
7	2013/6/18		
8	2013/6/20		
9	2013/6/20		
10	2013/5/3		
11	2013/6/19		
12	2013/6/19		
13	2013/6/28		
14	2013/5/11		
15	2013/7/5		
16	2013/6/21		
17			

图9-27

技巧9　利用色阶突出显示数据

在Excel中，除了数据条和图标集，还提供了色阶功能，根据数据的大小用不同的颜色填充单元格，从而突出显示数据。

本例将使用FormatConditions属性返回一个FormatConditions集合，然后使用该集合的AddColorScale方法为指定的数据区域添加一个色阶的条件格式，最后再根据这个条件格式找到并突出显示不同的数据。

❶ 如图9-28所示，分别是用两色色阶和三色色阶显示数据的代码。

```
(通用)                                              第9章_技巧9_1
Public Sub 第9章_技巧9_1()
    Dim myRange As Range
    Set myRange = ActiveSheet.Range("B1:B16")    '指定数据区域
    With myRange
        .FormatConditions.Delete                 '清除已有的条件格式
        .FormatConditions.AddColorScale ColorScaleType:=2  '添加一个双色刻度的色阶条件格式
        With .FormatConditions(1)
            .ColorScaleCriteria(1).Type = xlConditionValueLowestValue   '设置色阶条件格式的类型的第一个条件
            .ColorScaleCriteria(1).FormatColor.Color = vbGreen          '设置双色刻度色阶的第一个颜色
            .ColorScaleCriteria(2).Type = xlConditionValueHighestValue  '设置色阶条件格式的类型的第二个条件
            .ColorScaleCriteria(2).FormatColor.Color = vbRed            '设置双色刻度色阶的第二个颜色
        End With
    End With
    Set myRange = Nothing
End Sub

Public Sub 第9章_技巧9_2()
    Dim myRange As Range
    Set myRange = ActiveSheet.Range("B1:B16")    '指定数据区域
    With myRange
        .FormatConditions.Delete                 '清除已有的条件格式
        .FormatConditions.AddColorScale ColorScaleType:=3  '添加一个三色刻度的色阶条件格式
        With .FormatConditions(1)
            .ColorScaleCriteria(1).Type = xlConditionValueLowestValue   '设置色阶条件格式的类型的第一个条件 最小值
            .ColorScaleCriteria(1).FormatColor.Color = vbBlue           '设置三色刻度色阶的第一个颜色
            .ColorScaleCriteria(2).Type = xlConditionValuePercentile    '设置色阶条件格式的类型的第二个条件 中间值
            .ColorScaleCriteria(2).Value = 50
            .ColorScaleCriteria(2).FormatColor.Color = vbRed            '设置三色刻度色阶的第二个颜色
            .ColorScaleCriteria(3).Type = xlConditionValueHighestValue  '设置色阶条件格式的类型的第三个条件 最大值
            .ColorScaleCriteria(3).FormatColor.Color = vbGreen          '设置三色刻度色阶的第二个颜色
        End With
    End With
    Set myRange = Nothing
End Sub
```

图9-28

② 运行第1段代码后的效果如图9-29所示。

	A	B	C
1	发票日期	金额	
2	2013/6/18	15020	
3	2013/6/12	8615	
4	2013/6/13	34640	
5	2013/6/19	1000	
6	2013/6/24	2650	
7	2013/6/18	75610	
8	2013/6/20	1205	
9	2013/6/20	9720	
10	2013/5/3	3210	
11	2013/6/19	250	
12	2013/6/19	3546	
13	2013/6/28	79145	
14	2013/5/11	843	
15	2013/7/5	4120	
16	2013/6/21	12332	
17			

图9-29

③ 运行第2段代码后的效果如图9-30所示。

	A	B	C
1	发票日期	金额	
2	2013/6/18	15020	
3	2013/6/12	8615	
4	2013/6/13	34640	
5	2013/6/19	1000	
6	2013/6/24	2650	
7	2013/6/18	75610	
8	2013/6/20	1205	
9	2013/6/20	9720	
10	2013/5/3	3210	
11	2013/6/19	250	
12	2013/6/19	3546	
13	2013/6/28	79145	
14	2013/5/11	843	
15	2013/7/5	4120	
16	2013/6/21	12332	
17			

图9-30

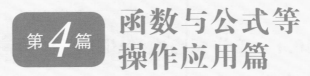

第4篇 函数与公式等操作应用篇

第 10 章

函数与公式的应用

本章中部分素材文件在光盘中对应的章节下。

10.1 工作表函数和VBA函数的使用

在VBA中，调用工作表函数的方法是利用 "WorksheetFunction.工作表函数名称" 的语法结构。但是，并非所有的工作表函数都可以在VBA中被使用，这时可以使用VBA函数，其中有些函数的名称和工作表函数名称相同，但要注意的是，两者的性质是不同的。

本节将介绍如何在VBA中调用工作表函数以及VBA函数的使用技巧。

技巧1 数学函数的使用

在本例中，将介绍如何调用工作表数学函数及使用VBA函数。

① 如图10-1所示，是当前工作表中已输入数据的两个单元格区域。

	A	B	C	D
1	1		10	
2	2		20	
3	3		30	
4	4		40	
5	5		50	
6				

图10-1

② 如图10-2所示，分别是在当前工作表中调用工作表数学函数（Fact、SUM、SUMPRODUCT、PRODUCT）和使用VBA数学函数（SIN、ABS）的代码。

③ 运行第1段代码后，即可调用指定的工作表函数并依次弹出显示相应结果的信息对话框，如图10-3～图10-8所示。

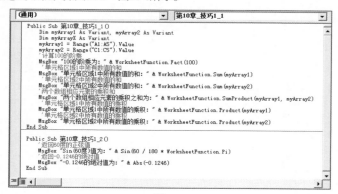

图10-2

图10-3

图10-4

图10-5

图10-6

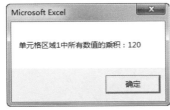

图10-7

图10-8

④ 运行第2段代码后,即可调用VBA中指定的数学函数并依次弹出显示相应结果的信息对话框,如图10-9、图10-10所示。

图10-9

图10-10

技巧2 字符串函数的使用

字符串函数应用于很多情况下。在本例中,将介绍VBA字符函数的使用。

① 如图10-11所示,是使用VBA字符串函数(Len、Left、Right、Mid、UCase、LCase、LTrim)的代码。

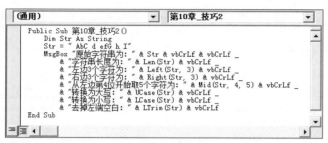

图10-11

② 运行代码后，即可弹出显示结果的信息对话框，如图10-12所示。

图10-12

技巧3 日期与时间函数的使用

在Excel中，提供了大量的工作表日期与时间函数和VBA日期与时间函数，因其性质均不相同，可以满足不同的需要。

① 如图10-13所示，分别是使用工作表、VBA日期与时间函数计算出"2013年1月1日"与"2013年6月16日"之间相隔天数的代码。

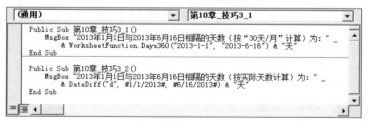

图10-13

② 运行第1段代码后，即可调用工作表函数Days360按每月30天计算出两段日期间的相隔天数，如图10-14所示。

图10-14

3 运行第2段代码后，即可使用VBA函数DateDiff按实际天数计算出两段日期间的相隔天数，如图10-15所示。

图10-15

技巧4 财务函数的使用

在Excel中，工作表的一些财务函数与VBA财务函数是相同的，也有的是不同的。本例将介绍工作表财务函数与VBA财务函数中相同的PMT函数的使用方法。

1 如图10-16所示，分别是调用工作表财务函数PMT及使用VBA财务函数PMT计算出12个月内按6%的利率还清25 000 000金额的月支付额的代码。

图10-16

2 运行第1段代码后，即可调用工作表函数PMT计算出月支付额，如图10-17所示。

3 运行第2段代码后，即可使用VBA函数PMT计算出月支付额，如图10-18所示。

图10-17

图10-18

技巧5 数组处理函数的使用

数组是由数据元素（数值、文本、日期、逻辑、错误值等）组成的集合。数据元素以行和列的形式组织，构成一个数据矩阵，即为数组。

本例中将介绍常用的数组函数Array、LBound、UBound的使用方法。

1 如图10-19所示，是使用Array、LBound、UBound三个VBA数组处理函数在工作表中添加一个指定数据元素的数组的代码。

```
(通用)                              第10章_技巧5
Public Sub 第10章_技巧5()
    Dim myArray As Variant
    Dim i As Integer
    myArray = Array("员工姓名", "销售产品", "销售数量", "销售单价", "销售总额")
    For i = LBound(myArray) To UBound(myArray)
        Cells(2, i + 3) = myArray(i)              '指定数组开始的行和列
    Next i
End Sub
```

图10-19

2 运行代码后的效果如图10-20所示。

	A	B	C	D	E	F	G
1							
2			员工姓名	销售产品	销售数量	销售单价	销售总额
3							
4							

图10-20

技巧6 判断函数的使用

在VBA中，最常用的判断函数是IIF，其功能是根据指定表达式的值返回两部分中的一个值。本例将介绍利用该函数判断值的大小的使用方法。

1 如图10-21所示，是使用VBA判断函数IIF判断指定A和B两个表达式中的最大值和最小值的代码。

```
(通用)                              第10章_技巧6
Public Sub 第10章_技巧6()
    Dim A As Single, B As Single
    A = 1020545.212
    B = 9130.6
    MsgBox "A和B两个表达式中的最大值为: " & IIf(A > B, A, B) _
        & vbCrLf & "A和B两个表达式中的最小值为: " & IIf(A < B, A, B)
End Sub
```

图10-21

2 运行代码后，即可弹出显示结果的信息对话框，如图10-22所示。

图10-22

技巧7　格式化函数的使用

在VBA中，最常用的格式化函数是Format，其功能是根据指定的格式表达式中的指令来格式化数据的。

① 如图10-23所示，是使用VBA格式化函数Format指定的A表达式中的字符串更改数据为各种格式并以指定格式显示当前日期和时间的代码。

② 运行代码后，即可弹出显示结果的信息对话框，如图10-24所示。

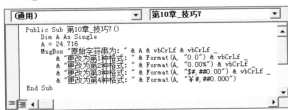

图10-23

图10-24

技巧8　类型转换函数的使用

类型转换函数，是指将指定的表达式转换成某种特定类型的函数。在本例中，将介绍CInt、CStr、CDate三个常用VBA类型转换函数的用法。

① 如图10-25所示，是使用CInt、CStr、CDate三个VBA类型转换函数分别将指定的数据转换为整数、字符串和日期三种不同类型的代码。

图10-25

② 运行代码后，即可弹出显示结果的信息对话框，如图10-26所示。

图10-26

10.2 自定义函数

在Excel中，内置的函数有时候太冗长、烦琐，不能满足用户的所有需要，这时可以通过VBA编制代码自定义函数来解决。

技巧9 自定义不确定参数个数的函数

在VBA中，可以使用ParamArray关键字自定义参数个数不确定的函数。本例将设计一个可以指定参数个数的自定义累计求和函数。

❶ 按Alt+F11快捷键，打开VB编辑器，插入模块1，然后输入编辑自定义的累计求和函数的代码，如图10-27所示。

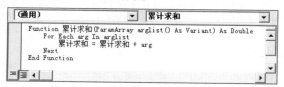

图10-27

❷ 保存之后，打开"插入函数"对话框，选中"用户定义"类别，在列表框中即可看到自定义的函数，如图10-28所示。

图10-28

❸ 单击"确定"按钮，弹出"函数参数"对话框，在其中输入指定的参数，如图10-29所示。

图10-29

❹ 再次单击"确定"按钮，即可在单元格内计算指定参数的累计和，如图10-30所示。

B3	⋮	× ✓ f_x	=累计求和(1, 2, 3, 4, 5)		
◢	A	B	C	D	E	F
1						
2						
3		15				
4						
5						
6						

图10-30

技巧10　根据指定的条件自定义函数

在本例中，将根据不同的销售业绩及工龄下奖金的不同这一条件来自定义函数。该条件具体为：

当销售业绩≤3000元的奖金率为4%；月销售额为3000～8000元的奖金率为7%；月销售额为8000～15000元的奖金率为10%；月销售额为15000～30000元的奖金率为13%；月销售额为30000～50000元的奖金率为16%；月销售额大于50000元的奖金率为19%。

另外，参与计算的奖金率等于标准奖金率加上工龄一半的百分数。例如，某员工工龄为3年，标准奖金率为4%时，参与计算的奖金率则为4%+(3/2)%=5.5%。

1 如图10-31所示，是在VB编辑器的模块1中输入的自定义计算奖金函数的代码。

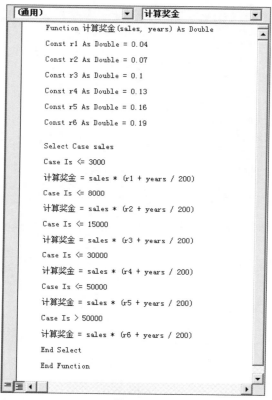

图10-31

2 保存之后，在D2单元格中输入公式"=计算奖金(B2,C2)"，然后按Enter键，即可计算出员工"张云"的奖金，如图10-32所示。

	A	B	C	D	E
1	员工姓名	销售业绩	工龄	奖金	
2	张云	4000	3	340	
3	王子奇	7200	2		
4	赵佳佳	18000	5		
5	李强	9500	3		
6	王飞	84000	8		
7	宋柯	1750	1		
8					

图10-32

③ 拖动填充柄至D7单元格，自动复制该公式，计算出所有员工的奖金，如图10-33所示。

D2			×	✓	fx	=计算奖金(B2,C2)

▲	A	B	C	D	E
1	员工姓名	销售业绩	工龄	奖金	
2	张云	4000	3	340	
3	王子奇	7200	2	576	
4	赵佳佳	18000	5	2790	
5	李强	9500	3	1092.5	
6	王飞	84000	8	19320	
7	宋柯	1750	1	78.75	
8					
9					

图10-33

技巧11 自定义返回数组的函数

通常情况下，自定义函数只能返回一个值，若要返回多个值，可以使用Array函数自定义返回数组的函数。

① 如图10-34所示，是在VB编辑器的模块1中输入的自定义返回所有部门名称函数的代码。

```
(通用)                              ▼  部门名称                    ▼
Function 部门名称()
    部门名称 = Array("行政部", "财务部", "网络部", "市场部", "企划部", "生产部")
End Function
```

图10-34

② 保存之后，选中任意单元格区域（如A1:F1），输入公式"=部门名称()"，然后按Ctrl+Shift+Enter快捷键，即可返回所有部门名称，如图10-35所示。

A1			×	✓	fx	{=部门名称()}

▲	A	B	C	D	E	F	G
1	行政部	财务部	网络部	市场部	企划部	生产部	
2							
3							
4							

图10-35

技巧12 为自定义函数定制信息说明

自定义函数之后，用户就可以像调用工作表内置函数一样进行调用，但是因为没有信息说明，经常会造成用户不了解函数的用处而造成使用的不便。

❶ 打开VB编辑器，在模块1中输入自定义返回所有部门名称函数的代码。

❷ 再打开立即窗口，输入为该函数添加信息说明的代码（如图10-36所示），输入完成后按Enter键。

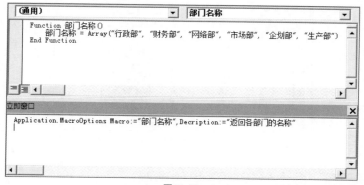

图10-36

❸ 保存之后，打开"插入函数"对话框，选中自定义的函数"部门名称"，即可看到添加的信息说明，如图10-37所示。

图10-37

技巧13 为自定义函数分类

用户还可以为自定义的函数进行分类，以便可以在"插入函数"对话框中更快速地找到需要的函数。

❶ 打开VB编辑器，在模块1中输入自定义返回所有部门名称函数的代码。

❷ 再打开立即窗口，输入为该函数添加信息说明并将其归类于"统计"函

数的代码（如图10-38所示），输入完成后按Enter键。

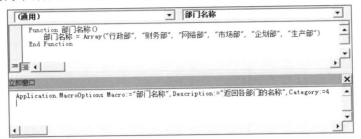

图10-38

❸ 保存之后，打开"插入函数"对话框，在"或选择类别"下拉列表中选中"统计"选项，然后在下面的列表框中即可看到自定义的"部门名称"函数，如图10-39所示。

图10-39

10.3　公式的应用

在Excel中，公式的输入是以"="开头的。公式包括一般公式和数组公式，一般公式是按Enter键结束的，而数组公式是按Ctrl+Shift+Enter快捷键结束的。

技巧14　输入并自动填充一般公式

在本例中，将介绍如何使用输入字符串方法和AutoFill方法在指定的单元格区域中输入一般公式。

1 如图10-40所示，分别是使用输入字符串方法和AutoFill方法在E2:E11单元格区域中输入并填充 "=SUM(C2:D2)" 公式的代码。

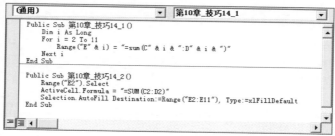

图10-40

2 运行两段代码后的效果相同，如图10-41所示。

	A	B	C	D	E	F
1	姓 名	部 门	基本工资	岗位工资	工资合计	
2	李敏	行政部	1800	1200	3000	
3	苏海峰	销售部	1000	800	1800	
4	胡可	财务部	1200	1500	2700	
5	张曼曼	销售部	1000	800	1800	
6	蒋妍	企划部	2500	2000	4500	
7	胡子龙	销售部	2000	800	2800	
8	刘云	行政部	1000	1200	2200	
9	韩平	网络安全部	1500	1500	3000	
10	王媛媛	销售部	1600	1000	2600	
11	孙丽	行政部	1500	600	2100	
12						

图10-41

技巧15 输入并自动填充数组公式

在VBA中，可以使用FormulaArray属性在指定的单元格区域中输入数组公式。

1 如图10-42所示，是使用FormulaArray属性在C1:C10单元格区域中输入并填充 "=A1:A10+B1:B10" 数组公式的代码。

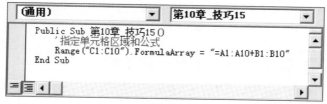

图10-42

❷ 运行代码后的效果如图10-43所示。

C1 | {=A1:A10+B1:B10}

	A	B	C	D	E
1	1	10	11		
2	2	20	22		
3	3	30	33		
4	4	40	44		
5	5	50	55		
6	6	60	66		
7	7	70	77		
8	8	80	88		
9	9	90	99		
10	10	100	110		
11					

图10-43

技巧16 查看工作簿中所有的公式

在VBA中，可以使用SpecialCells方法查看当前工作簿中所有的公式。

❶ 如图10-44所示，是查看当前工作簿中所有的公式并将其列举在新建的工作表中的代码。

```
(通用)                                    第10章_技巧16
Public Sub 第10章_技巧16()
    Dim ws1 As Worksheet
    Dim ws2 As Worksheet
    Dim myRange  As Range
    Dim myCell As Range
    Dim i As Long
    Set ws1 = Worksheets.Add      '添加一个用于存放公式的工作表
    ws1.Range("A1:B1") = Array("单元格地址", "公式")
    i = 1
    For Each ws2 In Worksheets
        If ws2.Name <> ws1.Name Then
            Set myRange = Nothing
            On Error Resume Next
            Set myRange = ws2.Cells.SpecialCells(xlCellTypeFormulas)
            On Error GoTo 0
            If Not myRange Is Nothing Then
              '在新建工作表的A列和B列分别列举单元格地址和公式
                For Each myCell In myRange.Cells
                    i = i + 1
                    ws1.Cells(i, 1).Resize(, 2).Value = _
                        Array(myCell.Address, "'" & myCell.Formula)
                Next
            End If
        End If
    Next
    Set myRange = Nothing
    Set ws1 = Nothing
    Set ws2 = Nothing
End Sub
```

图10-44

❷ 运行代码后，即可在新建的Sheet3工作表中列举出当前工作簿中的所有公式及其单元格地址，如图10-45所示。

	A	B	C	D
1	单元格地址	公式		
2	$C$1	=SUM(A1:B1)		
3	$C$2	=SUM(A2:B2)		
4	$C$3	=SUM(A3:B3)		
5	$C$4	=SUM(A4:B4)		
6	$C$5	=SUM(A5:B5)		
7	$A$6	=SUM(A1:A5)		
8	$B$6	=SUM(B1:B5)		
9	$C$6	=SUM(C1:C5)		
10	$C$1	=PRODUCT(A1:B1)		
11	$C$2	=PRODUCT(A2:B2)		
12	$C$3	=PRODUCT(A3:B3)		
13	$C$4	=PRODUCT(A4:B4)		
14	$C$5	=PRODUCT(A5:B5)		
15	$A$6	=PRODUCT(A1:A5)		
16	$B$6	=PRODUCT(B1:B5)		
17	$C$6	=PRODUCT(C1:C5)		
18				
19				

图10-45

技巧17 删除公式以外的所有数据

在VBA中，可以使用SpecialCells方法和ClearContents方法将工作表中除公式以外的所有数据删除。

1 如图10-46所示，是当前工作表中的所有数据，其中最后一行和最后一列为含有公式的数据。

	A	B	C	D
1	1	10	11	
2	2	20	22	
3	3	30	33	
4	4	40	44	
5	5	50	55	
6	15	150	165	
7				

图10-46

2 如图10-47所示，是将当前工作表中除公式以外的所有数据删除的代码。

```
(通用)                                          第10章_技巧17
    Public Sub 第10章_技巧17()
        On Error Resume Next        '设置错误处理语句，以删除数据
        Cells.SpecialCells(xlCellTypeConstants, _
            xlErrors + xlLogical + xlNumbers + xlTextValues).ClearContents   '删除除公式以外的所有数据
    End Sub
```

图10-47

3 运行代码后的效果如图10-48所示。

| C1 | ▼ | : | × | ✓ | f_x | =SUM(A1:B1) |

	A	B	C	D
1			0	
2			0	
3			0	
4			0	
5			0	
6	0	0	0	
7				

图10-48

10.4 数组的应用

数组是在程序设计中为了处理方便，把具有相同类型的若干变量按有序的形式组织起来的一种形式。数组的应用可以提高计算与处理的速度和效率。

技巧18 创建行标题和列标题

一维数组是最简单的数组，其逻辑结构是线性表。在本例中，将使用Array创建一维数组，再使用转置函数Transpose将行标题转置成列标题。

1 如图10-49所示，是在当前工作表中创建指定名称的行标题和列标题的代码。

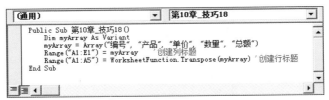

```
（通用）                              ▼   第10章_技巧18                ▼

    Public Sub 第10章_技巧18()
        Dim myArray As Variant
        myArray = Array("编号", "产品", "单价", "数量", "总额")
        Range("A1:E1") = myArray        '创建列标题
        Range("A1:A5") = WorksheetFunction.Transpose(myArray) '创建行标题
    End Sub
```

图10-49

2 运行代码后的效果如图10-50所示。

	A	B	C	D	E
1	编号	产品	单价	数量	总额
2	产品				
3	单价				
4	数量				
5	总额				
6					

图10-50

技巧19 查看指定单元格区域的数据

在VBA中，可以利用二维数组快速查看指定单元格区域中的数据。所谓二维数组，在概念上是二维的，其下标变量在两个方向上变化，而不是像一维数组只是一个向量。

1 如图10-51所示，是当前工作表中的所有数据。

▲	A	B	C	D	E
1	1	7	13	19	
2	2	8	14	20	
3	3	9	15	21	
4	4	10	16	22	
5	5	11	17	23	
6	6	12	18	24	
7					

图10-51

2 如图10-52所示，是获取A1:D6单元格区域中指定数据的代码。

```
(通用)                                    第10章_技巧19

Public Sub 第10章_技巧19()
    Dim myArray As Variant
    myArray = Range("A1:D6").Value    '将单元格区域数据保存到数组
    MsgBox "单元格区域第2行第4列的数据为: " & myArray(2, 4) _
        & vbCrLf & "单元格区域的最大值为: " & WorksheetFunction.Max(myArray) _
        & vbCrLf & "单元格区域的最小值为: " & WorksheetFunction.Min(myArray) _
        & vbCrLf & "单元格区域的平均值为: " & WorksheetFunction.Average(myArray)
End Sub
```

图10-52

3 运行代码后的效果如图10-53所示。

Microsoft Excel

单元格区域第2行第4列的数据为：20
单元格区域的最大值为：24
单元格区域的最小值为：1
单元格区域的平均值为：12.5

确定

图10-53

技巧20 查看指定数据在数组中出现的次数

在VBA中，可以使用CountIf函数法和Ubound、Filter函数法查看指定数据在数组中出现的次数。

1 如图10-54所示，分别是使用这两种方法查看指定数组中数据1出现次数的代码。

```
(通用)                          第10章_技巧20_1

Public Sub 第10章_技巧20_1()
    Dim arr
    Dim i As Integer
    Dim k As Integer
    arr = Array(1, 2, 3, 1, 5, 7, 1)   '指定数组
    i = 1
    With Sheet1
        .Rows(1).Insert
        .Cells(1, 1).Resize(1, UBound(arr) + 1) = arr
        k = Application.CountIf(.Rows(1), i)
        .Rows(1).Delete
    End With
    MsgBox "arr = Array(1, 2, 3, 1, 5, 7, 1)" & vbCr & _
           "i = 1" & vbCr & _
           "i在arr中出现" & k & "次"
End Sub

Public Sub 第10章_技巧20_2()
    Dim arr
    Dim i As Integer
    Dim k As Integer
    arr = Array(1, 2, 3, 1, 5, 7, 1)   '指定数组
    i = 1
    k = UBound(Filter(arr, i)) + 1
    MsgBox "arr = Array(1, 2, 3, 1, 5, 7, 1)" & vbCr & _
           "i = 1" & vbCr & _
           "i在arr中出现" & k & "次"
End Sub
```

图10-54

2 运行两段代码后的结果相同，如图10-55所示。

Microsoft Excel

arr = Array(1, 2, 3, 1, 5, 7, 1)
i = 1
i在arr中出现3次

确定

图10-55

第 *11* 章

加载宏的应用

本章中部分素材文件在光盘中对应的章节下。

11.1 Excel加载宏的加载和卸载

加载宏是一种使用VBA编写的程序。通过加载设置，可以随Office程序启动而自动加载运行，是制作Excel自定义函数、Office菜单和功能区按钮、添加常用辅助功能的常用载体。

本节将介绍加载和卸载Excel加载宏的方法和技巧。

技巧1 通过加载宏隐藏所有工作表

通常情况下，当隐藏或关闭工作簿中所有的工作表时，Excel会弹出如图11-1所示的提示信息对话框。

图11-1

这时，用户可以通过将工作簿设置为加载宏工作簿来隐藏所有工作表，其方法是通过将工作簿的IsAddin属性设置为True。

❶ 打开需要隐藏所有工作表的工作簿，单击"文件"选项卡，选择"选项"标签，打开"选项"对话框。

❷ 单击左侧的"信任中心"标签，在右侧单击"信任中心设置"按钮，如图11-2所示。

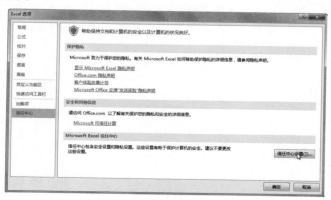

图11-2

③ 打开"信任中心"对话框，单击左侧的"个人信息选项"标签，在右侧的"文档特定设置"栏中取消选中"保存时从文件属性中删除个人信息"复选框，如图11-3所示。

图11-3

专家提示

当用户选中"保存时从文件属性中删除个人信息"复选框后，在保存含有宏的工作簿或加载宏文档时，Excel即可弹出如图11-4所示的对话框。

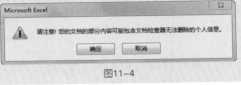

图11-4

④ 按Alt+F11快捷键，打开VB编辑器，在左侧的工程资源管理器中单击ThisWorkbook选项，然后在其下方的"属性"面板中将IsAddin属性值设置为True，如图11-5所示。

⑤ 关闭VB编辑器，即可看到当前工作簿中的所有工作表被全部隐藏起来，如图11-6所示。

图11-5

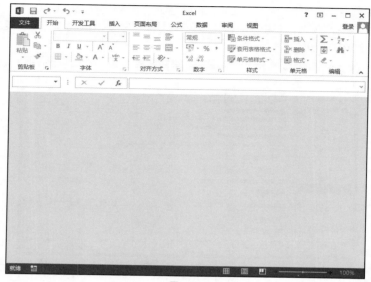

图11-6

技巧2 手动加载Excel加载宏

Excel加载宏必须要在安装并载入后才能使用，其方法有多种，本技巧介绍手工加载的方法。

❶ 在Excel窗口中单击"文件"选项卡，选择"选项"标签，打开"选项"对话框。

❷ 单击左侧的"加载项"标签，在其右侧窗格的左下角单击"转到"按钮，打开"加载宏"对话框，如图11-7所示。

❸ 若在该对话框的列表框中已显示有加载宏，则表明该加载宏已经安装，选中其前面的复选框即可加载；若列表框中没有，则可以单击"浏览"按钮，在打开的"浏览"对话框中可以找到需要加载的加载宏工作簿，如图11-8所示。

图11-7

❹ 单击"确定"按钮完成加载。此时，即可看到需要加载的加载宏出现在"加载宏"对话框的"可用加载宏"列表框中，并且其前面的复选框已被选中，如图11-9所示。

图11-8　　　　　　　　　　　　　　　　　图11-9

技巧3　自动加载Excel加载宏

在Excel中，还可以将指定的加载宏工作簿保存至指定的位置，从而使Excel启动时能自动加载运行。

① 在Excel窗口中单击"文件"选项卡，选择"选项"标签，打开"选项"对话框。

② 单击左侧的"高级"标签，在其右侧"常规"栏下"启动时打开此目录中的所有文件"文本框中输入指定的加载宏工作簿所在的目标路径，如图11-10所示。

图11-10

③ 单击"确定"按钮关闭对话框即可。

④ 此时打开Excel文件后，从VB编辑器中即可看到，指定的宏已加载运行，如图11-11所示。

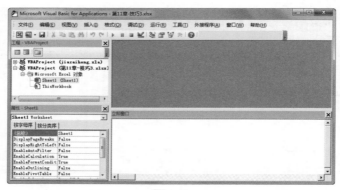

图11-11

技巧4 Excel加载宏的载入及应用

本技巧将介绍通过编制VBA代码来载入及应用加载宏。

❶ 如图11-12所示，是当前工作表中的数据。

	A	B	C
1	金额	大写	
2	8.46		
3			
4			

图11-12

❷ 如图11-13所示，是动态载入工作表中加载的Excel加载宏的代码。

```
(通用)                                                    (声明)

    Option Explicit

    Public Sub 第11章_技巧4()
        Dim strFilename As String
        Dim addX As AddIn
        Dim strAddInName As String
        strAddInName = "加载宏"        '指定加载宏的名称
        strFilename = ThisWorkbook.Path & "\" & strAddInName & ".xla"  '指定加载宏工作簿的完整路径
        On Error Resume Next
        '尝试返回对加载宏的引用
        Set addX = Application.AddIns(strAddInName)
        If Err <> 0 Then
            Err.Clear
            '如果加载宏不在集合中，则添加它
            Set addX = Application.AddIns.Add(strFilename)
            If Err <> 0 Then
                '如果发生错误，则退出过程
                MsgBox "没有找到加载宏工作簿"
                Exit Sub
            End If
        End If
        '加载加载宏
        If Not addX.Installed Then addX.Installed = True
        '调用加载宏中的过程
        Sheet1.[B2].Formula = "=dx(A2)"  ' dx()为加载宏中定义的函数
        Sheet1.[B2] = Sheet1.[B2]
        '其它代码

        '调用完成后卸载加载宏
        addX.Installed = False
    End Sub
```

图11-13

❸ 运行代码后，即可看到B2单元格中输入了A2单元格中数字的大写格式，如图11-14所示。

	A	B	C
1	金额	大写	
2	8.46	捌元肆角陆分	
3			
4			

图11-14

技巧5　卸载加载宏

在Excel中，若要卸载加载的加载宏，可以在"加载宏"对话框的"可用加载宏"列表框中取消选中指定加载宏前面的复选框。若要彻底删除指定的加载宏，则可以通过下面介绍的方法来实现。

❶ 若确定需要卸载的加载宏工作簿的具体位置，则将其移至其他的位置中即可。

❷ 若不能确定加载宏工作簿的具体位置，则可以通过在VB编辑器的立即窗口中执行语句"? Application.AddIns ("AddinTest").Path"获取（将其中的Path属性换成FullName，即可同时返回加载宏工作簿的路径和文件名）。

❸ 卸载加载宏之后，再打开"加载宏"对话框，在"可用加载宏"列表框中单击加载宏名称前面的复选框，即可弹出如图11-15所示的信息提示对话框。

图11-15

❹ 单击"是"按钮，即可将指定的加载宏彻底删除。

11.2　定制Excel加载宏的信息

在Excel中，可以为加载宏添加相应的名称、备注等信息说明，也可以设置启动Excel的页面、菜单和工具栏等。

技巧6　为加载宏添加信息说明

默认情况下，Excel加载宏安装后，是没有任何信息说明的。当安装了多个加载宏之后，为了区分及更快速地查看各自的名称、用途等信息，可以为指定的加载宏添加相应的说明。

❶ 新建一个Excel工作簿，单击"文件"选项卡，选中"信息"标签，然后在其右侧单击"属性"按钮，在弹出的下拉列表中选择"高级属性"选项，如图11-16所示。

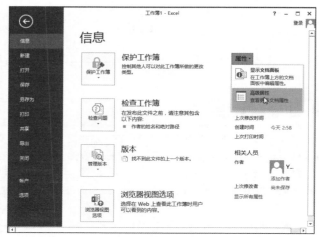

图11-16

❷ 打开"属性"对话框，单击"摘要"标签，在"标题"和"备注"文本框中分别输入加载宏的名称和说明信息，如图11-17所示。

图11-17

❸ 单击"确定"按钮，关闭"属性"对话框。然后打开"另存为"对话框，在"保存类型"下拉列表框中选择"Excel 97-2003加载宏"选项，选择目标路径，再输入文件名，如图11-18所示。

图11-18

④ 单击"保存"按钮完成设置，在保存的目标路径文件夹中即可看到新建的加载宏工作簿，如图11-19所示。

⑤ 按照前面介绍的方法在工作簿中安装加载宏后，在"加载宏"对话框的"可用加载宏"列表框中选中该加载宏，即可看到添加的信息说明，如图11-20所示。

图11-19

图11-20

技巧7 修改加载宏的信息说明

为加载宏添加相应的说明之后，还可根据需要对其进行修改。

① 打开指定的加载宏工作簿，按Alt+F11快捷键打开VB编辑器，将ThisWorkbook的IsAddin属性值设置为False。

② 打开"属性"对话框，在"摘要"选项卡下修改工作簿的信息，如图11-21所示。

③ 单击"确定"按钮关闭"属性"对话框。然后再次将ThisWorkbook的IsAddin属性值设置为True。

④ 打开"加载宏"对话框，在"可用加载宏"列表框中选中该加载宏，即可看到修改后的信息说明，如图11-22所示。

图11-21

图11-22

技巧8 设置打开Excel文件时的启动页面

在Excel中，默认情况下打开时是没用任何提示的。若希望在打开时给用户提供一些必要的信息提示，可以利用加载宏来设置启动页面。

① 新建工作簿，按Alt+F11快捷键打开VB编辑器。

② 在工程资源管理器中双击ThisWorkbook选项，然后在其右侧编制ThisWorkbook对象模块的代码，如图11-23所示。

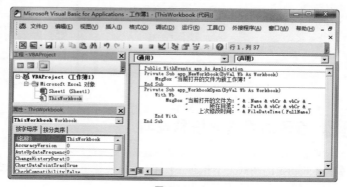

图11-23

◉ **代码解析**

（1）第2~4行的代码为Application对象的NewWorkbook事件，当新建工作簿时即可产生此事件。

（2）第5~11行的代码为Application对象的WorkbookOpen事件，当打开一个工作簿时即可产生此事件。

❸ 在VB编辑器中选择"插入"|"模块"菜单命令，插入"模块1"，在其中编制如图11-24所示的代码。

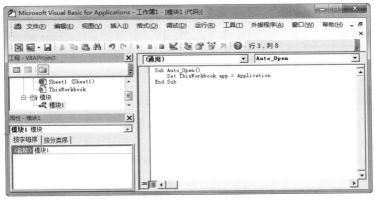

图11-24

❹ 关闭VB编辑器，打开"另存为"对话框，在"保存类型"下拉列表框中选择"Excel 97-2003加载宏"选项，选择目标路径，再输入文件名，如图11-25所示。

图11-25

⑤ 单击"保存"按钮将该工作簿保存至目标路径中。然后在工作簿中安装加载宏，再重新打开工作簿时，即可弹出指定名称、路径及上次修改时间的信息对话框，如图11-26所示。

⑥ 当新建工作簿时，则弹出如图11-27所示的信息对话框。

图11-26

图11-27

技巧9 创建加载宏的菜单和工具栏

在Excel中，可以通过创建加载宏的菜单和工具栏来扩展一些自定义的操作功能。

① 新建工作簿，按Alt+F11快捷键打开VB编辑器。

② 在工程资源管理器中双击ThisWorkbook选项，然后在其右侧编制ThisWorkbook对象模块的代码，如图11-28所示。

图11-28

代码解析

（1）第1~21行的代码是载入加载宏时产生的AddinInstall事件。

（2）第22~30行的代码是卸载加载宏时产生的AddinUninstall事件。

③ 在VB编辑器中选择"插入"|"模块"菜单命令，插入"模块1"，在其中编制如图11-29所示的代码。

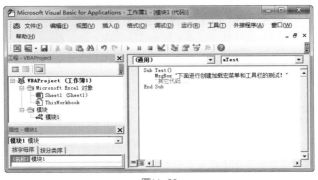

图11-29

④ 关闭VB编辑器，打开"另存为"对话框，在"保存类型"下拉列表框中选择"Excel 97-2003加载宏"选项，选择目标路径，再输入文件名，如图11-30所示。

图11-30

⑤ 单击"保存"按钮，将该工作簿保存至目标路径中。然后在工作簿中安装加载宏后，即可看到创建的加载宏菜单和工具栏，如图11-31所示。

图11-31

11.3   加载宏工作表的应用

运行加载宏工作簿时，其主窗口是不可见的，其中所有的工作表均是被隐藏的。本节将介绍在设计加载宏过程中，如何通过使用工作表来完成一些特定的功能。

技巧10   保存大量数据

本例将介绍利用加载宏保存大量数据的方法，以避免直接使用Const语句声明的方法降低代码的可读性。

1 如图11-32所示，是当前工作簿Sheet1工作表中的数据。

⊿	A	B	C
1	**科目编码**	**科目名称**	
2	1001	现金	
3	1002	银行存款	
4	100201	银行存款-中国工商银行	
5	100202	银行存款-中国建设银行	
6	100203	银行存款-中国银行	
7	100204	银行存款-招商银行	
8	1015	其他货币资金	
9	1121	应收票据	
10	1122	应收账款	
11	1231	其他应收款	
12	1241	坏账准备	
13	1401	购买材料	
14	140101	购买材料-a材料	
15	140102	购买材料-b材料	
16	140103	购买材料-c材料	
17	140104	购买材料-其他	
18	1406	库存商品	
19	1501	待摊费用	
20	1601	固定资产	
21	1602	累计折旧	
22	1901	待处理财产损溢	
23	2001	短期借款	
24	2201	应付票据	
25	2202	应付账款	
26	2211	应付工资	
27	2212	应付福利费	
28	2231	应付股利	
29	2221	应交税金	
30	222101	应交税金-应交增值税	
31	22210101	应交税金-应交增值税-进项税额	
32	22210102	应交税金-应交增值税-销项税额	
33	222106	应交税金-应交所得税	

Sheet1   ⊕

图11-32

2 按Alt+F11快捷键打开VB编辑器，插入"模块1"，然后在其中编制如图11-33所示包含自定义函数的代码。

```
(通用)                    ▼  数据转换                    ▼

Function 数据转换 (ByVal profcode As Variant)
    数据转换 = Application.WorksheetFunction. _
    VLookup(profcode, Sheet1.[A1:B69], 2, 0)
End Function
```

图11-33

代码解析

(1) "Sheet1"代表加载宏工作簿中的Sheet1工作表。

(2) "[A1:B69]"表示数据存放的单元格区域。

(3) "2"表示返回该区域的第2列数据, "0"表示精确匹配查找。

3 关闭VB编辑器, 即可加载自定义函数"数据转换"的加载宏。

4 在G2单元格中调用自定义的函数, 输入公式"=数据转换(F2)", 按Enter键即可从保存的大量数据中找到指定科目编号的科目编码, 如图11-34所示。

图11-34

技巧11 保存工作表格式

在Excel中, 当内置的工作表模板不能满足用户需要时, 可以通过手动方式进行自定义设置操作。这里介绍如何利用加载宏将设置的工作表格式保存为模板, 以便日后可以直接调用。

1 在当前工作簿的Sheet1工作表中创建好需要保存的特定格式的工作表, 并将其重命名为"1月销售记录表", 如图11-35所示。

图11-35

2 按Alt+F11快捷键打开VB编辑器, 在"模块1"中编制如图11-36所示的代码。

图11-36

3 运行代码后，即可在当前工作表后添加了格式一样的名为"2月销售记录表"的工作表，如图11-37所示。

图11-37

技巧12 保存单元格格式

除了可以利用加载宏将设置的工作表格式保存为模板，还可以将事先设置好的单元格格式保存为模板。

1 在当前工作表的B2单元格设置好字体大小、样式、颜色以及单元格填充颜色、边框样式、对齐方式等，如图11-38所示。

2 按Alt+F11快捷键打开VB编辑器，在"模块1"中编制如图11-39所示的代码。

图11-38

图11-39

3 选中需要调用B2单元格格式的目标单元格，然后运行代码，即可看到该单元格应用了指定的格式，如图11-40所示。

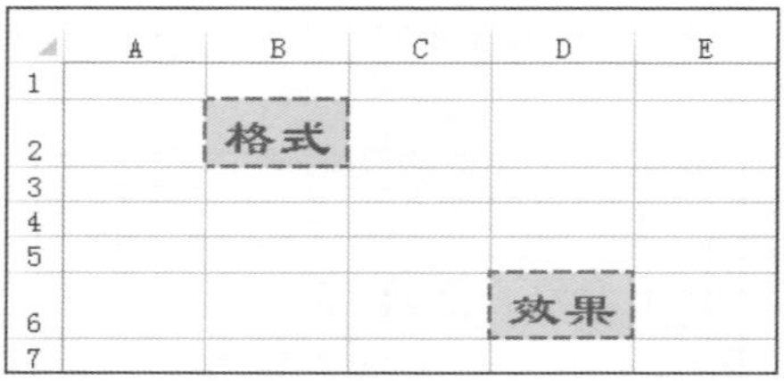

图11-40

第5篇 交互功能
应用篇

第12章

菜单和工具栏的
操作应用

本章中部分素材文件在光盘中对应的章节下。

12.1 自定义菜单

在Excel 2013中，主菜单栏有"文件"、"开始"、"插入"、"页面布局"、"公式"等。用户可以根据需要添加、删除或屏蔽自定义的菜单或工具栏。

在Excel 2003中，自定义的菜单和工具栏是出现在已存在的选项卡或者新建选项卡的下拉菜单中的；而在Excel 2007后的所有版本中，则是出现在功能区的"加载项"选项卡中的。

本节将介绍如何在Excel中自定义菜单的操作技巧。

技巧1 添加、删除一级菜单命令

在本例中，将在"加载项"选项卡中添加、删除名为"趋势预测"的菜单命令（若为Excel 2003版本，则在"数据"菜单中添加或删除"趋势预测"菜单命令）。

① 如图12-1所示，分别是添加和删除"趋势预测"菜单命令的代码。

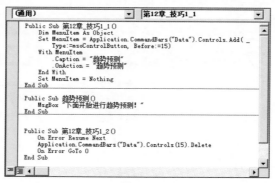

图12-1

② 运行第1段代码后，即可看到在功能区末尾显示的"加载项"选项卡中添加了"趋势预测"菜单命令，如图12-2所示。

③ 单击该命令按钮，即可弹出如图12-3所示的信息对话框。

图12-2

图12-3

④ 运行第2段代码后，即可将"加载项"选项卡及其中的"趋势预测"菜单命令删除。

专家提示

删除"加载项"选项卡及其中的命令，还可以右击"加载项"选项卡里面的命令，在弹出的快捷菜单中直接选择"删除自定义命令"命令即可，如图12-4所示。

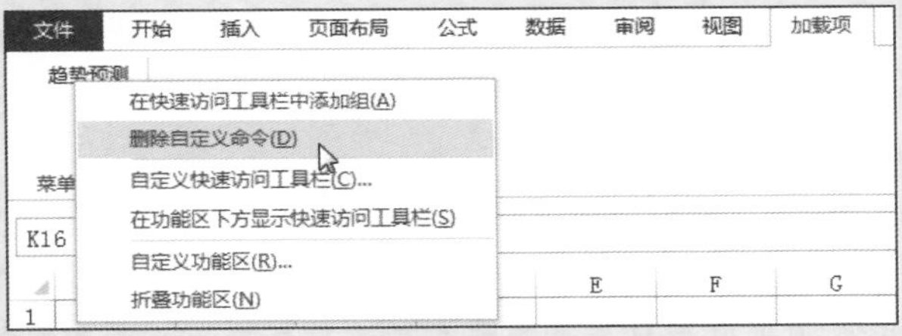

图12-4

技巧2 添加、删除多级菜单命令

在本例中，将在"加载项"选项卡中添加或删除含有两个子菜单的名为"销售业绩分析"的菜单命令（若为Excel 2003版本，则在"帮助" 菜单前添加含有两个子菜单的"销售业绩分析" 菜单）。

① 如图12-5所示，分别是添加和删除"销售业绩分析"菜单命令的代码。

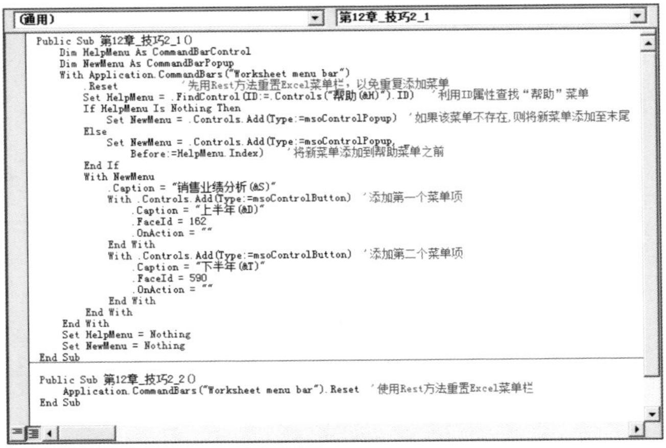

图12-5

② 运行第1段代码后，即可看到在功能区末尾显示的"加载项"选项卡中添加了"销售业绩分析"菜单命令，单击该命令按钮，即可看到其中包括的两个

子菜单："上半年"和"下半年"，如图12-6所示。

图12-6

③ 运行第2段代码后，即可将"加载项"选项卡及其中的"销售业绩分析"菜单命令删除。

技巧3 添加、删除图表菜单命令

在Excel中，通常显示的是工作表菜单栏，当选中图表后，即可显示为图表菜单栏。本例将介绍如何添加自定义菜单命令，使其在选择工作表和图表时显示为不同的菜单命令。

① 如图12-7所示，分别是添加和删除自定义图表菜单命令的代码。

```
(通用)                                           第12章_技巧3_1
Public Sub 第12章_技巧3_1()
    With Application.CommandBars("Worksheet menu bar")
        .Reset                                  '使用Rest方法重置菜单栏，以免重复添加菜单
        With .Controls.Add(Type:=msoControlPopup)        '在工作表菜单栏中添加菜单
            .Caption = "我的图表"
            With .CommandBar.Controls.Add(Type:=msoControlButton)    '添加第一个菜单项
                .Caption = "应用"
                .Style = msoButtonCaption
                .OnAction = ""
            End With
            With .CommandBar.Controls.Add(Type:=msoControlButton)    '添加第二个菜单项
                .Caption = "退出"
                .Style = msoButtonCaption
                .OnAction = ""
            End With
        End With
    End With
    With Application.CommandBars("Chart Menu Bar")
        .Reset
        With .Controls.Add(Type:=msoControlPopup)        '在图表菜单栏中添加菜单
            .Caption = "我的图表"
            With .CommandBar.Controls.Add(Type:=msoControlButton)    '添加第一个菜单项
                .Caption = "X坐标轴"
                .Style = msoButtonCaption
                .OnAction = ""
            End With
            With .CommandBar.Controls.Add(Type:=msoControlButton)    '添加第二个菜单项
                .Caption = "Y坐标轴"
                .Style = msoButtonCaption
                .OnAction = ""
            End With
        End With
    End With
End Sub

Public Sub 第12章_技巧3_2()
    With Application
        .CommandBars("Worksheet menu bar").Reset    '删除工作表菜单栏
        .CommandBars("Chart Menu Bar").Reset        '删除图表菜单栏
    End With
End Sub
```

图12-7

② 运行第1段代码，即可看到在"加载项"选项卡中添加了自定义的"我的图表"菜单命令，单击该命令按钮，即可看到其中包括的两个子菜单："应用"和"退出"，如图12-8所示。

图12-8

3 选中图表，再单击"我的图表"命令按钮，即可看到其中包括的两个子菜单更改为："X坐标轴"和"Y坐标轴"，如图12-9所示。

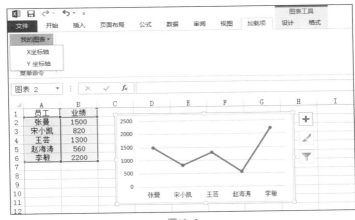

图12-9

4 运行第2段代码后，即可将"加载项"选项卡及其中的"我的图表"命令删除。

技巧4 屏蔽、恢复Excel菜单和菜单命令

在Excel中，如果希望屏蔽或恢复Excel所有菜单和菜单命令，可以通过以下操作来实现。

1 如图12-10所示，分别是屏蔽和恢复Excel中所有的菜单和菜单命令的代码。

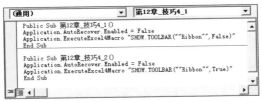

```
(通用)                          第12章_技巧4_1

Public Sub 第12章_技巧4_1()
Application.AutoRecover.Enabled = False
Application.ExecuteExcel4Macro "SHOW.TOOLBAR(""Ribbon"",False)"
End Sub

Public Sub 第12章_技巧4_2()
Application.AutoRecover.Enabled = False
Application.ExecuteExcel4Macro "SHOW.TOOLBAR(""Ribbon"",True)"
End Sub
```

图12-10

② 运行第1段代码后的效果如图12-11所示。

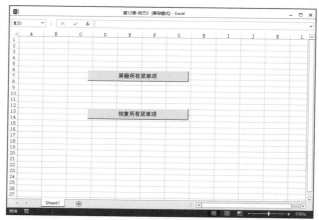

图12-11

③ 运行第2段代码后，即可恢复所有的菜单和菜单命令。

12.2 自定义快捷菜单

在Excel中，默认的右键快捷菜单包括多个选项，分别代表着相应的功能。用户也可以根据自己的需要自定义添加或替换右键快捷菜单。

技巧5 添加、删除自定义右键快捷菜单命令

在本例中，将使用Controls对象的Add 方法在Excel默认的右键快捷菜单中添加一个新的菜单命令，然后再使用Reset方法重置右键快捷菜单。

① 如图12-12所示，分别是在右键快捷菜单从前向后第5个位置上添加和删除自定义的"插入当前日期"菜单命令的代码。

```
(通用)                                      第12章_技巧5_1

Public Sub 第12章_技巧5_1()
    With Application.CommandBars("Cell")
        .Reset        '重置右键快捷菜单，以免重复添加
        With .Controls.Add(Type:=msoControlButton, Before:=5) '指定添加的菜单类型和位置
            .Caption = "插入当前日期"     '指定添加的菜单项名称
            .OnAction = "myDate"
        End With
    End With
End Sub

Public Sub myDate()
    Selection.Value = Format(Now(), "yyyy年mm月dd日")   '指定日期的格式
End Sub

Public Sub 第12章_技巧5_2()
    Application.CommandBars("Cell").Reset     '重置右键快捷菜单
End Sub
```

图12-12

2 运行第1段代码后，在任意单元格中单击鼠标右键，从弹出的快捷菜单的指定位置即可看到添加的"插入当前日期"选项，如图12-13所示。

图12-13

3 单击该命令，即可在选定的单元格中以指定的格式插入当前日期，如图12-14所示。

4 运行第2段代码后，即可将添加的"插入当前日期"菜单命令删除，如图12-15所示。

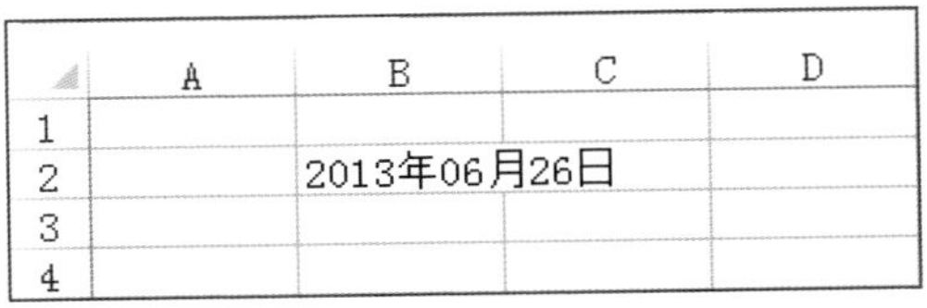

图12-14

图12-15

技巧6 添加、删除内置右键快捷菜单命令

在本例中，将使用ID参数在Excel默认的右键快捷菜单中添加或删除一个内置的选项。

① 如图12-16所示，分别是在右键快捷菜单的末尾添加和删除内置的"属性"选项的代码。

```
(通用)                              第12章_技巧6
    Public Sub 第12章_技巧6()
        Dim mycmb As CommandBarButton
        With Application.CommandBars("cell")
            .Reset          '重置右键快捷菜单,以免重复添加
            '利用ID参数值指定要添加的内置菜单命令
            Set mycmb = .Controls.Add(ID:=750, Temporary:=True)
            BeginGroup = True
        End With
        Set mycmb = Nothing
    End Sub
```

图12-16

② 运行代码后，在任意单元格中单击鼠标右键，从弹出的快捷菜单的指定位置即可看到添加的"属性"选项，如图12-17所示。

③ 单击该命令，即可打开显示当前工作簿文件属性信息的"属性"对话框，如图12-18所示。

图12-17

图12-18

代码解析

（1）第5行代码中，将ID参数设置为750，即说明要添加的菜单命令为内置的"属性"菜单命令。

（2）将Temporary参数设置成True，即表示在关闭Excel应用程序的同时将自动删除添加的右键快捷菜单命令。

（3）也可以和技巧5一样，通过使用Reset方法再重置右键快捷菜单，从而删除添加的内置菜单命令。

技巧7 创建、删除自定义右键快捷菜单

在本例中，将使用Controls对象的Add 方法创建自定义的Excel右键快捷菜单，从而替换默认的右键快捷菜单，然后再使用Delete方法删除自定义的右键快捷菜单。

1 如图12-19所示，分别是创建、删除自定义的右键快捷菜单的代码。

```
(通用)                                    ▼  第12章_技巧7_1               ▼
Public Sub 第12章_技巧7_1○
    On Error Resume Next
    With Application.CommandBars.Add _
        (Name:="Mycell", Position:=msoBarPopup)
        With .Controls.Add(Type:=msoControlButton)      '添加第一个快捷菜单项
            .Caption = "档案管理"
        End With
        With .Controls.Add(Type:=msoControlButton)      '添加第二个快捷菜单项
            .Caption = "考勤管理"
        End With
        With .Controls.Add(Type:=msoControlPopup)       '添加第二个快捷菜单项
            .Caption = "工资管理"
            With .Controls.Add(Type:=msoControlButton)  '添加第一个子菜单
                .Caption = "应发工资"
            End With
            With .Controls.Add(Type:=msoControlButton)  '添加第二个子菜单
                .Caption = "实发工资"
            End With
            With .Controls.Add(Type:=msoControlButton)  '添加第三个子菜单
                .Caption = "奖金"
            End With
        End With
        With .Controls.Add(Type:=msoControlButton)      '添加第四个快捷菜单项
            .Caption = "报销费用管理"
            .BeginGroup = True
        End With
        With .Controls.Add(Type:=msoControlButton)      '添加第五个快捷菜单项
            .Caption = "销售业绩管理"
        End With
    End With
End Sub

Public Sub 第12章_技巧7_2○
    On Error Resume Next
    Application.CommandBars("Mycell").Delete
End Sub
```

图12-19

2 如图12-20所示，是在当前工作表Sheet1中编制的让自定义右键快捷菜单替换Excel默认右键快捷菜单的事件（只在右键单击Sheet1工作表时显示）代码。

3 运行图12-19的第1段代码后，在任意单元格中单击鼠标右键，即可弹出自定义菜单命令的右键快捷菜单，如图12-21所示。

4 运行图12-19的第2段代码后，即可恢复Excel默认的右键快捷菜单。

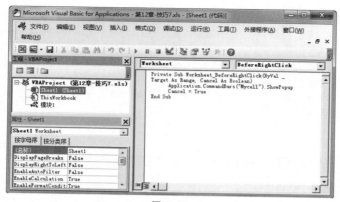

图12-20

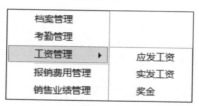

图12-21

技巧8 屏蔽、恢复右键快捷菜单

在本例中,将使用Enabled属性屏蔽或恢复右键快捷菜单(设置为False即屏蔽,设置为True即恢复)。

① 如图12-22所示,分别是屏蔽、恢复右键快捷菜单的代码。

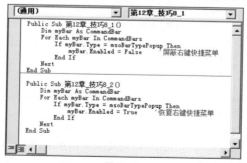

图12-22

② 运行第1段代码后,即可屏蔽右键快捷菜单。

③ 运行第2段代码后,则又恢复右键快捷菜单。

12.3 自定义工具栏

用户除了可以自定义菜单和右键快捷菜单，还可以自定义工具栏。

技巧9 创建、删除自定义工具栏

为了便于操作，用户可以根据需要创建或删除自定义工具栏及其中的命令按钮。

1 如图12-23所示，分别是在"加载项"选项卡中添加和删除自定义工具栏及命令按钮的代码。

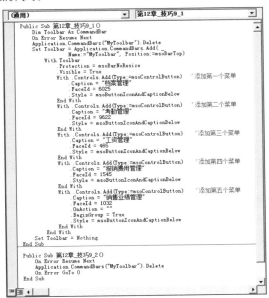

图12-23

2 运行第1段代码后，即可看到在功能区末尾显示的"加载项"选项卡中添加了包含指定的5个图标按钮的自定义工具栏，如图12-24所示。

图12-24

3 运行第2段代码后，即可将"加载项"选项卡及其中的自定义工具栏删除。

技巧10 创建、删除内置命令工具栏

在本例中，将使用ID参数指定内置命令的编号来创建自定义工具栏，然后再使用Delete方法将其删除。

① 如图12-25所示，分别是在"加载项"选项卡中添加和删除由内置命令组成的"对齐方式设置"工具栏的代码。

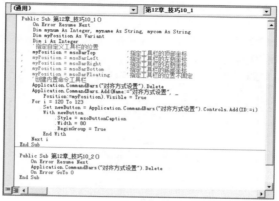

```
(通用)                                    第12章_技巧10_1
    Public Sub 第12章_技巧10_1()
        On Error Resume Next
        Dim mynum As Integer, myname As String, mycom As String
        Dim myPosition As Variant
        Dim i As Integer
        '指定自定义工具栏的位置
        myPosition = msoBarTop          '指定工具栏的顶部坐标
        myPosition = msoBarLeft         '指定工具栏的左侧坐标
        myPosition = msoBarRight        '指定工具栏的右侧坐标
        myPosition = msoBarBottom       '指定工具栏的底部坐标
        myPosition = msoBarFloating     '指定工具栏的位置不固定
        '创建内置命令工具栏
        Application.CommandBars("对齐方式设置").Delete
        Application.CommandBars.Add(Name:="对齐方式设置", _
            Position:=myPosition).Visible = True
        For i = 120 To 123
            Set newButton = Application.CommandBars("对齐方式设置").Controls.Add(ID:=i)
            With newButton
                .Style = msoButtonCaption
                .Width = 80
                .BeginGroup = True
            End With
        Next i
    End Sub

    Public Sub 第12章_技巧10_2()
        On Error Resume Next
        Application.CommandBars("对齐方式设置").Delete
        On Error GoTo 0
    End Sub
```

图12-25

② 运行第1段代码后，即可看到在功能区末尾显示的"加载项"选项卡中添加了内置的各种对齐方式命令的工具栏，如图12-26所示。

图12-26

③ 选中任意单元格，输入数据，再单击一种对齐方式命令按钮，如"居中"，即可将数据以居中显示，如图12-27所示。

图12-27

④ 运行第2段代码后，即可将"加载项"选项卡及其中的内置命令工具栏
删除。

技巧11　恢复Excel的菜单和工具栏

当用户因频繁添加或删除Excel的菜单和工具栏而又未及时进行恢复，破坏
了其默认初始状态下的界面时，可以通过下面的方法进行恢复。

① 打开Windows的搜索功能，在搜索窗口右上角的文本框中输入"*.xlb"，
单击"搜索"按钮在本地磁盘中进行搜索，搜索结果如图12-28所示。

图12-28

② 找到指定格式的文件后，按Delete键将其删除，然后再重新启动Excel，
则应用程序会重新创建一个"*.xlb"文件，且菜单和工具栏也全部恢复为初始
状态。

专家提示

　　本例是在Windows 7中操作的，"*.xlb"文件的地址如图12-28所示。
若用户是在Windows XP中操作的，则该文件位于系统盘的"Documents and
Settings\Administrator\Application Data\Microsoft\Excel"文件夹中，其中
Administrator表示计算机的用户名。

读书笔记

第 *13* 章

窗体的应用

Excel窗体为构建基于用户交互式界面提供了强有力的支持，主要包括3种：输入对话框（InputBox）、消息对话框（MsgBox）、VBE中的用户窗体（UsersForm）。本章将介绍这3种窗体的一些实用操作技巧。

本章中部分素材文件在光盘中对应的章节下。

13.1　输入对话框窗体

输入对话框是利用InputBox函数返回的在程序继续执行前请求用户进行输入的对话框，主要包括"确定"和"取消"两个按钮。

技巧1　利用对话框输入数据

在Excel中，可以通过编制代码显示一个输入对话框，然后在其中的文本框中输入数据信息。

1 在Excel中，按Alt+F11快捷键打开VB编辑器，选择"插入"|"模块"菜单命令，如图13-1所示。

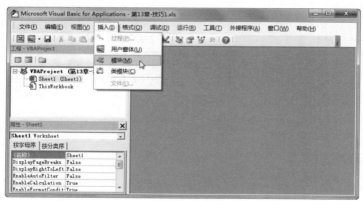

图13-1

2 在创建的"模块1"右侧编制使用InputBox函数显示输入对话框的代码，如图13-2所示。

图13-2

③ 运行代码后，即可弹出指定标题名称和输入数据的对话框，如图13-3所示。

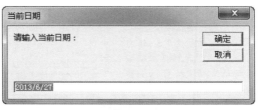

图13-3

④ 此时若单击"确定"按钮，即可在目标单元格中输入当前日期，如图13-4所示。

⑤ 若单击"取消"按钮，则弹出如图13-5所示的提示消息对话框。

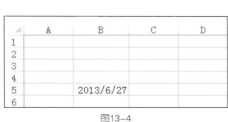

图13-4

图13-5

技巧2 利用对话框获取单元格地址

本例是使用InputBox方法显示出获取单元格或单元格区域地址的对话框。

① 如图13-6所示，是显示出可以使用鼠标选择单元格或单元格区域地址的对话框的代码。

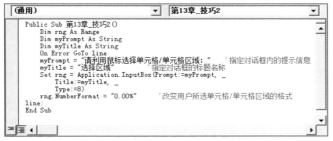

```
(通用)                               第13章_技巧2

Public Sub 第13章_技巧2()
    Dim rng As Range
    Dim myPrompt As String
    Dim myTitle As String
    On Error GoTo line
    myPrompt = "请利用鼠标选择单元格/单元格区域："   '指定对话框内的提示信息
    myTitle = "选择区域"              '指定对话框的标题名称
    Set rng = Application.InputBox(Prompt:=myPrompt, _
        Title:=myTitle, _
        Type:=8)
    rng.NumberFormat = "0.00%"       '改变用户所选单元格/单元格区域的格式
line:
End Sub
```

图13-6

代码解析

（1）第5行代码为错误处理语句。若没有该语句，则单击"取消"按钮，将显示如图13-7所示的错误信息。

（2）第8～10行代码是使用Set语句将用户所选的单元格或单元格区域赋给rng变量，然后将结果指定给当Type参数设置为8时返回的Range对象。

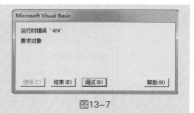

图13-7

（3）第8行代码中的Application.InputBox调用的是InputBox方法，不带对象识别符的InputBox调用的则是InputBox函数。

2️⃣ 运行代码后，即可弹出指定标题名称的对话框，利用鼠标选择单元格或单元格区域，即可在文本框中显示相应的地址，如图13-8所示。

⊿	A	B	C	D	E
1	1	2	3		
2	4	5	6		
3	7	8	9		
4	10	11	12		
5	13	14	15		
6	16	17	18		
7	19	20	21		
8	22	23	24		
9	25	26	27		
10	28	29	30		
11					

选择区域

请利用鼠标选择单元格/单元格区域：

$A$1:$C$4

确定　　取消

图13-8

3️⃣ 此时若单击"确定"按钮，即可将选定单元格区域中的数据更改为指定的百分比格式，如图13-9所示。

⊿	A	B	C	D
1	100.00%	200.00%	300.00%	
2	400.00%	500.00%	600.00%	
3	700.00%	800.00%	900.00%	
4	1000.00%	1100.00%	1200.00%	
5	13	14	15	
6	16	17	18	
7	19	20	21	
8	22	23	24	
9	25	26	27	
10	28	29	30	
11				

图13-9

4️⃣ 若单击"取消"按钮，则数据格式未发生变化。

技巧3　防止用户输入错误信息

在本例中，将使用InputBox方法防止用户因在对话框中输入类型不匹配的字符而产生错误。

1 如图13-10所示，分别是在使用InputBox函数显示的对话框中输入不匹配类型数据时会产生错误，以及使用InputBox方法防止出现这种错误的代码。

```
(通用)                                    第13章_技巧3_1

Public Sub 第13章_技巧3_1()          '输入不匹配类型数据时会产生错误
    Dim iInput As Integer
    iInput = InputBox("请输入数值：")
    If Len(iInput) > 0 Then
        Cells(3, 2).Value = iInput    '指定放置数据的单元格行号和列号
    End If
End Sub

Public Sub 第13章_技巧3_2()          '防止输入错误信息
    Dim dInput As Double
    dInput = Application.InputBox(Prompt:="请输入数值：", Type:=1)
    If dInput <> False Then
        Cells(3, 2).Value = dInput    '指定放置数据的单元格行号和列号
    Else
        MsgBox "已取消输入！"
    End If
End Sub
```

图13-10

● 代码解析

（1）在第2段代码的第3行中，将Type参数设置为1，即表示对话框只能输入数值。若设置为0，则输入公式；设置为2，则输入文本（字符串）；设置为4，则输入逻辑值（True或False）；设置为8，则输入单元格引用；设置为16，则输入错误值；设置为64，则输入值的数组。

（2）第4～8行代码是判断用户的操作并进行相应的处理。若用户单击"确定"按钮，则将输入的数值显示于B3单元格中；若单击"取消"按钮，则显示为指定的提示消息对话框。

2 运行第1段代码后，即可弹出如图13-11所示的对话框。

图13-11

3 此时，若在其中的文本框中输入数值，如"12345"，再单击"确定"按钮，即可在目标单元格中显示输入的数值，如图13-12所示。

4 单击"取消"按钮或者输入非数值数据后单击"确定"按钮，则弹出如图13-13所示的显示错误信息的对话框。

5 运行第2段代码后，在弹出的对话框中输入相同的数值，再单击"确

定"按钮，其结果也如图13-13所示。

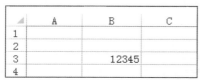

图13-12

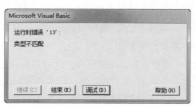

图13-13

⑥ 若输入的不是数值，则单击"确定"按钮后，会弹出如图13-14所示的提示消息对话框；若单击"取消"按钮，则弹出如图13-15所示的对话框。

图13-14

图13-15

13.2　消息对话框窗体

消息对话框是利用MsgBox函数返回的，用于在程序继续执行前显示信息并等待用户按下按钮的对话框。用户可以从"是"、"否"、"确定"和"取消"几个按钮配置中进行按钮的选择，还可以为其配置提示、标题和帮助文件。

技巧4　仅显示简单提示信息

在本例中，将使用MsgBox函数显示出一个仅含简单提示信息的对话框。

① 如图13-16所示，是显示出仅含"加油，中国！"提示信息和默认的"确定"按钮的对话框的代码。

② 运行代码后，即可弹出如图13-17所示的消息对话框。

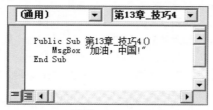

图13-16

图13-17

技巧5 显示特定按钮、图标和标题

在本例中，将使用MsgBox函数的Buttons参数和Title参数显示出一个包含特定按钮、图标和标题名称的对话框。

① 如图13-18所示，是显示出包含自定义按钮、图标和标题名称的对话框的代码。

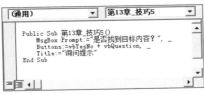

```
Public Sub 第13章_技巧5()
    MsgBox Prompt:="是否找到目标内容?", _
        Buttons:=vbYesNo + vbQuestion, _
        Title:="询问提示"
End Sub
```

图13-18

代码解析

（1）第2行代码中的Prompt参数代表在消息框中作为信息显示的字符或字符串。

（2）第3行代码中，vbYesNo代表显示"是"和"否"按钮；vbQuestion代表显示警告询问图标。MsgBox函数中使用的其他常量如表13-1所示。

表13-1

常量	数值	说　明
vbOKOlny	0	只显示"确定"按钮（默认设置）
vbOKCancel	1	显示"确定"和"取消"按钮
vbAbortRetryLgnore	2	显示"放弃"、"重试"和"忽略"按钮
vbYesNoCancel	3	显示"是"、"否"和"取消"按钮
vbYesNo	4	显示"是"和"否"按钮
vbRetryCancel	5	显示"重试"和"取消"按钮
vbCritical	16	显示危险消息图标
vbQuestion	32	显示警告询问图标
vbExclamation	48	显示警告消息图标
vbInformation	64	显示信息消息图标
vbDefaultButton1	0	第1个按钮作为默认按钮
vbDefaultButton2	256	第2个按钮作为默认按钮
vbDefaultButton3	512	第3个按钮作为默认按钮
vbDefaultButton4	768	第4个按钮作为默认按钮

（3）第4行代码中的Title代表显示消息框显示的标题名称。

❷ 运行代码后，即可弹出
如图13-19所示的消息对话框。

图13-19

技巧6 单击按钮返回提示信息

在本例中，将使用MsgBox函数返回指定按钮的提示信息。

❶ 如图13-20所示，是显示出单击指定的"重试"和"取消"按钮均弹出相应提示信息的对话框的代码。

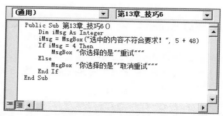

```
Public Sub 第13章_技巧6 ()
    Dim iMsg As Integer
    iMsg = MsgBox("选中的内容不符合要求！", 5 + 48)
    If iMsg = 4 Then
        MsgBox "你选择的是""重试"""
    Else
        MsgBox "你选择的是""取消重试"""
    End If
End Sub
```

图13-20

代码解析

（1）第3行代码中的5和48分别表示显示"重试"和"取消"按钮，以及显示警告消息图标。

（2）在第4行代码中，将变量iMsg的值设置为4，说明用户选择了"重试"按钮（其他值返回的按钮如表13-2所示），否则就是选择了"取消"按钮。

表13-2

常　量	值	说　明
vbOK	0	只显示"确定"按钮（默认设置）
vbCancel	1	显示"确定"和"取消"按钮
vbAbort	2	显示"放弃"、"重试"和"忽略"按钮
vbRetry	3	显示"是"、"否"和"取消"按钮
vbLgnore	4	显示"是"和"否"按钮
VbYes	5	显示"重试"和"取消"按钮
vbNo	16	显示危险消息图标
vbDefaultButton4	768	第4个按钮作为默认按钮

② 运行代码后，即可弹出如图13-21所示的消息对话框。

③ 此时，若单击"重试"按钮，即可弹出如图13-22所示的消息对话框。

④ 若单击"取消"按钮，即可弹出如图13-23所示的消息对话框。

图13-21

图13-22

图13-23

技巧7 设置自动关闭消息对话框

默认情况下，使用MsgBox函数显示的对话框是一直保持不关闭的状态的，直到单击其中的按钮才会关闭。本例将使用WshShell.popup方法自动关闭消息对话框

① 如图13-24所示，是设置显示的对话框在1秒后自动关闭的代码。

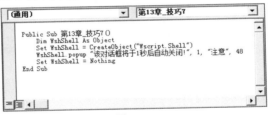

```
Public Sub 第13章_技巧7()
    Dim WshShell As Object
    Set WshShell = CreateObject("Wscript.Shell")
    WshShell.popup "该对话框将于1秒后自动关闭!", 1, "注意", 48
    Set WshShell = Nothing
End Sub
```

图13-24

▶ 代码解析

第4行代码中的1和48分别表示对话框自动关闭的时间是在1秒后，以及对话框显示的是警告消息图标。

② 运行代码后，即可弹出如图13-25所示的消息对话框。

③ 无需单击"确定"按钮，系统将在打开消息对话框的1秒后将其自动关闭。

图13-25

13.3 用户窗体

当使用MsgBox函数和InputBox函数不能满足与用户交互的需求时，可以使用用户窗体将二者组合起来，用自定义的对话框创建更有效地与用户交互的方式。

技巧8 创建用户窗体

用户窗体是在VB编辑器中创建的，具体方法如下。

❶ 在Excel中，按Alt+F11快捷键打开VB编辑器，选择"插入"|"用户窗体"菜单命令，如图13-26所示。

图13-26

❷ 此时，在工程资源管理器中创建了一个名为UserForm1的空白窗体，并同时打开了控件工具箱，如图13-27所示。

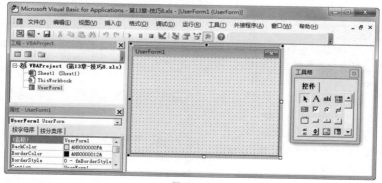

图13-27

❸ 用户可以直接在工具箱中单击需要插入的控件（如"组合框"），在窗体中利用鼠标拖动出合适大小，再释放鼠标即可，如图13-28所示。

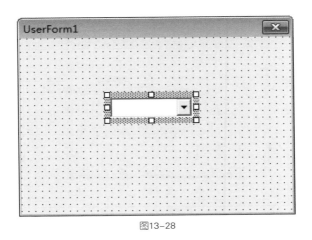

图13-28

技巧9　两种状态显示用户窗体

窗体的显示状态有两种：模式和无模式。在模式状态下，不允许用户当窗体显示时在Excel中进行其他的操作；在无模式状态下，允许用户在Excel中进行其他操作，然后回到窗体中来。

一旦窗体作为模式窗体显示后，即不能将其改变为无模式窗体。用户可以通过下面的方法来进行更改。

❶ 如图13-29所示，分别是以"无模式"和"模式"状态显示用户窗体的代码。

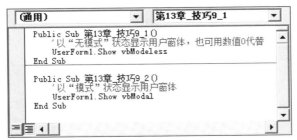

```
(通用)                          第13章_技巧9_1

Public Sub 第13章_技巧9_1()
    '以"无模式"状态显示用户窗体，也可用数值0代替
    UserForm1.Show vbModeless
End Sub

Public Sub 第13章_技巧9_2()
    '以"模式"状态显示用户窗体
    UserForm1.Show vbModal
End Sub
```

图13-29

❷ 运行第1段代码后，即可以"无模式"状态显示出VB编辑器中的用户窗体。将鼠标移至对话框外，可以看到鼠标指针显示为可编辑状态，此时可以在工作表进行输入数据等操作，如图13-30所示。

❸ 运行第2段代码后，即可以"模式"状态显示出VB编辑器中的用户窗体。将鼠标移至对话框外，则无法对Excel工作表进行操作，如图13-31所示。

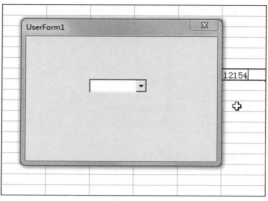

图13-30

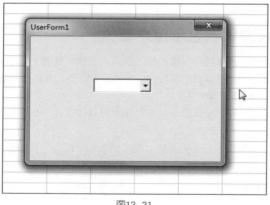

图13-31

▶ **代码解析**

　　（1）第3行代码中的数字0，代表"无模式"状态，也可以用vbModeless代替。

　　（2）在第3行代码中，vbYesNo代表显示"是"和"否"按钮；vbQuestion代表显示警告询问图标（MsgBox函数中使用的其他常量见表13-1）。

　　（3）第4行代码中的Title代表显示消息框显示的标题名称。

技巧10 在指定位置显示用户窗体

　　默认情况下，用户窗体显示于Excel文件的中央位置。本例将使用Left属性和Top属性来分别指定其与屏幕的左侧距离和顶部距离。

1 如图13-32所示，是将用户窗体显示于距离屏幕左侧50、顶部200的代码。

图13-32

代码解析

第4行代码中的StartUpPosition属性返回或设置一个值，用于指定窗体第1次出现时的位置，属性值具体如表13-3所示。

表13-3

值	设　置	说　明
0	手动	无初始设置指定
1	所有者中心	在所属项目的中央
2	屏幕中心	在整个屏幕的中央
3	窗口默认	在屏幕的左上角

2 运行代码后，即可看到用户窗体显示于指定的位置并弹出信息对话框，如图13-33所示。

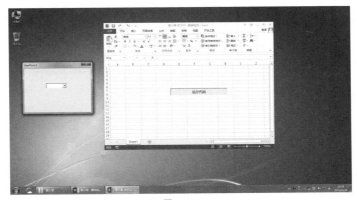

图13-33

技巧11　扩大、恢复用户窗体

在本例中，将使用Width属性和Height属性来指定窗体的大小，然后通过单击其中添加的"扩大"和"恢复"两个按钮来进行调整。

① 按Alt+F11快捷键打开VB编辑器，插入UserFormo1用户窗体，然后在打开的控件工具箱中单击"命令按钮"，拖动鼠标至窗体中绘制出两个按钮，如图13-34所示。

图13-34

② 依次选中添加的两个按钮，在左下角的属性窗口中将其Caption属性分别设置为"扩大"和"恢复"，如图13-35所示。

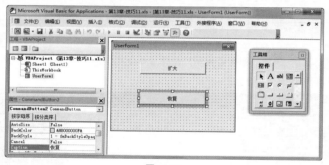

图13-35

③ 双击用户窗体，然后输入如图13-36所示的代码。

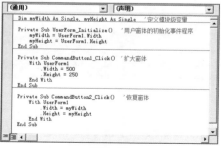

图13-36

④ 在工程资源管理器中插入模块1，在其右侧输入如图13-37所示的代码。

图13-37

5 关闭VB编辑器，运行代码，即可显示如图13-38所示的用户窗体。

6 单击"扩大"按钮，即可将用户窗体放大至设置的大小，如图13-39所示。

图13-38

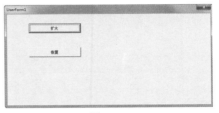

图13-39

7 单击"恢复"按钮，即可将恢复用户窗体的大小。

技巧12 全屏显示用户窗体

在本例中，将使用Width属性和Height属性全屏显示用户窗体。

1 按Alt+F11快捷键打开VB编辑器，插入UserFormo1用户窗体。

2 双击用户窗体，输入如图13-40所示的代码。

图13-40

③ 在工程资源管理器中插入模块1，在其右侧输入如图13-41所示的代码。

```
(通用)                    第13章_技巧12

Public Sub 第13章_技巧12()
    UserForm1.Show
End Sub
```

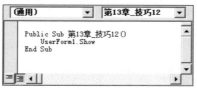

图13-41

④ 关闭VB编辑器，运行代码，即可全屏显示用户窗体，如图13-42所示。

图13-42

技巧13 在标题栏中添加最大化和最小化按钮

默认情况下，用户窗体的标题栏中只包含“关闭”这一按钮。本例将使用API函数在标题栏中添加“最大化”和“最小化”按钮，以便用户可以随时全屏显示和隐藏用户窗体。

① 按Alt+F11快捷键打开VB编辑器，插入UserFormo1用户窗体。

② 双击用户窗体，输入如图13-43所示的代码。

```
(通用)                    (声明)

'API函数声明
Private Declare Function FindWindow Lib "user32" Alias "FindWindowA" _
(ByVal lpClassName As String, ByVal lpWindowName As String) As Long
Private Declare Function GetWindowLong Lib "user32" Alias "GetWindowLongA" _
(ByVal hWnd As Long, ByVal nIndex As Long) As Long
Private Declare Function SetWindowLong Lib "user32" Alias "SetWindowLongA" _
(ByVal hWnd As Long, ByVal nIndex As Long, ByVal dwNewLong As Long) As Long
Private Const WS_MAXIMIZEBOX = &H10000
Private Const WS_MINIMIZEBOX = &H20000
Private Const GWL_STYLE = (-16)

Private Sub UserForm_Initialize()
    Dim hWndForm As Long
    Dim iStyle As Long
    hWndForm = FindWindow("ThunderDFrame", Me.Caption)     '获取窗口句柄
    iStyle = GetWindowLong(hWndForm, GWL_STYLE)
    iStyle = iStyle Or WS_MINIMIZEBOX             '添加最小化按钮
    iStyle = iStyle Or WS_MAXIMIZEBOX             '添加最大化按钮
    SetWindowLong hWndForm, GWL_STYLE, iStyle
End Sub
```

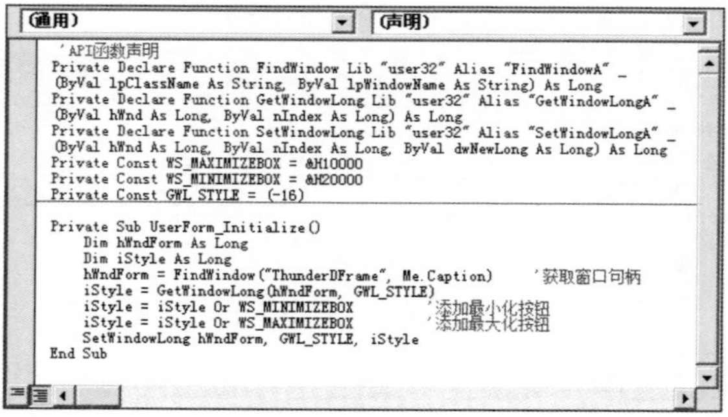

图13-43

3 在工程资源管理器中双击Sheet1，在其右侧输入如图13-44所示的代码。

图13-44

4 关闭VB编辑器，运行代码，即可在用户窗体中添加最大化和最小化按钮，如图13-45所示。

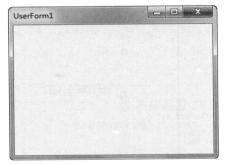

图13-45

5 单击"最大化"按钮，即可全屏显示用户窗体，如图13-46所示。

图13-46

⑥ 单击"最小化"按钮，即可将用户窗体隐藏起来，如图13-47所示。

图13-47

专家提示

　　当最大化和最小化用户窗体后，标题栏中均会出现新的按钮，分别为"向下还原"和"向上还原"按钮。

技巧14　设置用户窗体标题文字

　　用户窗体的默认标题为UserFormo1，用户除了可以通过在属性窗口中重新设置用户窗体的Caption属性来进行更改，还可以通过下面的方法来实现。

① 如图13-48所示，是使用Caption属性将用户窗体的标题文字更改为"自定义用户窗体"的代码。

图13-48

② 运行代码后，即可看到弹出的用户窗体的标题文字已被更改，如图13-49所示。

图13-49

技巧15　同时显示多个用户窗体

默认情况下，用户窗体是以"模式"状态显示的，当工作表中含有多个用户窗体时，只可一个一个显示。而当窗体以"无模式"状态显示时，则可以同时显示多个用户窗体。

① 如图13-50所示，是使用Show方法在工作表中同时显示多个用户窗体的代码。

图13-50

② 运行代码后，即可同时显示当前工作表中的4个用户窗体。因为其大小及位置均相同，所以呈重叠显示状态。用户可以利用鼠标手动安排各个窗体的显示位置，效果如图13-51所示。

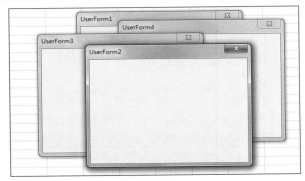

图13-51

技巧16　在用户窗体中自动添加、删除控件

在VB编辑器中插入用户窗体时，会弹出控件工具箱，用户可以根据需要选择某种类型的控件添加至窗体中，这是在用户窗体中添加或删除控件的常用方

法。本例将介绍另外一种更方便的方法。

1 按Alt+F11快捷键打开VB编辑器，插入UserFormo1用户窗体。在控件工具箱中单击"命令按钮"控件，在窗体中绘制两个命令按钮。

2 通过设置属性窗口中的Caption属性更改两个按钮的名称，效果如图13-52所示。

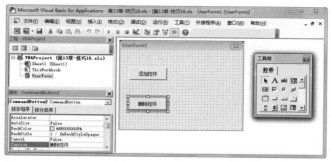

图13-52

3 双击用户窗体，输入如图13-53所示的代码。

```
Private Sub CommandButton1_Click()    '添加控件
    Dim myName As String
    Dim myControl As Control
    Dim i As Integer, k As Integer
    k = 10
    For i = 1 To 6    '指定添加控件的数量
        myName = "Combobox" & i    '指定添加的控件类型
        Set myControl = Me.Controls.Add( _
            bstrprogid:="Forms.Combobox.1", Name:=myName, Visible:=True)
        With myControl    '指定添加控件位置、大小及间隔
            .Left = 150
            .Top = k
            .Height = 15
            .Width = 80
            k = .Top + .Height + 10
        End With
    Next i
    Set myControl = Nothing
End Sub

Private Sub CommandButton2_Click()    '删除控件
    Dim i As Integer
    For i = 1 To 6
        Me.Controls.Remove "Combobox" & i
    Next i
End Sub
```

图13-53

4 在工程资源管理器中双击Sheet1，在其右侧输入如图13-54所示的代码。

图13-54

⑤ 关闭VB编辑器，运行代码，即可弹出添加了"添加控件"和"删除控件"两个命令按钮的用户窗体，如图13-55所示。

⑥ 单击"添加控件"按钮，即可在用户窗体中动态添加6个宽为80、高为15的组合框（距离用户窗体左侧为20，最上面的一个组合框距离用户窗体顶部为10，各组合框的间距为10），如图13-56所示。

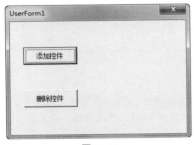

图13-55

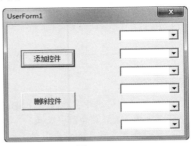

图13-56

⑦ 单击"删除控件"按钮，即可将添加的组合框删除。

技巧17 在用户窗体中使用滚动条

在本例中，将介绍使用滚动条在固定大小的用户窗体中查看较长文本内容的方法。

① 按Alt+F11快捷键打开VB编辑器，插入UserFormo1用户窗体。在控件工具箱中单击"框架"和"标签"控件，在用户窗体中分别绘制一个大小合适的框架控件和标签控件，并设置好相应的属性，如图13-57所示。

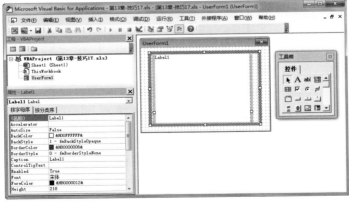

图13-57

② 双击用户窗体，输入如图13-58所示的代码。

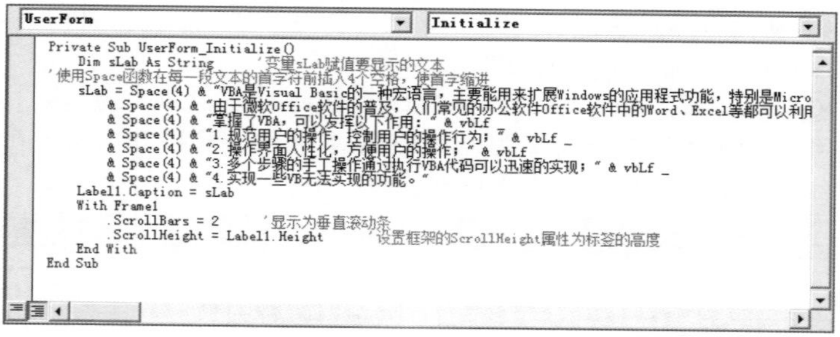

图13-58

代码解析

在第13行代码中，设置ScrollBars属性的值为2，表示显示垂直滚动条；若设置为0，显示滚动条（默认）；设置为1，显示为水平滚动条；设置为3，同时显示垂直滚动条和水平滚动条。

3 在工程资源管理器中双击Sheet1，在其右侧输入如图13-59所示的代码。

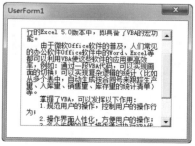

图13-59

4 关闭VB编辑器，运行代码，即可弹出添加了垂直滚动条的用户窗体，如图13-60所示。

图13-60

技巧18　禁用用户窗体右上角的关闭按钮

通常情况下，用户可以通过单击用户窗体标题栏中的关闭按钮来关闭窗体。若用户不希望通过该方式关闭，可以将该按钮禁用即可，具体方法如下。

1 按Alt+F11快捷键打开VB编辑器，插入UserFormo1用户窗体。在控件工具箱中单击"命令按钮"控件，在用户窗体中绘制一个大小合适的命令按钮，并设置其Caption属性为"关闭"，如图13-61所示。

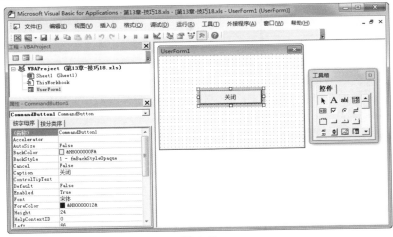

图13-61

2 双击用户窗体，输入如图13-62所示的代码。

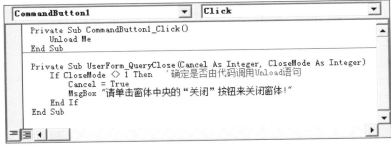

图13-62

代码解析

在第2~3行的代码中，若用户窗体不是由代码调用Unload语句关闭，则停止关闭过程，从而禁用窗体标题栏中的关闭按钮。

3 在工程资源管理器中双击Sheet1，在其右侧输入如图13-63所示的代码。

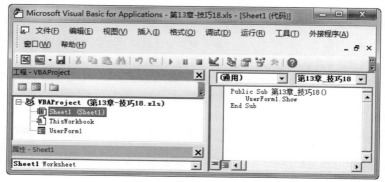

图13-63

④ 关闭VB编辑器，运行代码，即可弹出如图13-64所示的用户窗体。

⑤ 此时，单击窗体右上角的"关闭"按钮，会弹出如图13-65所示的消息对话框。

图13-64

图13-65

⑥ 单击"确定"按钮，然后单击窗体中央的"关闭"按钮，即可关闭用户窗体。

第 *14* 章

控件的应用

Excel控件指的是用来显示或输入数据、执行操作的一些图形对象，主要包括命令按钮、文本框、列表框、组合框及其他一些对象。

Excel控件包括两种：表单（窗体）控件和ActiveX控件。本章将介绍这两种控件的一些实用操作技巧。

本章中部分素材文件在光盘中对应的章节下。

14.1 表单（窗体）控件

表单控件只能在Excel工作表中添加和使用，插入控件之后，单击右键选择控件，可以设置控件格式和指定宏。

技巧1 查看所有表单控件的名称

在本例中，将根据当Type属性为msoFormControl时图形对象为表单控件这一性质，查看这些控件的名称和类型，并选中这些控件。

① 如图14-1所示，是在当前工作表中的所有控件中获取所有表单控件的类型及名称并将这些控件选中的代码。

```
(通用)                                        第14章_技巧1
Public Sub 第14章_技巧1()
    Dim ws As Worksheet
    Dim myShape As Shape
    Dim myStr As String
    Dim myTmpStr As String
    Set ws = Worksheets(1)              '指定含有Shape对象的工作表
    ws.Activate
    myStr = "名称          类型" & vbCrLf
    For Each myShape In ws.Shapes
        With myShape
            If .Type = msoFormControl Then
                .Select False
                myStr = myStr & .Name & ": "
                Select Case .FormControlType   '列举所有Excel表单控件的名称及类型
                    Case xlButtonControl
                        myTmpStr = "按钮"
                    Case xlDropDown
                        myTmpStr = "组合框"
                    Case xlCheckBox
                        myTmpStr = "复选框"
                    Case xlListBox
                        myTmpStr = "列表框"
                    Case xlOptionButton
                        myTmpStr = "选项按钮"
                    Case xlGroupBox
                        myTmpStr = "分组框"
                    Case xlLabel
                        myTmpStr = "标签"
                    Case xlScrollBar
                        myTmpStr = "滚动条"
                    Case xlSpinner
                        myTmpStr = "微调框"
                End Select
                myStr = myStr & myTmpStr & vbCrLf
            End If
        End With
    Next
    MsgBox "当前工作表中的所有表单控件: " & vbCrLf & vbCrLf & myStr
    Set ws = Nothing
End Sub
```

图14-1

② 运行代码后，即可弹出包含当前工作表中所有表单控件名称和类型的对话框，如图14-2所示。

图14-2

❸ 单击"确定"按钮，即可选中所有表单控件，如图14-3所示。

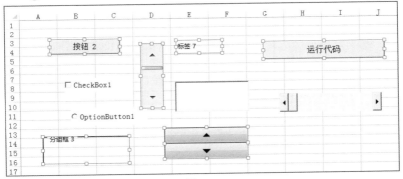

图14-3

技巧2 插入表单控件（1）

在本例中，将使用Add方法在工作表的指定位置插入指定类型和大小的表单控件。

❶ 如图14-4所示，是在距离Excel文件左侧80、顶部30的位置插入宽50、高20的标签控件的代码。

```vba
(通用)                              第14章_技巧2

Public Sub 第14章_技巧2()
    Dim myShape As Variant
    Dim ws As Worksheet
    Set ws = ThisWorkbook.Worksheets(1)    '指定放置表单控件的工作表
    '在指定位置插入指定大小的标签
    Set myShape = ws.Labels.Add(80, 30, 50, 20)
    Set myShape = Nothing
    Set ws = Nothing
End Sub
```

图14-4

2 运行代码后的结果如图14-5所示。

	A	B	C
1			
2			
3		标签 41	
4			
5			

图14-5

技巧3 插入表单控件（2）

在本例中，将使用Shapes集合的AddFormControl方法在工作表的指定位置插入指定类型和大小的表单控件。

1 如图14-6所示，是在距离Excel文件左侧50、顶部120的位置插入宽100、高30的列表框控件的代码。

```
(通用)                              第14章_技巧3
Public Sub 第14章_技巧3()
    Dim ws As Worksheet
    Dim myShape As Shape
    Set ws = Worksheets(1)      '指定放置表单控件的工作表
    '在指定位置插入指定大小的列表框
    Set myShape = ws.Shapes.AddFormControl(xlListBox, 50, 120, 100, 30)
    Set myShape = Nothing
    Set ws = Nothing
End Sub
```

图14-6

2 运行代码后的结果如图14-7所示。

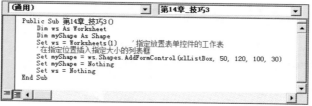

图14-7

技巧4 插入表单控件并添加文字

在本例中，将使用AddFormControl方法、Characters属性和Text属性在工作表的指定位置插入指定类型和大小的表单控件，并为其添加指定字体格式的文字。

1 如图14-8所示，是在距离Excel文件左侧50、顶部80的位置插入宽150、高30的按钮控件，并为其添加指定字体格式的文字的代码。

```
(通用)                                    第14章_技巧4
Public Sub 第14章_技巧4()
    Dim myShape As Shape
    Dim ws As Worksheet
    Set ws = ThisWorkbook.Worksheets(1)    '指定放置表单控件的工作表
    '在指定位置插入指定大小的按钮
    Set myShape = ws.Shapes.AddFormControl(xlButtonControl, 50, 80, 150, 30)
    With myShape
        .TextFrame.Characters.Text = "插入的按钮"    '为插入的按钮添加文字
        With .TextFrame.Characters.Font            '设置文字的字体格式
            .Size = 20
            .Name = "华文彩云"
            .ColorIndex = 4
        End With
    End With
    Set myShape = Nothing
    Set ws = Nothing
End Sub
```

图14-8

2 运行代码后的结果如图14-9所示。

图14-9

技巧5 插入表单控件并自定义名称

在本例中，将使用AddFormControl方法在工作表的指定位置插入指定类型和大小的表单控件，并利用Name属性自定义控件的名称。

1 如图14-10所示，是在距离Excel文件左侧80、顶部100的位置插入宽100、高30的复选框控件，并将其命名为"My复选框"的代码。

```
(通用)                                    第14章_技巧5
Public Sub 第14章_技巧5()
    Dim myShape As Shape
    Dim ws As Worksheet
    Dim myName As String
    myName = "My复选框"                    '指定插入控件的名称
    Set ws = ThisWorkbook.Worksheets(1)    '指定放置表单控件的工作表
    With ws.Shapes
        On Error Resume Next
        Set myShape = .Item(myName)
        On Error GoTo 0
        If myShape Is Nothing Then
            .AddFormControl(xlCheckBox, 80, 100, 100, 30).Name = myName
        Else
            MsgBox "名为"" & myName & ""的表单控件已存在！"
        End If
    End With
    Set myShape = Nothing
    Set ws = Nothing
End Sub
```

图14-10

② 运行代码后的结果如图14-11所示。

③ 继续运行代码，即可弹出如图14-12所示的提示消息对话框。

▲	A	B	C	D
4				
5				
6				
7				
8				
9			☐ 复选框 43	
10				
11				
12				
13				

图14-11

图14-12

技巧6 插入表单控件并指定宏

在本例中，将使用AddFormControl方法在工作表的指定位置插入指定类型和大小的表单控件，并利用OnAction属性为控件指定宏。

① 如图14-13所示，是在距离Excel文件左侧50、顶部60的位置插入宽100、高20且间距为30的选项按钮控件，并为其添加指定文字和宏的代码。

```
(通用)                                          第14章_技巧6

Public Sub 第14章_技巧6()
    Dim ws As Worksheet
    Dim myShape As Shape
    Dim i As Integer
    Set ws = ActiveSheet
    On Error Resume Next
    For Each myShape In ws.Shapes
        myShape.Delete
    Next
    On Error GoTo 0
    For i = 1 To 3
        '插入选项按钮并依此指定与Excel文件左侧的距离、按钮间距、与Excel文件顶部的距离、宽度、高度
        Set myShape = ws.Shapes.AddFormControl( _
            xlOptionButton, 50, 30 * i + 60, 100, 20)
        With myShape
            With .TextFrame.Characters
                .Text = "第14章-技巧之" & CStr(i)    '为插入的按钮添加文字
            End With
            .OnAction = "第14章_技巧6_" & CStr(i)    '为插入的按钮指定宏
        End With
    Next
    Set myShape = Nothing
    Set ws = Nothing
End Sub

Public Sub 第14章_技巧6_1()
    MsgBox "这是第1个选项按钮"
End Sub

Public Sub 第14章_技巧6_2()
    MsgBox "这是第2个选项按钮"
End Sub
```

图14-13

② 运行代码后的结果如图14-14所示。

③ 单击某个选项按钮（如第1个按钮），即可弹出如图14-15所示的提示消息对话框。

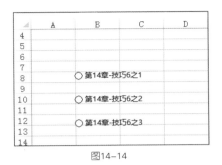

图14-14 图14-15

技巧7 插入列表框并设置选项

在Excel中，只有列表框和组合框是可以包含多个选项的表单控件。本例将使用ControlFormat属性和ListFillRange属性设置指定单元格区域中的数据为插入的列表框的选项。

❶ 如图14-16所示，是在距离Excel文件左侧100、顶部50的位置插入宽100、高50的名为YHH的列表框控件，并将A1:A10单元格区域中的数据内容设置为列表框选项的代码。

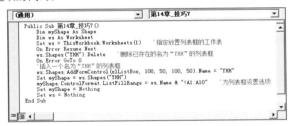

```
(通用)                                    第14章_技巧7
Public Sub 第14章_技巧7()
    Dim myShape As Shape
    Dim ws As Worksheet
    Set ws = ThisWorkbook.Worksheets(1)      '指定放置列表框的工作表
    On Error Resume Next
    ws.Shapes("YHH").Delete      '删除已存在的名为"YHH"的列表框
    On Error GoTo 0
    '插入一个名为"YHH"的列表框
    ws.Shapes.AddFormControl(xlListBox, 100, 50, 100, 50).Name = "YHH"
    Set myShape = ws.Shapes("YHH")
    myShape.ControlFormat.ListFillRange = ws.Name & "!A1:A10"      '为列表框设置选项
    Set myShape = Nothing
    Set ws = Nothing
End Sub
```

图14-16

❷ 运行代码后的结果如图14-17所示。

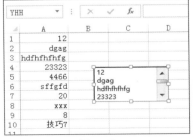

图14-17

❸ 拖动列表框右侧的滚动条，即可查看其中所有的选项。

技巧8 插入列表框、组合框并设置选项（1）

在本例中，将使用ControlFormat属性和AddItem方法设置指定单元格区域中的数据为插入的组合框的选项。

1 如图14-18所示，是在距离Excel文件左侧100、顶部50的位置插入宽200、高20的名为YHH的组合框控件，并将A1:A10单元格区域中的数据内容设置为组合框选项的代码。

```
(通用)                                          第14章_技巧8
Public Sub 第14章_技巧8()
    Dim myArray(1 To 10) As Variant
    Dim i As Integer
    Dim myShape As Shape
    Dim ws As Worksheet
    Set ws = ThisWorkbook.Worksheets(1)    '指定放置组合框的工作表
    For i = 1 To 10
        myArray(i) = ws.Range("A" & i).Value    '将指定单元格区域的数据设置为组合框的选项
    Next i
    On Error Resume Next
    ws.Shapes("YHH").Delete    '删除已存在的名为"YHH"的组合框
    On Error GoTo 0
    '插入一个名为"YHH"的组合框
    ws.Shapes.AddFormControl(xlDropDown, 100, 50, 200, 20).Name = "YHH"
    Set myShape = ws.Shapes("YHH")
    With myShape.ControlFormat    '为组合框设置选项
        For i = 1 To 10
            .AddItem myArray(i)
        Next i
    End With
    Set myShape = Nothing
    Set ws = Nothing
End Sub
```

图14-18

2 运行代码后的结果如图14-19所示。

YHH	▼	:	✕	✓	fx		
▲	A	B	C	D	E	F
1	12					
2	dgag					
3	hdfhfhfhfg					
4	23323					
5	4466					
6	sffgfd					
7	20					
8	xxx					
9	8					
10	技巧7					
11						

图14-19

3 单击组合框的下拉按钮，即可查看其中所有的选项，如图14-20所示。

▲	A	B	C	D	E	F
1	12					
2	dgag					
3	hdfhfhfhfg					
4	23323					
5	4466					
6	sffgfd	12				
7	20	dgag				
8	xxx	hdfhfhfhfg				
9	8	23323				
10	技巧7	4466				
11		sffgfd				
12		20				
		xxx				

图14-20

技巧9 插入列表框、组合框并设置选项（2）

在本例中，将使用ControlFormat属性在工作表的指定位置插入指定大小的列表框和组合框，并利用List属性为其自定义选项。

1 如图14-21所示，是在指定位置插入指定大小的名为123的组合框控件和名为abc的列表框控件，并分别为其自定义选项的代码。

```
(通用)                              ▼  第14章_技巧9                 ▼
Public Sub 第14章_技巧9()
    Dim myArray1 As Variant, myArray2 As Variant
    Dim i As Integer
    Dim myShape1 As ControlFormat, myShape2 As ControlFormat
    Dim myObj As Object
    Dim ws As Worksheet
    Set ws = ThisWorkbook.Worksheets(1)     '指定放置组合框和列表框的工作表
    myArray1 = Array("111", "222", "333", "444", "555")  '设置组合框的选项
    myArray2 = Array("AAA", "BBB", "CCC", "DDD", "EEE")  '设置列表框的选项
    On Error Resume Next
    ws.Shapes("123").Delete
    ws.Shapes("abc").Delete
    On Error GoTo 0
    '插入一个名为"123"的组合框
    ws.Shapes.AddFormControl(xlDropDown, 50, 10, 200, 20).Name = "123"
    Set myShape1 = ws.Shapes("123").ControlFormat
    '插入一个名为"abc"的列表框
    ws.Shapes.AddFormControl(xlListBox, 50, 100, 100, 50).Name = "abc"
    Set myShape2 = ws.Shapes("abc").ControlFormat
    '为组合框设置选项
    Set myObj = myShape1
    myObj.List = myArray1
    '为列表框设置选项
    Set myObj = myShape2
    myObj.List = myArray2
    Set myObj = Nothing
    Set myShape1 = Nothing
    Set myShape2 = Nothing
    Set ws = Nothing
End Sub
```

图14-21

2 运行代码后的结果如图14-22所示。

图14-22

技巧10 选中、取消选中选项按钮和复选框

在Excel中，作为选项可供选择的表单控件只有选项按钮和复选框。本例将使用ControlFormat属性和Value属性选中和取消选中指定的选项按钮和复选框。

1 如图14-23所示，分别是选中和取消选中当前工作表中XXAN选项按钮

和FXK复选框的代码。

```
(通用)                                          第14章_技巧10_1

Public Sub 第14章_技巧10_1()
    Dim myShape1 As Shape, myShape2 As Shape
    Dim ws As Worksheet
    Dim myTop As Single, myLeft As Single
    Set ws = ThisWorkbook.Worksheets(1)    '指定选项按钮和复选框所在的工作表
    On Error Resume Next
    On Error GoTo 0
    '指定选项按钮和复选框的名称
    Set myShape1 = ws.Shapes("XXAN")
    Set myShape2 = ws.Shapes("FXK")
    '选中选项按钮和复选框
    myShape1.ControlFormat.Value = 1
    myShape2.ControlFormat.Value = 1
    Set myShape1 = Nothing
    Set myShape2 = Nothing
    Set ws = Nothing
End Sub

Public Sub 第14章_技巧10_2()
    Dim myShape1 As Shape, myShape2 As Shape
    Dim ws As Worksheet
    Dim myTop As Single, myLeft As Single
    Set ws = ThisWorkbook.Worksheets(1)    '指定选项按钮和复选框所在的工作表
    On Error Resume Next
    On Error GoTo 0
    '指定选项按钮和复选框的名称
    Set myShape1 = ws.Shapes("XXAN")
    Set myShape2 = ws.Shapes("FXK")
    '取消选中选项按钮和复选框
    myShape1.ControlFormat.Value = -4146
    myShape2.ControlFormat.Value = -4146
    Set myShape1 = Nothing
    Set myShape2 = Nothing
    Set ws = Nothing
End Sub
```

图14-23

2 运行第1段代码后的结果如图14-24所示。

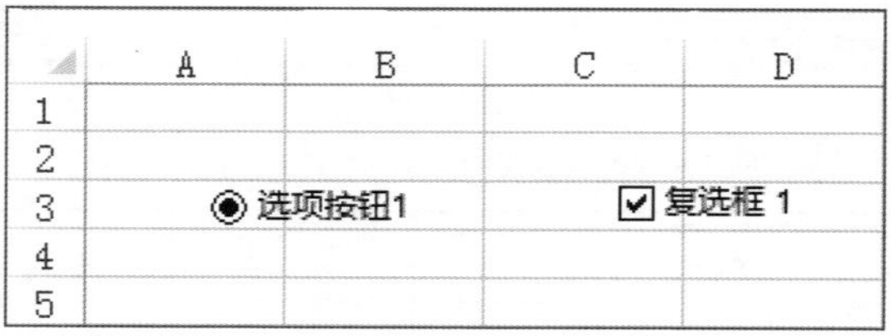

图14-24

3 运行第2段代码后的结果如图14-25所示。

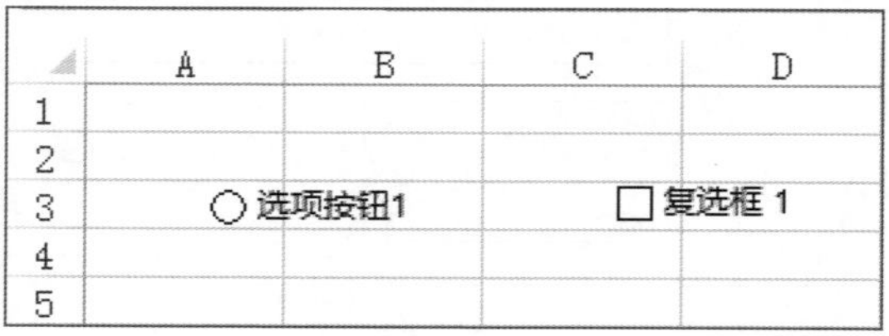

图14-25

技巧11 设置表单控件的大小

在本例中，将使用Width属性和Height属性重新设置指定表单控件的宽度和高度。

1 当前工作表中GDT滚动条的原始宽度和高度如图14-26所示。

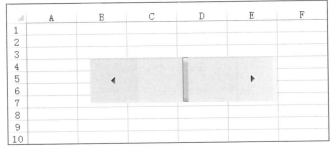

图14-26

2 如图14-27所示，是将当前工作表中GDT滚动条的宽度和高度分别设置为200和50的代码。

```
(通用)                                    第14章_技巧11

Public Sub 第14章_技巧11()
    Dim myShape As Shape
    Dim ws As Worksheet
    Dim myWidth As Single, myHeight As Single
    Set ws = ThisWorkbook.Worksheets(1)    '指定滚动条所在的工作表
    Set myShape = ws.Shapes("GDT")    '指定滚动条的名称
    myWidth = myShape.Width
    myHeight = myShape.Height
    With myShape    '依次指定滚动条新的宽度和高度
        .Width = 200
        .Height = 50
        DoEvents
    End With
    Set myShape = Nothing
    Set ws = Nothing
End Sub
```

图14-27

3 运行代码后的结果如图14-28所示。

图14-28

技巧12 设置表单控件的位置

在本例中，将使用Left属性和Top属性重新设置指定表单控件与Excel文件左侧和顶部的距离。

1 当前工作表中FZK分组框的原始位置如图14-29所示。

◢	A	B	C	D
1				
2	┌─分组框 1			
3				
4				
5				
6				
7				

图14-29

2 如图14-30所示，是将当前工作表中FZK分组框与Excel文件左侧和顶部的距离分别设置为200和100的代码。

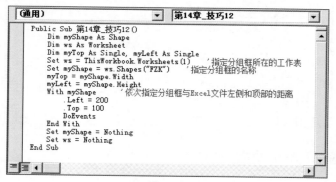

```
Public Sub 第14章_技巧12()
    Dim myShape As Shape
    Dim ws As Worksheet
    Dim myTop As Single, myLeft As Single
    Set ws = ThisWorkbook.Worksheets(1)    '指定分组框所在的工作表
    Set myShape = ws.Shapes("FZK")    '指定分组框的名称
    myTop = myShape.Width
    myLeft = myShape.Height
    With myShape    '依次指定分组框与Excel文件左侧和顶部的距离
        .Left = 200
        .Top = 100
        DoEvents
    End With
    Set myShape = Nothing
    Set ws = Nothing
End Sub
```

图14-30

3 运行代码后的结果如图14-31所示。

◢	A	B	C	D	E	F	G
1							
2							
3							
4							
5							
6							
7							
8					┌─分组框 1		
9							
10							
11							
12							
13							
14							

图14-31

14.2 ActiveX控件（工作表中）

ActiveX控件不仅可以在工作表中使用，还可以在VBE编辑器的用户窗体中使用。ActiveX控件可以响应丰富的事件，ActiveX控件的事件只能放在控件所在的类模块（工作表模块）或窗体模块。

本节将介绍ActiveX控件在工作表中的应用技巧。

技巧13 查看所有ActiveX控件的信息

在本例中，将根据当Type属性为msoOLEControlObject时图形对象为ActiveX控件这一性质，结合Name属性和progId属性分别指定控件的名称及对应的OLE程序标识符。

1 如图14-32所示，是当前工作表中插入的所有ActiveX控件。

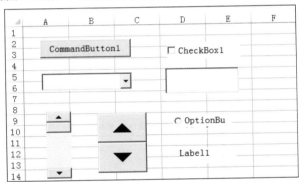

图14-32

2 如图14-33所示，是获取当前工作表中所有ActiveX控件名称及对应的OLE程序标识符的代码。

```
(通用)                                    第14章_技巧13

Public Sub 第14章_技巧13()
    Dim ws As Worksheet
    Dim myOLEShape As Shape
    Dim myOLEObj As OLEObject
    Dim myString    As String
    Set ws = Worksheets(1)    '指定工作表
    ws.Activate
    For Each myOLEShape In ws.Shapes
        With myOLEShape
            If .Type = msoOLEControlObject Then    '判断图像对象是否为ActiveX控件
                Set myOLEObj = .OLEFormat.Object
                myString = myString & myOLEObj.Name & _
                    ": " & myOLEObj.progID & vbCrLf    '获取ActiveX控件的名称及对应的OL程序标识符
            End If
        End With
    Next
    MsgBox "当前工作表中的ActiveX控件: " & vbCrLf & vbCrLf _
        & "控件名称     对应的OL程序标识符" & vbCrLf & myString
    Set ws = Nothing
End Sub
```

图14-33

❸ 运行代码后，即可弹出包含当前工作表中所有ActiveX控件名称和对应OLE程序标识符的对话框，如图14-34所示。

图14-34

技巧14 插入ActiveX控件

在本例中，将使用OLEObjects属性和Add方法在工作表的指定位置插入指定类型和大小的ActiveX控件。

❶ 如图14-35所示，是在距离Excel文件左侧50、顶部50的位置插入宽100、高30的命令按钮的代码。

```
(通用)                              第14章_技巧14

Public Sub 第14章_技巧14()
    Dim myShape As OLEObject
    Dim ws As Worksheet
    Set ws = ThisWorkbook.Worksheets(1)    '指定放置表单控件的工作表
    '在指定位置插入指定大小的命令按钮
    Set myShape = ws.OLEObjects.Add(ClassType:="Forms.CommandButton.1", _
        Left:=50, Top:=50, Width:=100, Height:=30)
    Set myShape = Nothing
    Set ws = Nothing
End Sub
```

图14-35

❷ 运行代码后的结果如图14-36所示。

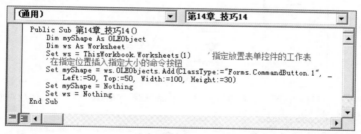

图14-36

技巧15　插入ActiveX控件并自定义名称

在本例中，将使用OLEObjects属性和Add方法在工作表的指定位置插入指定类型和大小的ActiveX控件，并利用Name属性自定义控件的名称。

1 如图14-37所示，是在距离Excel文件左侧80、顶部100的位置插入宽100、高30的复选框控件，并将其命名为"My复选框"的代码。

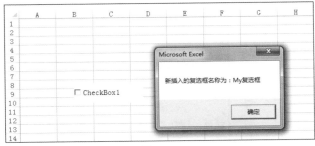

```
(通用)                              第14章_技巧15
Public Sub 第14章_技巧15()
    Dim myOLEObj As OLEObject
    Dim ws As Worksheet
    Dim myName As String
    myName = "My复选框"           '指定插入的ActiveX控件名称
    Set ws = ThisWorkbook.Worksheets(1)    '指定放置ActiveX控件的工作表
    With ws.OLEObjects
        On Error Resume Next
        Set myOLEObj = .Item(myName)
        On Error GoTo 0
        If myOLEObj Is Nothing Then
            .Add(ClassType:="Forms.CheckBox.1", _
                Left:=80, Top:=100, Width:=100, Height:=30).Name = myName
            MsgBox "新插入的复选框名称为: " & .Item(myName).Name
        Else
            MsgBox "名为""" & myName & """的复选框已存在! "
        End If
    End With
    Set myOLEObj = Nothing
    Set ws = Nothing
End Sub
```

图14-37

2 运行代码后的结果如图14-38所示。

图14-38

3 继续运行代码，即可弹出如图14-39所示的提示消息对话框。

图14-39

技巧16 获取ActiveX控件的种类

在本例中，将使用OLEObjects对象、Name属性和progID属性获取指定ActiveX控件的种类。

① 如图14-40所示，是获取当前工作表中ActiveX控件ZHK的名称及种类的代码。

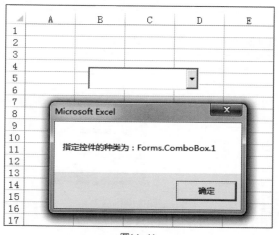

```
(通用)                                    第14章_技巧16

Public Sub 第14章_技巧16 ()
    Dim myOLEObj As OLEObject
    Dim ws As Worksheet
    Dim myName As String
    myName = "ZHK"        '指定ActiveX控件的名称
    Set ws = ThisWorkbook.Worksheets(1)        '指定ActiveX控件所在的工作表
    Set myOLEObj = ws.OLEObjects(myName)
    MsgBox "指定控件的种类为：" & myOLEObj.progID
    Set myOLEObj = Nothing
    Set ws = Nothing
End Sub
```

图14-40

② 运行代码后的结果如图14-41所示。

```
Microsoft Excel

指定控件的种类为：Forms.ComboBox.1

                  确定
```

图14-41

技巧17 设置ActiveX控件的大小

在本例中，将使用Width属性和Height属性重新指定ActiveX控件的宽度和高度。

① 当前工作表中LBK列表框的原始宽度和高度如图14-42所示。

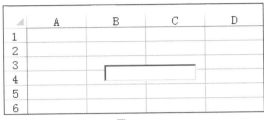

图14-42

② 如图14-43所示，是将当前工作表中LBK列表框的宽度和高度分别设置为200和100的代码。

图14-43

③ 运行代码后的结果如图14-44所示。

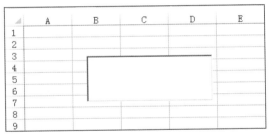

图14-44

技巧18 设置ActiveX控件的位置

在本例中，将使用Left属性和Top属性重新指定ActiveX控件与Excel文件左侧和顶部的距离。

① 当前工作表中ScrollBar1滚动条的原始位置如图14-45所示。

图14-45

2 如图14-46所示，是将当前工作表中ScrollBar1滚动条与Excel文件左侧和顶部的距离分别设置为150和200的代码。

图14-46

3 运行代码后的结果如图14-47所示。

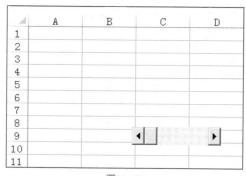

图14-47

技巧19 改变ActiveX控件的文字

在本例中，将使用Caption属性和Font属性重新设置ActiveX控件的文字。

1 当前工作表中OptionButton1选项按钮的原始文字如图14-48所示。

	A	B	C	D	E
1					
2					
3					
4		○ OptionButton1			
5					
6					
7					

图14-48

2 如图14-49所示，是将当前工作表中OptionButton1选项按钮的文字更改为指定字体格式的"My选项按钮"的代码。

3 运行代码后的结果如图14-50所示。

图14-49

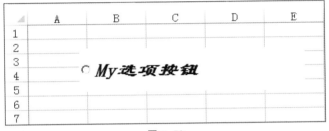

图14-50

技巧20 设置列表框、组合框的项目（1）

在本例中，将使用ListFillRange属性设置指定单元格区域中的数据为指定列表框的项目。

① 如图14-51所示，是当前工作表中的源数据和YHH列表框。

	A	B	C	D	E
1	3232				
2	44				
3	dsgd				
4	22				
5	110				
6	afafafa				
7	aa				
8	763132				
9	ewrqerqqer				
10	afs				
11					

图14-51

② 如图14-52所示，是将A1:A10单元格区域中的数据内容设置为YHH列表框选项的代码。

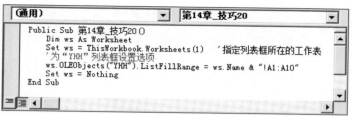

图14-52

③ 运行代码后的结果如图14-53所示。

	A	B	C	D	E
1	3232				
2	44				
3	dsgd		3232		
4	22		44		
5	110		dsgd		
6	afafafa		22		
7	aa				
8	763132				
9	ewrqerqqer				
10	afs				
11					

图14-53

技巧21 设置列表框、组合框的项目（2）

在本例中，将使用Object属性和AddItem方法设置指定单元格区域中的数据为指定组合框的选项。

① 如图14-54所示，是当前工作表中的源数据和ComboBox1组合框。

	A	B	C	D	E
1	3232				
2	44				
3	dsgd				
4	22				
5	110				
6	afafafa				
7	aa				
8	763132				
9	ewrqerqqer				
10	afs				
11					

图14-54

② 如图14-55所示，是将A1:A10单元格区域中的数据内容设置为ComboBox1组合框选项的代码。

```
(通用)                    ▼  第14章_技巧21          ▼
Public Sub 第14章_技巧21()
    Dim myArray(1 To 10) As Variant
    Dim i As Integer
    Dim ws As Worksheet
    Set ws = ThisWorkbook.Worksheets(1)      '指定组合框所在的工作表
    For i = 1 To 10
        myArray(i) = ws.Range("A" & i).Value   '指定单元格区域的数据为组合框选项
    Next i
    '为"ComboBox1"组合框设置选项
    With ws.OLEObjects("ComboBox1").Object
        For i = 1 To 10
            .AddItem myArray(i)
        Next i
    End With
    Set ws = Nothing
End Sub
```

图14-55

③ 运行代码后的结果如图14-56所示。

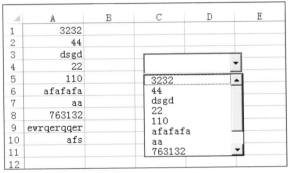

图14-56

技巧22　在文本框中输入数据

在本例中，将使用Value属性为指定的文本框添加数据，并使用Font属性设置其字体格式。

① 如图14-57所示，是当前工作表中的空白文本框TextBox1。

图14-57

② 如图14-58所示，是为当前工作表中的TextBox1文本框中添加指定字体格式的数据"My文本框"的代码。

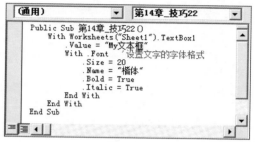

```
(通用)                              第14章_技巧22

Public Sub 第14章_技巧22()
    With Worksheets("Sheet1").TextBox1
        .Value = "My文本框"
        With .Font      '设置文字的字体格式
            .Size = 20
            .Name = "楷体"
            .Bold = True
            .Italic = True
        End With
    End With
End Sub
```

图14-58

③ 运行代码后的结果如图14-59所示。

图14-59

技巧23 文本框数据的自动输入

在本例中，将使用KeyDown事件自动且快速地在文本框中输入数据，并通过按Enter键陆续将其输入至工作表指定的单元格中。

① 按Alt+F11快捷键，打开VB编辑器，在工程资源管理器中双击Sheet1，在其右侧输入如图14-60所示的代码。

```
TextBox1                              KeyDown

Private Sub TextBox1_KeyDown(ByVal KeyCode As MSForms.ReturnInteger, ByVal Shift As Integer)
    '使用Len函数和Trim函数检查文本框内是否为有效数据，避免输入空白数据
    If Len(Trim(TextBox1)) > 0 Then
        '判断是否按了回车键，若按了，即返回常数vbKeyReturn
        If KeyCode = vbKeyReturn Then
            '将数据输入至B列
            Sheet1.Range("E65536").End(xlUp).Offset(1, 0) = TextBox1
            TextBox1 = ""
        End If
    End If
End Sub
```

图14-60

② 保存代码之后，在文本框中输入数据，再按Enter键，即可将其输入至E2单元格中，如图14-61所示。

图14-61

③ 继续输入数据，再按Enter键，即可自动将输入的内容添加至工作表的E列中，如图14-62所示。

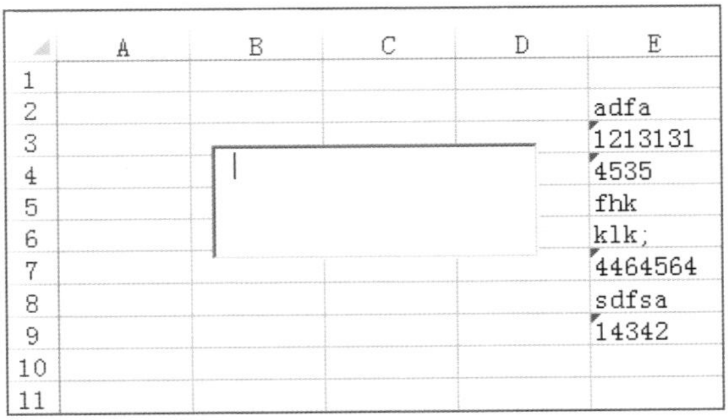

图14-62

技巧24 设置并获取滚动条的项目值

在本例中，将使用Object属性、Min属性、Max属性和Value属性来设置滚动条的最小至最大的项目值，并获取滚动条当前的项目值。

① 如图14-63所示，是设置ScrollBar1滚动条的项目值并获取当前值的代码。

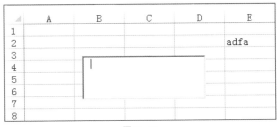

```
(通用)                              第14章_技巧24

Public Sub 第14章_技巧24()
    Dim ws As Worksheet
    Set ws = ThisWorkbook.Worksheets(1)    '指定滚动条所在的工作表
    With ws.OLEObjects("ScrollBar1")    '指定滚动条的名称
        .LinkedCell = "C6"
        With .Object    '指定滚动条最小至最大的项目值
            .Min = 0
            .Max = 1000
        End With
    End With
    MsgBox "滚动条的当前值为: " & ws.OLEObjects("ScrollBar1").Object.Value
    Set ws = Nothing
End Sub
```

图14-63

② 运行代码后，即可看到滚动条的当前值为0，如图14-64所示。

图14-64

❸ 单击"确定"按钮后拖动滚动条，即可在C6单元格中显示相应的项目值。继续运行代码，即可弹出显示滚动条当前值的消息对话框，如图14-65所示。

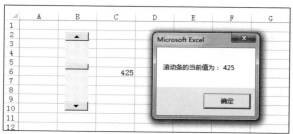

图14-65

技巧25 设置并获取数值调节钮的项目值

设置并获取数值调节钮的项目值的方法与技巧24中介绍的方法相同，也是利用Object属性、Min属性、Max属性和Value属性来实现的。

❶ 如图14-66所示，是设置SpinButton1数值调节钮的项目值并获取当前值的代码。

```
(通用)                                    第14章_技巧25

Public Sub 第14章_技巧25()
    Dim ws As Worksheet
    Set ws = ThisWorkbook.Worksheets(1)    '指定数值调节钮所在的工作表
    With ws.OLEObjects("SpinButton1")    '指定数值调节钮的名称
        .LinkedCell = "C6"
        With .Object    '指定数值调节钮最小至最大的项目值
            .Min = 0
            .Max = 100
        End With
    End With
    MsgBox "数值调节钮的当前值为： " & ws.OLEObjects("SpinButton1").Object.Value
    Set ws = Nothing
End Sub
```

图14-66

❷ 运行代码后，即可看到数值调节钮的当前值为0，如图14-67所示。

图14-67

❸ 单击"确定"按钮后再单击数值调节钮，即可在C6单元格中显示相应的项目值。继续运行代码，即可弹出显示数值调节钮当前值的消息对话框，如图14-68所示。

图14-68

技巧26 选中、取消选中选项按钮和复选框

在本例中，将使用Object属性和Value属性选中或取消选中指定的选项按钮和复选框。

❶ 如图14-69所示，分别是选中和取消选中当前工作表中OptionButton1选项按钮和CheckBox1复选框的代码。

```
(通用)                                          第14章_技巧26_1
    Public Sub 第14章_技巧26_1 ()
        Dim ws As Worksheet
        Set ws = ThisWorkbook.Worksheets(1)    '指定选项按钮和复选框所在的工作表
        ws.OLEObjects("OptionButton1").Object.Value = True    '选中"OptionButton1"选项按钮
        DoEvents
        ws.OLEObjects("CheckBox1").Object.Value = True    '选中"CheckBox1"复选框
        DoEvents
        Set ws = Nothing
    End Sub

    Public Sub 第14章_技巧26_2 ()
        Dim ws As Worksheet
        Set ws = ThisWorkbook.Worksheets(1)    '指定选项按钮和复选框所在的工作表
        ws.OLEObjects("OptionButton1").Object.Value = False    '取消选中"OptionButton1"选项按钮
        DoEvents
        ws.OLEObjects("CheckBox1").Object.Value = False    '取消选中"CheckBox1"复选框
        DoEvents
        Set ws = Nothing
    End Sub
```

图14-69

② 运行第1段代码后的结果如图14-70所示。

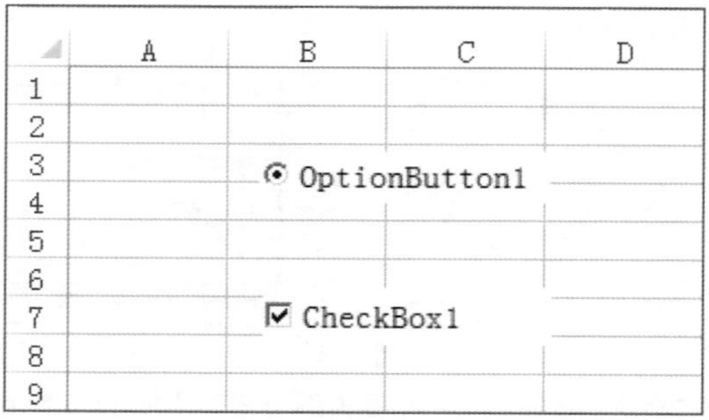

⬚	A	B	C	D
1				
2				
3		⦿ OptionButton1		
4				
5				
6				
7		☑ CheckBox1		
8				
9				

图14-70

③ 运行第2段代码后的结果如图14-71所示。

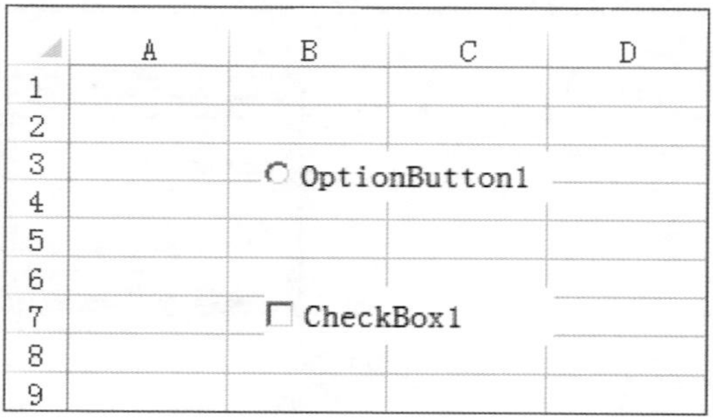

⬚	A	B	C	D
1				
2				
3		○ OptionButton1		
4				
5				
6				
7		☐ CheckBox1		
8				
9				

图14-71

技巧27 设置标签的标题文字

在本例中，将使用Caption属性为指定的标签设置标题文字，并使用Font属性设置其字体格式。

① 如图14-72所示，是当前工作表中的源标签Label1。

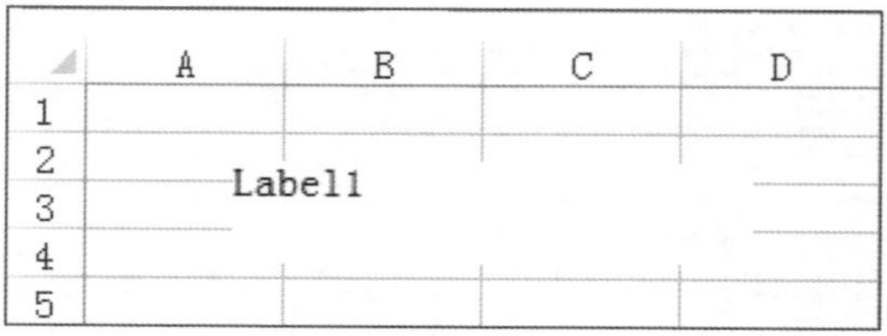

⬚	A	B	C	D
1				
2		Label1		
3				
4				
5				

图14-72

② 如图14-73所示，是为当前工作表中的Label1标签添加指定字体格式的标题文字"My标签"的代码。

```
(通用)                          ▼  第14章_技巧27              ▼
    Public Sub 第14章_技巧27 ()
        Dim ws As Worksheet
        Set ws = ThisWorkbook.Worksheets(1)      '指定标签所在的工作表
        With ws.OLEObjects("Label1").Object      '指定标签的名称
            DoEvents
            .Caption = "My标签"          '为标签添加指定的标题文字
            .TextAlign = fmTextAlignCenter
            With .Font    '设置标题文字的字体格式
                .Size = 20
                .Name = "华文行楷"
                .Bold = True
                .Italic = True
            DoEvents
            End With
        End With
        Set ws = Nothing
    End Sub
```

图14-73

③ 运行代码后的结果如图14-74所示。

	A	B	C	D
1				
2				
3		*My标签*		
4				
5				

图14-74

技巧28 为图像控件添加图片

在本例中，将使用Picture属性为指定的图像控件添加图片。

① 如图14-75所示，是当前工作表中的源图像控件Image1。

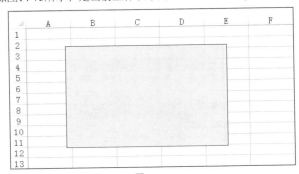

图14-75

② 如图14-76所示，是为Image1图像控件添加指定的"范例.jpg"图片的代码。

③ 运行代码后的结果如图14-77所示。

图14-76

图14-77

14.3 ActiveX控件（用户窗体中）

用户窗体中的ActiveX控件是显示在VBE编辑器中的。对于该控件的操作是通过在工程资源管理器中插入的UserForm窗体中编制代码实现的。

技巧29 选定控件时显示其相关信息

在本例中，将使用ActiveControl属性设置当选定控件时显示其相关信息，如名称、大小和位置等。

1 如图14-78所示，是在UserForm1用户窗体中插入的所有ActiveX控件。

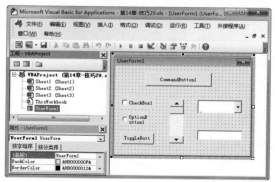

图14-78

② 双击用户窗体，输入选定控件时显示其相关信息的代码，如图14-79所示。

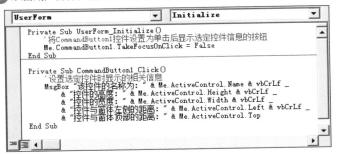

图14-79

③ 在VB编辑器中插入模块1，输入显示用户窗体的代码，如图14-80所示。

图14-80

④ 运行模块1代码后，即可显示出用户窗体，如图14-81所示。

⑤ 此时选定任意一个控件（如选定复选框），再单击CommandButton1按钮，即可显示其相关信息，如图14-82所示。

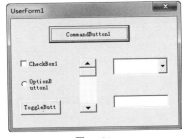

图14-81

图14-82

技巧30 限制控件的操作

在本例中，将使用Enabled属性将指定类型的控件显示为灰色状态，以限制其操作。

① 如图14-83所示，是在预先插入的UserForm1用户窗体中限制CheckBox类型控件操作的代码。

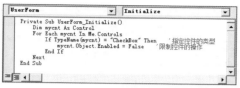

```
Private Sub UserForm_Initialize()
    Dim mycnt As Control
    For Each mycnt In Me.Controls
        If TypeName(mycnt) = "CheckBox" Then      '指定控件的类型
            mycnt.Object.Enabled = False      '限制控件的操作
        End If
    Next
End Sub
```

图14-83

❷ 在插入的模块1中输入显示用户窗体的代码，如图14-84所示。

❸ 运行模块1代码后，即可显示出用户窗体，从中可以看到指定的CheckBox类型控件被显示为灰色不可操作状态，如图14-85所示。

```
Public Sub 第14章_技巧30()
    UserForm1.Show
End Sub
```

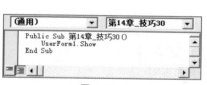

图14-84

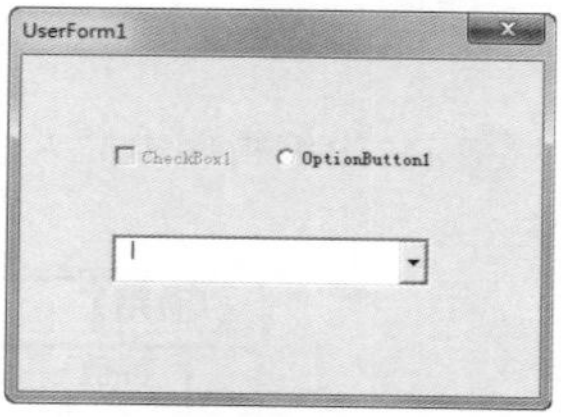

图14-85

技巧31 隐藏、显示控件

在本例中，将使用Visible属性隐藏或显示指定类型的控件。

❶ 如图14-86所示，是在预先插入的UserForm1用户窗体中隐藏和显示指定控件的代码。

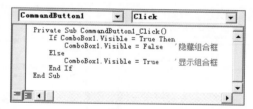

```
Private Sub CommandButton1_Click()
    If ComboBox1.Visible = True Then
        ComboBox1.Visible = False     '隐藏组合框
    Else
        ComboBox1.Visible = True      '显示组合框
    End If
End Sub
```

图14-86

❷ 在插入的模块1中输入显示用户窗体的代码，如图14-87所示。

```
Public Sub 第14章_技巧31()
    UserForm1.Show
End Sub
```

图14-87

❸ 运行模块1代码后，即可显示出用户窗体，如图14-88所示。

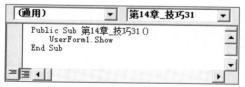

④ 单击CommandButton1按钮，即可隐藏窗体中的组合框，如图14-89所示。

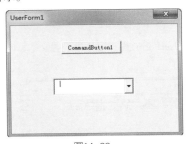
图14-88

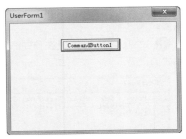
图14-89

⑤ 再次单击CommandButton1按钮，即可重新显示该组合框。

技巧32 限制文本框内的字符长度

在本例中，将使用MaxLength属性来限制文本框内的字符长度。

① 如图14-90所示，是在预先插入的UserForm1用户窗体中设置文本框内字符的最大长度的代码。

图14-90

② 在插入的模块1中输入显示用户窗体的代码，如图14-91所示。

图14-91

③ 运行模块1代码后，即可显示出用户窗体。此时，只能在文本框中输入5位以内的字符，如图14-92所示。

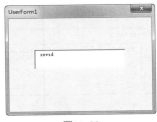
图14-92

技巧33 设置文本框的数据格式

在本例中，将使用Format函数设置文本框中输入的数字为小数点后3位数字的格式。

①　如图14-93所示，是在预先插入的UserForm1用户窗体中设置文本框内数据格式的代码。

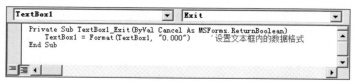

```
TextBox1                          ▼   Exit                           ▼
    Private Sub TextBox1_Exit(ByVal Cancel As MSForms.ReturnBoolean)
        TextBox1 = Format(TextBox1, "0.000")       '设置文本框内的数据格式
    End Sub
```

图14-93

②　在插入的模块1中输入显示用户窗体的代码，如图14-94所示。

③　运行模块1代码后，即可显示出用户窗体。此时，在文本框中输入数据，然后单击CommandButton1按钮或者按Enter键，即可将其显示为小数点后3位数字的格式，如图14-95所示。

```
(通用)              ▼   第14章_技巧33  ▼
    Public Sub 第14章_技巧33()
        UserForm1.Show
    End Sub
```

图14-94

图14-95

技巧34 设置文本框数据的对齐方式

在本例中，将使用TextAlign函数设置文本框中输入的数据呈居中对齐方式。

①　如图14-96所示，是在预先插入的UserForm1用户窗体中设置文本框内数据为居中对齐的代码。

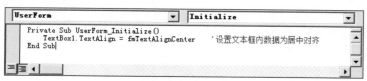

```
UserForm                          ▼   Initialize                     ▼
    Private Sub UserForm_Initialize()
        TextBox1.TextAlign = fmTextAlignCenter        '设置文本框内数据为居中对齐
    End Sub
```

图14-96

②　在插入的模块1中输入显示用户窗体的代码，如图14-97所示。

3 运行模块1代码后，即可显示出用户窗体。此时，在文本框中输入数据，即可将其显示为居中对齐方式，如图14-98所示。

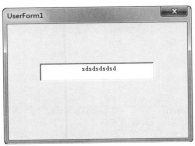

图14-97　　　　　　　　图14-98

技巧35　设置已知数据源为列表框、组合框的选项

在本例中，将使用List函数设置已知数据源为列表框/组合框中的选项。

1 如图14-99所示，是设置为列表框项目的数据源。

	A	B	C	D
1	a	1	!	
2	b	2	@	
3	c	3	#	
4	d	4	$	
5	e	5	%	
6				

图14-99

2 如图14-100所示，是在预先插入的UserForm1用户窗体中将当前工作表中A1:C5单元格区域的数据设置为列表框选项的代码。

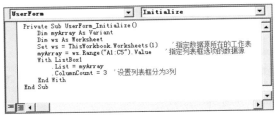

图14-100

▶ **代码解析**

将第6行代码中的ListBox1列表框换成组合框的名称，如ComboBox1，即可在组合框中添加已知数据源的选项。

技巧36、37、38也可作相应的替换。

③ 在插入的模块1中输入显示用户窗体的代码，如图14-101所示。

④ 运行模块1代码后，即可显示出用户窗体。此时，在列表框中即可看到指定的数据源选项，如图14-102所示。

图14-101

图14-102

技巧36 自定义列表框、组合框的项目

在本例中，将使用AddItem函数设置自定义数据源为列表框、组合框中的选项。

① 如图14-103所示，是在预先插入的UserForm1用户窗体中设置自定义数据源为列表框选项的代码。

```
Private Sub UserForm_Initialize()
    With ListBox1          '自定义列表框中的选项
        .AddItem "10"
        .AddItem "100"
        .AddItem "1000"
        .AddItem "10000"
        .AddItem "100000"
        .AddItem "1000000"
        .AddItem "10000000"
    End With
End Sub
```

图14-103

② 在插入的模块1中输入显示用户窗体的代码，如图14-104所示。

```
Public Sub 第14章_技巧36()
    UserForm1.Show
End Sub
```

图14-104

③ 运行模块1代码后，即可显示出用户窗体。此时，在列表框中即可看到自定义的数据源选项，如图14-105所示。

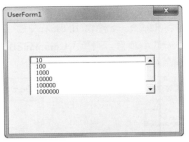

图14-105

技巧37 删除列表框、组合框中的单个选项

在本例中，将使用RemoveItem方法删除列表框中的单个选项。

① 如图14-106所示，是在预先插入的UserForm1用户窗体中删除选中的单个列表框选项的代码。

```
CommandButton1                    Click

Private Sub UserForm_Initialize()
    Dim myArray As Variant
    Dim ws As Worksheet
    Set ws = ThisWorkbook.Worksheets(1)     '指定数据源所在的工作表
    myArray = ws.Range("A1:C5").Value        '指定列表框选项的数据源
    With ListBox1
        .List = myArray
        .ColumnCount = 3    '设置列表框分为3列
    End With
End Sub

Private Sub CommandButton1_Click()
    With ListBox1
        If .ListIndex = -1 Then      '取消选中列表框选项
            MsgBox "未选中任何选项！"
        Else
            .RemoveItem .ListIndex    '删除选中列表框选项
        End If
    End With
End Sub
```

图14-106

② 在插入的模块1中输入显示用户窗体的代码，如图14-107所示。

③ 运行模块1代码后，即可显示出用户窗体，如图14-108所示。

图14-107

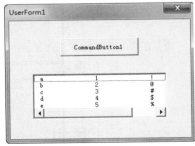

图14-108

④ 在列表框中选中任意一行项目（如选中第1行），再单击CommandButton1
按钮或者按Enter键即可将其删除，如图14-109所示。

⑤ 若在列表框中未选中项目，则单击CommandButton1按钮后即弹出如
图14-110所示的提示消息对话框。

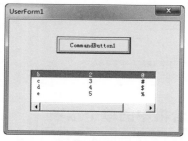

图14-109

图14-110

技巧38 删除列表框、组合框中的所有选项

在本例中，将使用Clear方法删除列表框中的所有选项。

① 如图14-111所示，是在预先插入的UserForm1用户窗体中设置删除列表
框中所有选项的代码。

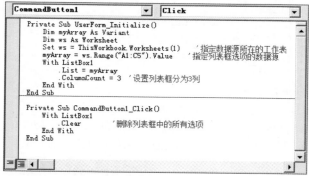

```
CommandButton1          ▼   Click                    ▼
Private Sub UserForm_Initialize()
    Dim myArray As Variant
    Dim ws As Worksheet
    Set ws = ThisWorkbook.Worksheets(1)     '指定数据源所在的工作表
    myArray = ws.Range("A1:C5").Value      '指定列表框选项的数据源
    With ListBox1
        .List = myArray
        .ColumnCount = 3   '设置列表框分为3列
    End With
End Sub

Private Sub CommandButton1_Click()
    With ListBox1
        .Clear        '删除列表框中的所有选项
    End With
End Sub
```

图14-111

② 在插入的模块1中输入显示用户窗体的代码，如图14-112所示。

```
(通用)          ▼   第14章_技巧38   ▼
Public Sub 第14章_技巧38()
    UserForm1.Show
End Sub
```

图14-112

③ 运行模块1代码后，即可显示出用户窗体，如图14-113所示。

④ 单击CommandButton1按钮，即可将列表框中的所有选项删除，如图14-114所示。

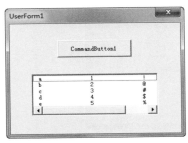

图14-113

图14-114

技巧39 设置数值调节框的项目值小于1

在本例中，将使用Format函数设置数值调节框中的项目值为小于1的小数，且其变动量间隔为0.01。

① 如图14-115所示，是在预先插入的UserForm1用户窗体中设置数值调节框中的项目值为小于1且变动量间隔为0.01的小数的代码。

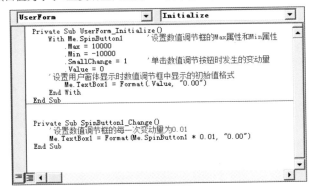

图14-115

② 在插入的模块1中输入显示用户窗体的代码，如图14-116所示。

图14-116

❸ 运行模块1代码后，即可显示出用户窗体，如图14-117所示。

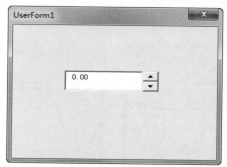

图14-117

❹ 此时，单击数值调节按钮即可看到其变动量为0.01，如图14-118所示。

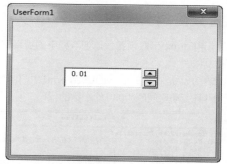

图14-118

第 *15* 章

数据库的应用

数据库是按照数据结构来组织、存储和管理数据的仓库，是应用最广泛的计算机技术之一，同时结合Excel强大的数据分析和处理功能，可以显著地提高工作的效率。

不管是什么数据库，其操作方法除了连接语句的不同，其他语句是基本相同的。这里主要介绍利用Excel VBA操作Access数据库的方法，用户可以根据介绍的方法和技巧来对其他数据库进行相应的操作。

本章中部分素材文件在光盘中对应的章节下。

15.1 数据库的基本操作

技巧1 创建Access数据库文件

在本例中，将使用Create方法在指定位置创建数据库文件，并使用Execute方法在其中创建指定字段的数据表。

在利用ADO对象创建Access数据库之前，需引用Microsoft ActiveX Data Objects 2.8 Library和Microsoft ADO Ext. 2.8 for DDL and Security项目的ADO对象库，否则运行代码的结果如图15-1所示。

❶ 打开VB编辑器，选择"工具"|"引用" 菜单命令，打开"引用 -VBAProject"对话框。

❷ 在"可使用的引用"列表框中选中Microsoft ActiveX Data Objects 2.8 Library和Microsoft ADO Ext.2.8 for DDL and Security复选框，如图15-2所示。

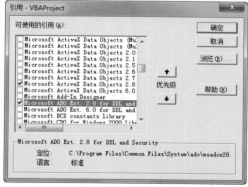

图15-1

图15-2

❸ 单击"确定"按钮，即可完成ADODB类库和ADOX类库的引用。

❹ 在插入的模块1中输入创建指定的数据库和数据表的代码，如图15-3所示。

```
(通用)                                                    第15章_技巧1
    Public Sub 第15章_技巧10
        Dim Cat As New ADOX.Catalog        '创建一个ADOX.Catalog对象，用于创建新的数据库
        Dim myPath As String
        Dim myTable As String
        myPath = ThisWorkbook.Path & "\员工管理.mdb"    '指定数据库文件的路径及名称
        myTable = "员工档案"    '指定数据表的名称
        If Dir(myPath) <> "" Then Kill myPath
        Cat.Create "Provider=Microsoft.Jet.OLEDB.4.0;Data Source=" & myPath    '创建数据库文件
        Cat.ActiveConnection.Execute "CREATE TABLE " & myTable & _
            "(编号 int,姓名 text(10),年龄 text(200)," _
            & "学历 text(20),专业 text(50))"    '创建数据表并设置字段名称、数据类型及字段长度
        Set Cat = Nothing
        MsgBox "数据库创建完毕! " & vbCrLf _
            & vbCrLf _
            & "数据库文件的名称及完整路径为: " & myPath & vbCrLf _
            & "数据表的名称为: " & myTable
    End Sub
```

图15-3

▶ **代码解析**

第10~11行代码中，指定了字段的名称、数据类型及字段长度。其中int
表示长整型，text表示文本型，括号内的数字表示字段的长度。

⑤ 运行代码后，即可弹出如图15-4所示的消息对话框。

图15-4

⑥ 单击"确定"按钮后，打开当前工作簿所在的文件夹，即可看到新建的
数据库文件，如图15-5所示。

图15-5

⑦ 打开该数据库文件，即可看到其中添加的数据表及其字段，如图15-6
所示。

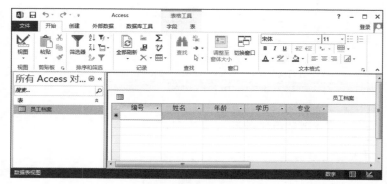

图15-6

技巧2 添加数据表

在本例中，将使用Connection对象的Execute方法在数据库文件中添加数据表。

❶ 如图15-7所示，是在上例中创建的"员工管理"数据库文件中添加包含指定字段的"员工考勤"数据表的代码。

图15-7

❷ 运行代码后，即可弹出如图15-8所示的消息对话框。

❸ 单击"确定"按钮后，打开"员工管理"数据库文件，即可看到其中添加的数据表及其字段，如图15-9所示。

图15-8

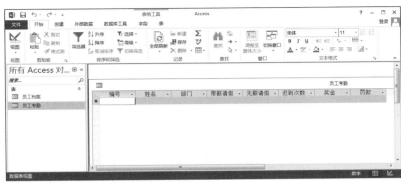

图15-9

技巧3 删除数据表

在本例中，将使用SQL语句中的Drop方法在数据库文件中删除数据表。

❶ 如图15-10所示，是删除上例中添加的"员工考勤"数据表的代码。

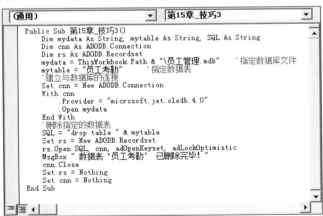

```
(通用)                              第15章_技巧3

Public Sub 第15章_技巧3()
    Dim mydata As String, mytable As String, SQL As String
    Dim cnn As ADODB.Connection
    Dim rs As ADODB.Recordset
    mydata = ThisWorkbook.Path & "\员工管理.mdb"    '指定数据库文件
    mytable = "员工考勤"         '指定数据表
    '建立与数据库的连接
    Set cnn = New ADODB.Connection
    With cnn
        .Provider = "microsoft.jet.oledb.4.0"
        .Open mydata
    End With
    '删除指定的数据表
    SQL = "drop table " & mytable
    Set rs = New ADODB.Recordset
    rs.Open SQL, cnn, adOpenKeyset, adLockOptimistic
    MsgBox " 数据表'员工考勤' 已删除完毕!"
    cnn.Close
    Set rs = Nothing
    Set cnn = Nothing
End Sub
```

图15-10

❷ 运行代码后，即可弹出如图15-11所示的消息对话框。

❸ 单击"确定"按钮后，打开"员工管理"数据库文件，即可看到其中的"员工考勤"数据表已被删除，如图15-12所示。

图15-11

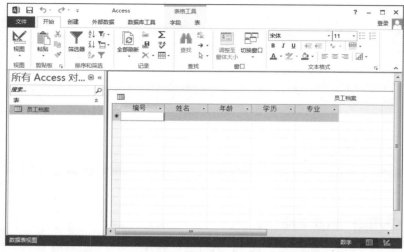

图15-12

技巧4 添加已知字段

为了追加表格的列标题，用户可以在指定的数据表中添加字段。在本例中，将使用SQL语句的Add方法将已知单元格区域中的字段添加至数据表中。

① 如图15-13所示，是需要添加至数据表中的字段的名称、类型及大小。

	A	B	C	D
1	字段名称	数据类型	字段长度	
2	部门	text	10	
3	入职时间	datetime		
4	职位	text	10	
5	工龄	text	3	
6	毕业学校	text	20	
7				

图15-13

② 如图15-14所示，是将A1:C6单元格区域中的字段添加至"员工管理"数据库文件的"员工档案"数据表中的代码。

③ 运行代码后，即可弹出如图15-15所示的消息对话框。

④ 单击"确定"按钮后，打开"员工管理"数据库文件，双击"员工档案"数据表，即可看到其中添加的字段，如图15-16所示。

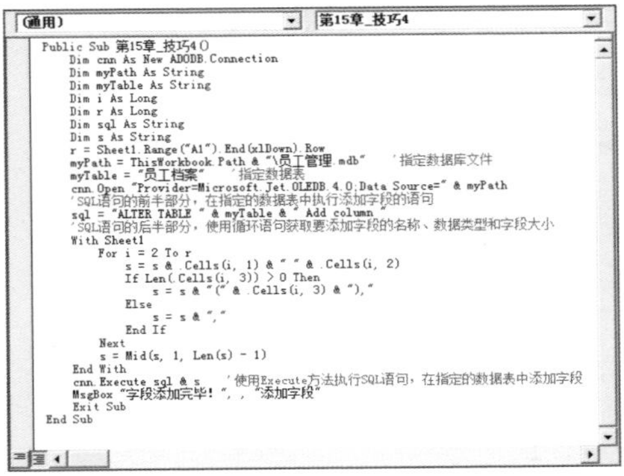

图15-14

图15-15

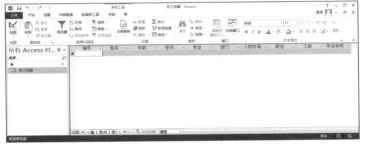

图15-16

技巧5 添加自定义字段

在本例中，将使用SQL语句的Alter关键字和Add方法添加自定义名称、类型和大小的字段。

❶ 如图15-17所示，是在"员工管理"数据库文件的"员工档案"数据表中添加一个长度为10的文本型字段"籍贯"和长度为20的文本型字段"工资"的代码。

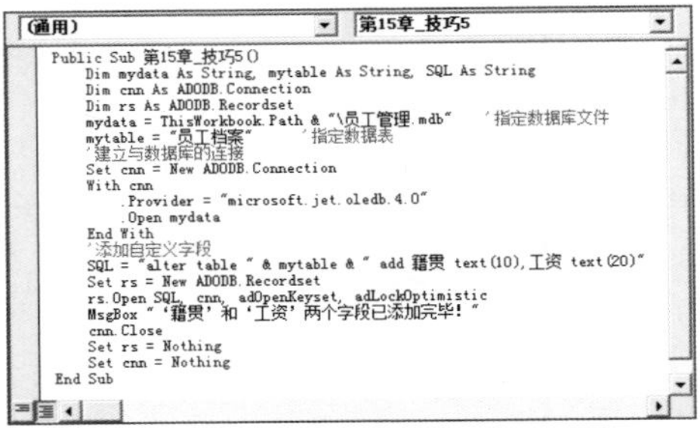

图15-17

❷ 运行代码后，即可弹出如图15-18所示的消息对话框。

图15-18

❸ 单击"确定"按钮后，打开"员工管理"数据库文件，双击"员工档案"数据表，即可看到其中添加的字段，如图15-19所示。

图15-19

技巧6 设置字段的类型

在本例中，将使用SQL语句的Alter关键字更改字段的类型。

❶ 如图15-20所示，是将上例中添加的"工资"字段更改为货币类型的代码。

```
(通用)                              第15章_技巧6

Public Sub 第15章_技巧6()
    Dim mydata As String, mytable As String, SQL As String
    Dim cnn As ADODB.Connection
    Dim rs As ADODB.Recordset
    mydata = ThisWorkbook.Path & "\员工管理.mdb"   '指定数据库文件
    mytable = "员工档案"          '指定数据表
    '建立与数据库的连接
    Set cnn = New ADODB.Connection
    With cnn
        .Provider = "microsoft.jet.oledb.4.0"
        .Open mydata
    End With
    '将"工资"字段更改为货币类型
    SQL = "alter table " & mytable & " alter 工资 currency"
    Set rs = New ADODB.Recordset
    rs.Open SQL, cnn, adOpenKeyset, adLockOptimistic
    MsgBox "'工资'字段的类型更改完毕！"
    cnn.Close
    Set rs = Nothing
    Set cnn = Nothing
End Sub
```

图15-20

② 运行代码后，即可弹出如图15-21所示的消息对话框。

③ 单击"确定"按钮后，打开"员工管理"数据库文件，双击"员工档案"数据表，将光标置于"工资"字段的单元格中，单击"表格工具"下的"字段"选项卡，在"格式"选项组中可以查看到该字段的"数据类型"为"货币"。在单元格中输入数值，再按Enter键，即可显示为货币格式，如图15-22所示。

图15-21

图15-22

技巧7 设置字段的长度

更改字段的长度和设置字段类型的方法相同，也是使用SQL语句的Alter关键字来实现。

① 如图15-23所示，是将技巧5中添加的"籍贯"字段的长度由10更改为20的代码。

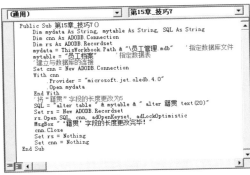

图15-23

② 运行代码后，即可弹出如图15-24所示的消息对话框。

③ 单击"确定"按钮后，打开"员工管理"数据库文件，双击"员工档案"数据表，将光标置于"籍贯"字段的单元格中，单击"表格工具"下的"字段"选项卡，在"属性"选项组中可以查看到该字段的"字段大小"为20，如图15-25所示。

图15-24

图15-25

技巧8 删除字段

在本例中，将使用SQL语句中的Drop方法在数据库文件中删除数据表。

① 如图15-26所示，是删除"员工管理"数据库中"员工档案"数据表的"籍贯"和"工资"两个字段的代码。

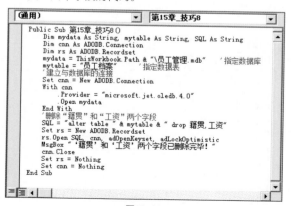

```
(通用)                              第15章_技巧8
Public Sub 第15章_技巧8()
    Dim mydata As String, mytable As String, SQL As String
    Dim cnn As ADODB.Connection
    Dim rs As ADODB.Recordset
    mydata = ThisWorkbook.Path & "\员工管理.mdb"    '指定数据库
    mytable = "员工档案"    '指定数据表
    '建立与数据库的连接
    Set cnn = New ADODB.Connection
    With cnn
        .Provider = "microsoft.jet.oledb.4.0"
        .Open mydata
    End With
    '删除"籍贯"和"工资"两个字段
    SQL = "alter table " & mytable & " drop 籍贯,工资"
    Set rs = New ADODB.Recordset
    rs.Open SQL, cnn, adOpenKeyset, adLockOptimistic
    MsgBox "'籍贯'和'工资'两个字段已删除完毕！"
    cnn.Close
    Set rs = Nothing
    Set cnn = Nothing
End Sub
```

图15-26

2 运行代码后，即可弹出如图15-27所示的消息对话框。

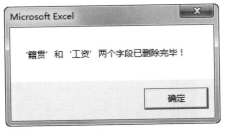

图15-27

3 单击"确定"按钮后，打开"员工管理"数据库文件，双击"员工档案"数据表，即可看到其中的"籍贯"和"工资"两个字段已被删除，如图15-28所示。

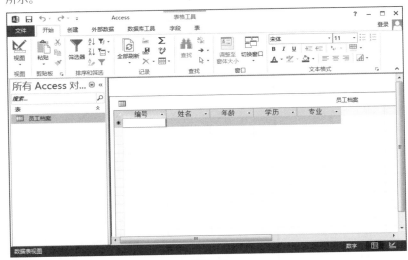

图15-28

技巧9 添加已知数据记录

通常情况下，使用Connection对象的Execute方法可以向数据表中添加一条记录。若要添加多条记录，则可以使用Recordset对象的AddNew方法来实现。

1 如图15-29所示，是当前工作表中需要添加至"员工管理"数据库的"员工档案"数据表中的源记录。

2 如图15-30所示，是将A1:E19单元格中的数据记录添加至"员工管理"数据库的"员工档案"数据表中的代码。

	A	B	C	D	E	F
1	编号	姓名	年龄	学历	专业	
2	1	李霞	30	大专	行政管理	
3	2	苏海涛	32	大专	市场营销	
4	3	喻可	42	本科	财会	
5	4	苏曼	25	大专	市场营销	
6	5	蒋苗苗	28	硕士	电子工程	
7	6	胡子强	37	高中及以下	市场营销	
8	7	刘玲燕	41	本科	行政管理	
9	8	韩要荣	32	本科	IT网络	
10	9	侯淑媛	45	高中及以下	市场营销	
11	10	孙丽萍	27	大专	行政管理	
12	11	李平	33	大专	行政管理	
13	12	郑立媛	26	大专	市场营销	
14	13	艾羽	38	硕士	财会	
15	14	章晔	29	本科	广告学	
16	15	钟文	32	本科	广告学	
17	16	朱安婷	30	硕士以上	电子商务	
18	17	钟武	32	高中及以下	市场营销	
19	18	梅香蓁	29	硕士	IT网络	
20						

图15-29

```
(通用)                                              第15章_技巧9
Public Sub 第15章_技巧9()
    Dim cnn As New ADODB.Connection
    Dim rst As New ADODB.Recordset
    Dim myPath As String
    Dim myTable As String
    Dim arrALL()
    Dim arrFields()
    Dim arrValues()
    Dim i As Long
    Dim r As Long
    myPath = ThisWorkbook.Path & "\员工管理.mdb"    '指定数据库文件
    myTable = "员工档案"    '指定数据表
    cnn.Open "Provider=Microsoft.Jet.OLEDB.4.0;Data Source=" & myPath
    '使用Recordset对象的Open方法执行SQL语句
    rst.Open "select * from " & myTable & " where 1=2", cnn, adOpenDynamic, adLockOptimistic
    With Sheet1
        r = .Range("A1").End(xlDown).Row
        arrALL = .Range("A1:E" & r)    '将包含字段名称和数据的单元格区域赋值给arrALL数组
        '使用Index函数从arrALL数组中获取包含字段名称列表的一维数组
        arrFields = WorksheetFunction.Index(arrALL, 1, 0)
        For i = 2 To r
            '使用Index函数从arrALL数组中获取包含表数据的一维数组
            arrValues = WorksheetFunction.Index(arrALL, i, 0)
            '使用Recordset对象的AddNew方法将数据添加至记录集中
            rst.AddNew arrFields, arrValues
        Next
    End With
    MsgBox "数据记录添加完毕!", , , "添加数据"
    Exit Sub
End Sub
```

图15-30

3 运行代码后，即可弹出如图15-31所示的消息对话框。

4 单击"确定"按钮后，打开"员工管理"数据库文件，双击"员工档案"数据表，即可看到其中添加了指定的数据记录，如图15-32所示。

图15-31

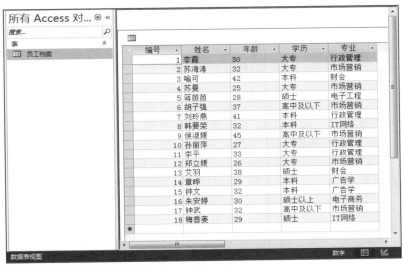

图15-32

代码解析

第15行代码中，使用Select语句并通过Where子句的限制返回一个包含所有字段的空记录集。因为任何情况下数字1均不等于数字2，所以使用此技巧避免在数据库中含有大量数据时返回所有的记录，从而提高运行的速度。

其中的adOpenDynamic指的是打开Recordset对象时提供者应使用的游标类型为动态游标，即其他用户所做的添加、更改或删除均可见，其对应值为2；adLockOptimistic指逐个记录开放式锁定，仅在调用Update方法时锁定记录，其对应值为3。

技巧10 添加自定义数据记录

在本例中，将使用ADO对象的AddNew方法向数据表中添加一条自定义的数据记录。

① 如图15-33所示，是在"员工管理"数据库的"员工档案"数据表中添加自定义的数据记录的代码。

② 运行代码后，即可弹出如图15-34所示的消息对话框。

③ 单击"确定"按钮后，打开"员工管理"数据库文件，双击"员工档案"数据表，即可看到在原数据记录的最后添加了自定义的数据记录，如图15-35所示。

图15-33　　　　　　　　　　　　　　　　　　图15-34

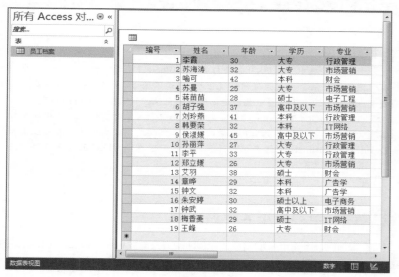

图15-35

技巧11　修改数据记录

在本例中，将使用ADO对象的Update语句批量修改数据表中的数据记录。

❶ 如图15-36所示，是在"员工管理"数据库的"员工档案"数据表中将所有编号均加上100的代码。

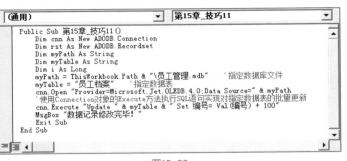

```
(通用)                              第15章_技巧11

    Public Sub 第15章_技巧11 ()
        Dim cnn As New ADODB.Connection
        Dim rst As New ADODB.Recordset
        Dim myPath As String
        Dim myTable As String
        Dim i As Long
        myPath = ThisWorkbook.Path & "\员工管理.mdb"    '指定数据库文件
        myTable = "员工档案"    '指定数据表
        cnn.Open "Provider=Microsoft.Jet.OLEDB.4.0;Data Source=" & myPath
        '使用Connection对象的Execute方法执行SQL语句可实现对指定数据表的批量更新
        cnn.Execute "Update " & myTable & " Set 编号= Val(编号) + 100"
        MsgBox "数据记录修改完毕！"
        Exit Sub
    End Sub
```

图15-36

② 运行代码后，即可弹出如图15-37所示的消息对话框。

图15-37

③ 单击"确定"按钮后，打开"员工管理"数据库文件，双击"员工档案"数据表，即可看到所有的"编号"均加上了100，如图15-38所示。

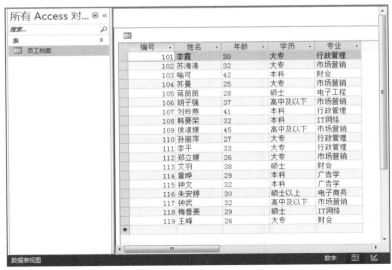

编号	姓名	年龄	学历	专业
101	李霞	30	大专	行政管理
102	苏海涛	32	大专	市场营销
103	喻可	42	本科	财会
104	苏曼	25	大专	市场营销
105	蒋苗苗	28	硕士	电子工程
106	胡子强	37	高中及以下	市场营销
107	刘玲燕	41	本科	行政管理
108	韩要荣	32	本科	IT网络
109	侯淑媛	45	高中及以下	市场营销
110	孙丽萍	27	大专	行政管理
111	李平	33	大专	行政管理
112	郑立媛	26	大专	市场营销
113	艾羽	38	硕士	财会
114	章晔	29	本科	广告学
115	钟文	32	本科	广告学
116	朱安婷	30	硕士以上	电子商务
117	钟武	32	高中及以下	市场营销
118	梅香菱	29	硕士	IT网络
119	王峰	26	大专	财会

图15-38

技巧12 删除数据记录

在本例中，将使用ADO对象的Delete语句及Where子句限制条件来删除数据表中指定的数据记录。

① 如图15-39所示，是在"员工管理"数据库的"员工档案"数据表中删除学历为"高中及以下"或专业为"行政管理"的数据记录的代码。

```
(通用)                                          第15章_技巧12
Public Sub 第15章_技巧12()
    Dim cnn As New ADODB.Connection
    Dim myPath As String
    Dim myTable As String
    myPath = ThisWorkbook.Path & "\员工管理.mdb"    '指定数据库文件
    myTable = "员工档案"    '指定数据表
    cnn.Open "Provider=Microsoft.Jet.OLEDB.4.0;Data Source=" & myPath
    cnn.Execute "Delete from " & myTable & " Where 学历='高中及以下' Or 专业='行政管理'"
    MsgBox "数据记录删除完毕！"
    Exit Sub
End Sub
```

图15-39

② 运行代码后，即可弹出如图15-40所示的消息对话框。

图15-40

③ 单击"确定"按钮后，打开"员工管理"数据库文件，双击"员工档案"数据表，即可看到学历为"高中及以下"或专业为"行政管理"的数据记录已被删除，如图15-41所示。

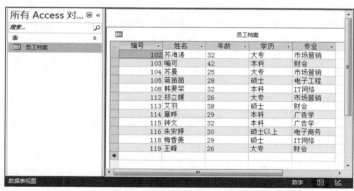

图15-41

15.2　数据库基本信息的查看

在本节中，将介绍如何查看数据库的基本信息，主要包括数据库中所有数据表的名称、数据表中所有字段的名称以及是否存在指定的数据表和字段等。

技巧13　查看数据库中所有数据表的名称

在本例中，将使用ADO对象查看指定数据库文件中所有数据表的名称，并将其输出至当前工作表中。

❶ 如图15-42所示，是查看"员工管理"数据库文件中所有数据表的名称，并将其输出至当前工作表的A列的代码。

```
(通用)                                       第15章_技巧13

Public Sub 第15章_技巧13()
    Dim mydata As String
    Dim mycat As New ADOX.Catalog
    mydata = ThisWorkbook.Path & "\员工管理.mdb"    '指定数据库文件
    '将ActiveConnection属性设置为有效连接字符串以打开目录, 从而访问包含在其中的模式对象
    mycat.ActiveConnection = "Provider=microsoft.jet.oledb.4.0;" _
        & "Data Source=" & mydata
    Msg = ""
    h = 1
    For i = 0 To mycat.Tables.Count - 1
        If Left(mycat.Tables.Item(i).Name, 4) <> "MSys" Then
            ActiveSheet.Cells(h, 1) = mycat.Tables.Item(i).Name
            h = h + 1
        End If
    Next i
    Set mycat.ActiveConnection = Nothing
End Sub
```

图15-42

❷ 运行代码后的结果如图15-43所示。

	A	B	C
1	员工档案		
2			
3			
4			
5			

图15-43

技巧14 查看数据表中所有字段的名称

在本例中，将使用ADO对象查看指定数据库文件中某个数据表的所有字段名称、类型及大小等信息，并将其输出至当前工作表中。

1 如图15-44所示，是查看"员工管理"数据库文件中"员工档案"数据表的所有字段信息，并将其分别输出至当前工作表的A、B、C列的代码。

```
(通用)                                    第15章_技巧14

Public Sub 第15章_技巧14()
    Dim mydata As String, mytable As String
    Dim cnn As ADODB.Connection
    Dim rs As ADODB.Recordset
    Dim myField As ADODB.Field
    Dim FieldType As String, FieldLong As Integer
    mydata = ThisWorkbook.Path & "\员工管理.mdb"    '指定数据库文件
    mytable = "员工档案"      '指定数据表
    '建立与数据库的连接
    Set cnn = New ADODB.Connection
    With cnn
        .Provider = "microsoft.jet.oledb.4.0"
        .Open mydata
    End With
    Set rs = New ADODB.Recordset
    rs.Open mytable, cnn, adOpenKeyset, adLockOptimistic
    '查看字段名称、数据类型和字段大小
    ActiveSheet.Cells.Clear
    ActiveSheet.Range("A1:C1") = Array("字段名称", "数据类型", "字段大小")
    k = 2
    For Each myField In rs.Fields
        '将字段名称、数据类型和字段大小分别输出至工作表的A、B、C列
        ActiveSheet.Range("A" & k) = myField.Name
        ActiveSheet.Range("B" & k) = myField.Type
        ActiveSheet.Range("C" & k) = myField.DefinedSize
        k = k + 1
    Next
    rs.Close
    cnn.Close
    Set rs = Nothing
    Set cnn = Nothing
End Sub
```

图15-44

2 运行代码后的结果如图15-45所示。

	A	B	C	D
1	字段名称	数据类型	字段大小	
2	编号	3	4	
3	姓名	202	10	
4	年龄	202	200	
5	学历	202	20	
6	专业	202	50	
7				

图15-45

技巧15 查看指定的数据表是否存在

在数据库文件中添加或删除数据表时，若该数据表不存在时，则会出现错误提示。在这种情况下，用户可以利用ADO对象先查看指定的数据表是否存在。

① 如图15-46所示，是查看"员工管理"数据库文件中是否存在"员工考勤"数据表的代码。

```
(通用)                          第15章_技巧15

Public Sub 第15章_技巧15()
    Dim mydata As String, mytable As String
    Dim cnn As ADODB.Connection
    Dim rs As ADODB.Recordset
    mydata = ThisWorkbook.Path & "\员工管理.mdb"    '指定数据库文件
    mytable = "员工考勤"          '指定数据表
    Set cnn = New ADODB.Connection
    With cnn
        .Provider = "microsoft.jet.oledb.4.0"
        .Open mydata
    End With
    '查看指定的数据表是否存在
    Set rs = cnn.OpenSchema(adSchemaTables)
    Do Until rs.EOF
        If LCase(rs!table_name) = LCase(mytable) Then
            MsgBox " " < " & mytable & " > "数据表 存在！"
            GoTo hhh
        End If
        rs.MoveNext
    Loop
    MsgBox " " " & mytable & " "数据表不存在！"
hhh:
    rs.Close
    cnn.Close
    Set rs = Nothing
    Set cnn = Nothing
End Sub
```

图15-46

② 运行代码后的结果如图15-47所示。

图15-47

技巧16 查看指定的字段是否存在

查看字段是否存在和上例中介绍的查看数据表是否存在的方法相同，也是利用ADO对象来实现的。

① 如图15-48所示，是查看"员工管理"数据库文件的"员工档案"数据表中是否存在"学历"字段的代码。

```
(通用)                                    第15章_技巧16

Public Sub 第15章_技巧16 ()
    Dim mydata As String, mytable As String, mycolumn As String
    Dim cnn As ADODB.Connection
    Dim rs As ADODB.Recordset
    mydata = ThisWorkbook.Path & "\员工管理.mdb"      '指定数据库文件
    mytable = "员工档案"        '指定数据表
    mycolumn = "学历"           '指定字段名称
    '建立与数据库的连接
    Set cnn = New ADODB.Connection
    With cnn
        .Provider = "microsoft.jet.oledb.4.0"
        .Open mydata
    End With
    '查看指定的字段是否存在
    Set rs = cnn.OpenSchema(adSchemaColumns)
    Do Until rs.EOF
        If LCase(rs!column_name) = LCase(mycolumn) Then
            MsgBox "在""" & mytable & """数据表中存在""" & mycolumn & """字段！"
            GoTo hhh
        End If
        rs.MoveNext
    Loop
    MsgBox "在""" & mytable & """数据表中不存在""" & mycolumn & """字段！"
hhh:
    rs.Close
    cnn.Close
    Set rs = Nothing
    Set cnn = Nothing
End Sub
```

图15-48

② 运行代码后的结果如图15-49所示。

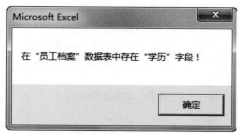

Microsoft Excel

在 "员工档案" 数据表中存在 "学历" 字段！

确定

图15-49

技巧17 查看符合指定条件的数据记录

在本例中，将使用ADO对象的SQL语句结合Max函数和Min函数查询指定字段的最大值和最小值。

❶ 如图15-50所示，是在"员工管理"数据库文件的"员工档案"数据表中查看年龄的最大值和最小值，并将其输出至当前工作表的A1:B1和A2:B2单元格区域中的代码。

```
(通用)                              第15章_技巧17

Public Sub 第15章_技巧17()
    Dim mydata As String, mytable As String, SQL As String
    Dim cnn As ADODB.Connection
    Dim rs As ADODB.Recordset
    Dim i As Integer
    ActiveSheet.Cells.Clear
    mydata = ThisWorkbook.Path & "\员工管理.mdb"      '指定数据库文件
    mytable = "员工档案"      '指定数据表
    Set cnn = New ADODB.Connection
    With cnn
        .Provider = "microsoft.jet.oledb.4.0"
        .Open mydata
    End With
    '查看"员工档案"数据表中年龄的最大值和最小值
    SQL = "select max(年龄) as math1,min(年龄) as math2 from " & mytable
    Set rs = New ADODB.Recordset
    rs.Open SQL, cnn, adOpenKeyset, adLockOptimistic
    '输出数据记录
    Range("A1:B1") = Array("最大年龄", "最小年龄")
    Range("A2:B2") = Array(rs!math1, rs!math2)
    rs.Close
    cnn.Close
    Set rs = Nothing
    Set cnn = Nothing
End Sub
```

图15-50

❷ 运行代码后的结果如图15-51所示。

	A	B	C
1	最大年龄	最小年龄	
2	42	25	
3			

图15-51

技巧18 在工作表中导入数据库中的全部数据

在本例中，将使用CopyFromRecordset方法在当前工作表中导入数据库中所有的数据记录。

❶ 如图15-52所示，是"员工管理"数据库中"员工档案"数据表的所有数据记录。

图15-52

② 如图15-53所示，是将这些数据记录全部导入至当前工作表中指定的单元格区域中的代码。

```
(通用)                                        第15章_技巧18

    Public Sub 第15章_技巧18()
        Dim mydata As String, mytable As String, SQL As String
        Dim cnn As ADODB.Connection
        Dim rs As ADODB.Recordset
        Dim i As Integer
        ActiveSheet.Cells.Clear
        mydata = ThisWorkbook.Path & "\员工管理.mdb"    '指定数据库文件
        mytable = "员工档案"        '指定数据表
        Set cnn = New ADODB.Connection
        With cnn
            .Provider = "microsoft.jet.oledb.4.0"
            .Open mydata
        End With
        '查看"员工档案"数据表中所有的数据记录
        SQL = "select * from " & mytable
        Set rs = New ADODB.Recordset
        rs.Open SQL, cnn, adOpenKeyset, adLockOptimistic
        '复制数据表中的所有字段名
        For i = 1 To rs.Fields.Count
            Cells(1, i) = rs.Fields(i - 1).Name
        Next i
        With Range(Cells(1, 1), Cells(1, rs.Fields.Count))
            .Font.Bold = True
            .HorizontalAlignment = xlCenter
        End With
        '导入字段下对应的数据至当前工作表中以A2单元格为起始单元格的区域
        Range("A2").CopyFromRecordset rs
        rs.Close
        cnn.Close
        Set rs = Nothing
        Set cnn = Nothing
    End Sub
```

图15-53

③ 运行代码后的结果如图15-54所示。

	A	B	C	D	E	F
1	编号	姓名	年龄	学历	专业	
2	1	李霞	30	大专	行政管理	
3	2	苏海涛	32	大专	市场营销	
4	3	喻可	42	本科	财会	
5	4	苏曼	25	大专	市场营销	
6	5	蒋苗苗	28	硕士	电子工程	
7	6	胡子强	37	高中及以下	市场营销	
8	7	刘玲燕	41	本科	行政管理	
9	8	韩要荣	32	本科	IT网络	
10	9	侯淑媛	45	高中及以下	市场营销	
11	10	孙丽萍	27	大专	行政管理	
12	11	李平	33	大专	行政管理	
13	12	郑立媛	26	大专	市场营销	
14	13	艾羽	38	硕士	财会	
15	14	章晔	29	本科	广告学	
16	15	钟文	32	本科	广告学	
17	16	朱安婷	30	硕士以上	电子商务	
18	17	钟武	32	高中及以下	市场营销	
19	18	梅香菱	29	硕士	IT网络	
20						

图15-54

读书笔记

第 *16* 章

文件系统的操作

文件系统的操作是使用计算机时最常用、最频繁的操作之一，主要包括文件和文件夹的重命名、复制、移动和删除等。

本章介绍使用Excel VBA的有关函数和语句对文件系统进行操作的一些实用技巧。

本章中部分素材文件在光盘中对应的章节下。

16.1 文件的操作

技巧1 查看文件夹中的所有文件（1）

在本例中，将使用Dir函数结合循环语句来获取指定文件夹中的所有文件。

❶ 如图16-1所示，是查看当前工作簿所在的文件夹中所有文件的代码。

```
(通用)                              第16章_技巧1

Public Sub 第16章_技巧1 ()
    Dim myPath As String
    Dim myFileName As String
    Dim i As Long
    myPath = ThisWorkbook.Path & "\"        '指定文件夹
    myFileName = Dir(myPath, 0)
    i = 0
    Do While Len(myFileName) > 0
        Cells(i + 1, 1) = myPath & myFileName
        myFileName = Dir()
        i = i + 1
    Loop
End Sub
```

图16-1

❷ 运行代码后的结果如图16-2所示。

	A	B	C	D	E	F	G	H
1	G:\Excel VBA应用技巧与范例查询宝典\写作数据源\第16章\第16章-技巧1.xls							
2								
3								
4								
5								
6								
7								
8								

图16-2

技巧2 查看文件夹中的所有文件（2）

FileSystemObjects（简称FSO）对象是包含于Scripting类型库中的功能对象，该对象提供了大量的属性、方法和事件，可以方便地处理文件和文件夹。

在本例中，将使用FSO对象查看指定文件夹中的所有文件。

❶ 要使用FSO对象，需先引用其所属类型库，方法是打开VB编辑器，选

择"工具"|"引用"菜单命令。

② 打开"引用-VBAProject"对话框，在"可使用的引用"列表框中选中
Microsoft Scripting Runtime复选框，如图16-3所示。

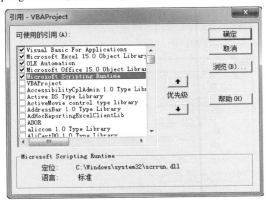

图16-3

③ 单击"确定"按钮后，在插入的模块1中输入查看当前工作簿所在文件
夹中的所有文件的代码，如图16-4所示。

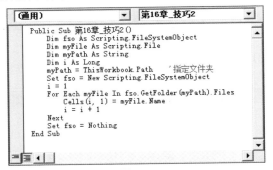

```
(通用)                        第16章_技巧2

Public Sub 第16章_技巧2()
    Dim fso As Scripting.FileSystemObject
    Dim myFile As Scripting.File
    Dim myPath As String
    Dim i As Long
    myPath = ThisWorkbook.Path      '指定文件夹
    Set fso = New Scripting.FileSystemObject
    i = 1
    For Each myFile In fso.GetFolder(myPath).Files
        Cells(i, 1) = myFile.Name
        i = i + 1
    Next
    Set fso = Nothing
End Sub
```

图16-4

④ 运行代码的结果如图16-5所示。

	A	B	C
1	第16章-技巧1.xls		
2	第16章-技巧2.xls		
3			
4			
5			

图16-5

技巧3 判断文件是否存在

在本例中，将分别使用Dir函数和FSO对象的FileExists方法来判断指定文件夹中的某个文件是否存在。

① 如图16-6所示，分别是使用这两种方法判断"第16章-技巧3.xls"文件和"YHH.xls"文件是否存在的代码。

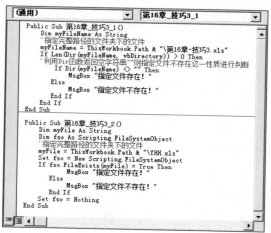

图16-6

② 运行第1段代码后的结果如图16-7所示。
③ 运行第2段代码后的结果如图16-8所示。

图16-7

图16-8

技巧4 判断文件是否处于锁定状态

在同一个Excel进程中，可以通过遍历Workbooks对象很方便地判断指定的工作簿是否处于锁定状态；而在多个Excel进程中，则可以使用下面的方法进行判断。

1 如图16-9所示，是判断指定的"第16章-技巧4.xls"文件是否已被其他的Excel进程打开的代码。

图16-9

2 运行代码后的结果如图16-10所示。

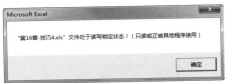

图16-10

📀 **代码解析**

（1）第11行代码中，使用On Error Resume Next语句捕捉错误，若指定的文件为只读文件或被其他进程以读锁、写锁或读写锁的方式打开，Open语句则会产生路径或文件访问错误，以此可以判断指定的文件是否处于某种锁定状态。

（2）第12行代码中，使用Open语句在打开指定文件时设置可读可写的访问方式并限定其他的进程对指定的文件不可读不可写。

技巧5 查看指定文件的名称

在本例中，将使用FSO对象的GetFileName方法来查看指定文件的名称。

1 如图16-11所示，是查看当前工作簿文件名称的代码。

图16-11

② 运行代码后的结果如图16-12所示。

图16-12

技巧6 查看文件的大小

在本例中，将使用FileLen函数来查看指定文件的大小。

① 如图16-13所示，是查看当前工作簿文件大小的代码。

```
(通用)                                    第16章_技巧6
    Public Sub 第16章_技巧6()
        Dim myFile As String
        myFile = ThisWorkbook.FullName    '指定需要查看大小的文件
        MsgBox "当前Excel文件的大小为: " & Round(FileLen(myFile) / 1024, 2) & " KB"
    End Sub
```

图16-13

② 运行代码后的结果如图16-14所示。

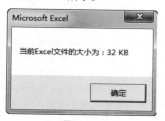

图16-14

技巧7 查看文件的修改时间

在本例中，将使用FileDateTime函数来查看指定文件的最后修改时间。

① 如图16-15所示，是查看当前工作簿文件最后修改时间的代码。

```
(通用)                                    第16章_技巧7
    Public Sub 第16章_技巧7()
        Dim myFile As String
        myFile = ThisWorkbook.FullName    '指定需要查看修改时间的文件名
        MsgBox "当前Excel文件的最后修改时间为: " & FileDateTime(myFile)
    End Sub
```

图16-15

② 运行代码后的结果如图16-16所示。

图16-16

技巧8 查看文件的属性

文件的属性包括普通、只读、隐藏和存档等。在本例中,将使用FSO对象的GetFile方法和Attributes属性来查看指定文件的属性。

① 如图16-17所示,是查看当前工作簿文件属性的代码。

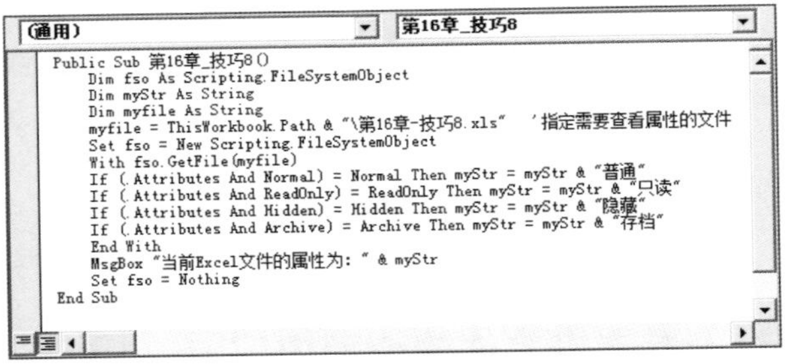

```
Public Sub 第16章_技巧8 ()
    Dim fso As Scripting.FileSystemObject
    Dim myStr As String
    Dim myfile As String
    myfile = ThisWorkbook.Path & "\第16章-技巧8.xls"    '指定需要查看属性的文件
    Set fso = New Scripting.FileSystemObject
    With fso.GetFile(myfile)
        If (.Attributes And Normal) = Normal Then myStr = myStr & "普通"
        If (.Attributes And ReadOnly) = ReadOnly Then myStr = myStr & "只读"
        If (.Attributes And Hidden) = Hidden Then myStr = myStr & "隐藏"
        If (.Attributes And Archive) = Archive Then myStr = myStr & "存档"
    End With
    MsgBox "当前Excel文件的属性为: " & myStr
    Set fso = Nothing
End Sub
```

图16-17

② 运行代码后的结果如图16-18所示。

图16-18

技巧9 查看文件的完整信息

在本例中,将使用FSO对象的GetFile方法来查看指定文件的名称、大小、创建时间及类型等信息。

① 如图16-19所示,是查看当前工作簿文件完整信息的代码。

```
(通用)                                      ▼  第16章_技巧9                          ▼
   Public Sub 第16章_技巧9()
       Dim fso As New FileSystemObject
       Dim myfile As File
       '指定需要查看信息的文件
       Set myfile = fso.GetFile(ThisWorkbook.Path & "\第16章-技巧9.xls")
       MsgBox "文件的名称:" & myfile.Name _
            & vbCrLf & "文件的大小:" & Round(myfile.Size / 1024, 2) & "KB" _
            & vbCrLf & "创建时间:" & myfile.DateCreated _
            & vbCrLf & "上次修改时间:" & myfile.DateLastModified _
            & vbCrLf & "保存的类型:" & myfile.Type _
            & vbCrLf & "保存的位置:" & myfile.ParentFolder
       Set myfile = Nothing
   End Sub
```

图16-19

② 运行代码后的结果如图16-20所示。

> Microsoft Excel   ✕
>
> 文件的名称:第16章-技巧9.xls
> 文件的大小:30.5KB
> 创建时间:2013/7/7 21:09:35
> 上次修改时间:2013/7/8 15:44:00
> 保存的类型:Microsoft Excel 97-2003 工作表
> 保存的位置:G:\Excel VBA应用技巧与范例查询宝典\写作数据源\第16章
>
>   确定

图16-20

技巧10 查看文本文件的全部内容

在本例中，将使用TEXT驱动程序和QueryTables对象来查看指定文本文件的全部内容，并将其输出至当前Excel工作表中。

① 如图16-21所示，是查看123.txt文本文件中的全部内容，并将其输出至当前工作表中以A1单元格为起始单元格的目标区域中的代码。

```
(通用)                                      ▼  第16章_技巧10                         ▼
   Public Sub 第16章_技巧10()
       Dim myCnc1 As String
       Dim myCnc2  As String
       Dim myFileName As String
       myFileName = "123.txt"          '指定文本文件
       myCnc1 = "TEXT;"
       myCnc2 = ThisWorkbook.Path & "\" & myFileName
       '指定显示文本文件全部内容的目标位置
       With ActiveSheet.QueryTables.Add(Connection:=myCnc1 & myCnc2, Destination:=Range("A1"))
           .TextFilePlatform = 936      '指定文本文件的原始格式
           .TextFileCommaDelimiter = True
           .Refresh
       End With
   End Sub
```

图16-21

② 运行代码后的结果如图16-22所示。

	A	B	C	D	E	F	G	H	I
1	姓名	性别	部门	差旅费	宣传费	交通费	办公用品费	通讯费	
2	孙洁	女	销售部	125	315	1587	465	213	
3	张晓	女	销售部	795	462	1643	256	462	
4	龙飞飞	男	技术部	462	731	4253	312	461	
5	李月英	男	技术部	136	132	2540	233	235	
6	赵佳	女	行政部	722	145	4651	410	666	
7	宋健	男	销售部	414	545	6462	253	412	
8	陈海峰	男	网络部	124	422	2421	154	132	
9	王云祥	男	技术部	231	1154	895	425	546	
10	李梅	女	行政部	798	121	4252	145	664	
11	张磊	男	网络部	729	877	987	246	344	
12									
13									
14									
15									

图16-22

技巧11 查看文本文件的指定字符

在本例中，将使用FSO对象的OpenTextFile方法打开并查看指定文本文件的指定字符。

1 如图16-23所示，是当前工作簿所在文件夹中YHH.txt文本文件的数据内容。

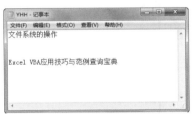

图16-23

2 如图16-24所示，是查看YHH.txt文本文件中前3个字符的代码。

```
Public Sub 第16章_技巧11()
    Dim fso As Scripting.FileSystemObject
    Dim myTxt As Scripting.TextStream
    Dim myfile As String
    Dim i As Long
    ActiveSheet.Cells.Clear
    myfile = ThisWorkbook.Path & "\YHH.txt"      '指定文本文件
    Set fso = New Scripting.FileSystemObject
    '使用OpenTextFile方法打开文本文件并按字符读取数据
    Set myTxt = fso.OpenTextFile(Filename:=myfile, IOMode:=ForReading)
    MsgBox "该文本文件的前3个字符为: " & myTxt.Read(3)
    myTxt.Close                  '关闭文本文件
    Set myTxt = Nothing
    Set fso = Nothing
End Sub
```

图16-24

3 运行代码后的结果如图16-25所示。

图16-25

技巧12 查看文本文件的行数据

在本例中，将使用FSO对象的OpenTextFile方法打开并查看指定文本文件的指定行数据。

❶ 如图16-26所示，是查看YHH.txt文本文件中第5行数据的代码。

```
(通用)                          第16章_技巧12
Public Sub 第16章_技巧12()
    Dim fso As Scripting.FileSystemObject
    Dim myTxt As Scripting.TextStream
    Dim myfile As String
    Dim i As Long
    ActiveSheet.Cells.Clear
    myfile = ThisWorkbook.Path & "\YHH.txt"        '指定文本文件
    Set fso = New Scripting.FileSystemObject
    '使用OpenTextFile方法打开文本文件并读取指定行数据
    Set myTxt = fso.OpenTextFile(Filename:=myfile, IOMode:=ForReading)
    With myTxt
        For i = 1 To 4
            .SkipLine
        Next i
        MsgBox "该文本文件的第5行字符为: " & .ReadLine
        .Close        '关闭文本文件
    End With
    Set myTxt = Nothing
    Set fso = Nothing
End Sub
```

图16-26

❷ 运行代码后的结果如图16-27所示。

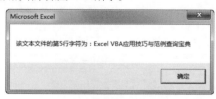

图16-27

技巧13 新建文本文件并输入数据

在本例中，将使用FSO对象的CreateTextFile方法创建新的文本文件并输入指定的数据内容。

❶ 如图16-28所示，是在当前工作簿所在的文件夹中新建名为ABC.txt的文本文件，并输入指定数据的代码。

② 运行代码后，即可弹出如图16-29所示的消息对话框。

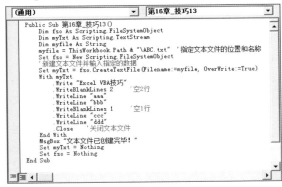

图16-28   图16-29

③ 单击"确定"按钮后，打开当前工作簿所在的文件夹，即可看到新建的文本文件，如图16-30所示。

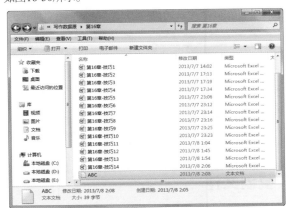

图16-30

④ 打开该文本文件，即可看到其中指定的数据内容，如图16-31所示。

图16-31

技巧14 重命名文件

在本例中，将使用Name语句重命名指定的文件。

❶ 如图16-32所示，是将E盘中的文本文件123.txt重命名为ABC.txt的代码。

❷ 运行代码后，即可弹出如图16-33所示的消息对话框。

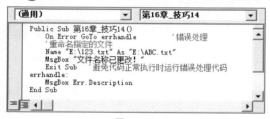

图16-32

图16-33

❸ 单击"确定"按钮后，打开E盘，即可看到指定文本文件的名称已被更改，如图16-34所示。

图16-34

技巧15 复制文件

在本例中，将使用FileCopy语句复制指定的文件。用户可以在同一个文件夹中进行复制，也可以将其复制至另一个文件夹中。

❶ 如图16-35所示，是复制E盘中的123.txt文本文件并将复制后的文件重命名为"副本123.txt"的代码。

图16-35

2 运行代码后，即可弹出如图16-36所示的消息对话框。

3 单击"确定"按钮后，打开文本文件所在的文件夹，即可看到复制的文本文件，如图16-37所示。

图16-36

图16-37

技巧16 移动文件

在本例中，将使用FSO对象的MoveFile方法移动文件。

1 如图16-38所示，是将当前工作簿所在文件夹中的ABC.txt文本文件移至E盘的代码。

图16-38

2 运行代码后，即可弹出如图16-39所示的消息对话框。

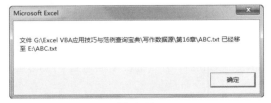

图16-39

3 单击"确定"按钮后，打开E盘，即可看到指定的ABC.txt文本文件被移至其中。

技巧17 删除文件

在本例中，将使用Kill语句删除指定的文件。用户可以删除指定的单个文件，也可以删除指定某种类型的文件。

❶ 如图16-40所示，是E盘中的所有文件。

图16-40

❷ 如图16-41所示，分别是删除E盘中的123.txt文本文件和所有xls文件的代码。

❸ 运行第1段代码后，即可弹出如图16-42所示的消息对话框。

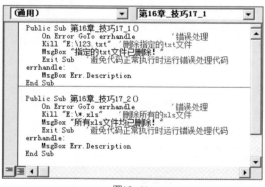

图16-41

图16-42

❹ 单击"确定"按钮后，打开E盘，即可看到"123.txt"文本文件被删除，如图16-43所示。

❺ 运行第2段代码后，即可弹出如图16-44所示的消息对话框。

❻ 单击"确定"按钮后，打开E盘，即可看到所有xls文件均被删除，如图16-45所示。

图16-43

图16-44

图16-45

16.2 文件夹的操作

技巧18 查看常用的系统文件夹

在本例中，将使用Environr函数和Application对象的有关属性来获取常用的系统文件夹。

❶ 如图16-46所示，是查看常用的系统文件夹的代码。

```
(通用)                           第16章_技巧18
Public Sub 第16章_技巧18()
    MsgBox "系统盘: & Environ(SystemDrive)" & vbCrLf _
        & "临时目录: & Environ(TEMP)" & vbCrLf _
        & "Windows目录: & Environ(windir)" & vbCrLf _
        & "系统目录: & Environ(SystemRoot)" & vbCrLf _
        & "程序文件目录: & Environ(ProgramFiles)" & vbCrLf _
        & "路径分隔符: & Application.PathSeparator" & vbCrLf _
        & "Excel程序文件夹: & Application.Path" & vbCrLf _
        & "Excel库文件夹: & Application.LibraryPath" & vbCrLf _
        & "Excel启动文件夹: & Application.StartupPath" & vbCrLf _
        & "Excel模板文件夹: & Application.TemplatesPath" & vbCrLf _
        & "COM加载宏文件夹: & Application.UserLibraryPath" & vbCrLf _
        & "当前默认文件夹: & Application.DefaultFilePath"
End Sub
```

图16-46

❷ 运行代码后的结果如图16-47所示。

图16-47

技巧19 查看文件夹中包含的子文件夹

在本例中，将使用FSO对象的GetFolder方法和SubFolders对象来查看指定文件夹中的所有子文件夹。

❶ 如图16-48所示，是查看常用的系统文件夹的代码。

```
(通用)                          第16章_技巧19

Public Sub 第16章_技巧19 ()
    Dim fso As Scripting.FileSystemObject
    Dim myFol As Scripting.Folder
    Dim myFolder As String
    Dim i As Long
    myFolder = ThisWorkbook.Path      '指定需要查看子文件夹的文件夹
    Range("A1") = Array("子文件夹名称")    '指定结果显示的目标单元格
    Set fso = New Scripting.FileSystemObject
    i = 2
    For Each myFol In fso.GetFolder(myFolder).SubFolders
        Cells(i, 1) = myFol.Name
        i = i + 1
    Next
    Set fso = Nothing
End Sub
```

图16-48

❷ 运行代码后的结果如图16-49所示。

	A	B	C
1	子文件夹名称		
2	333		
3	111		
4	222		
5			
6			

图16-49

技巧20　查看文件夹的属性

文件夹的属性和文件的属性一样，也包括普通、只读、隐藏和存档等。在本例中，将使用FSO对象的GetFolder方法和Attributes属性来查看指定文件夹的属性。

① 如图16-50所示，是查看当前工作簿所在文件夹属性的代码。

```
(通用)                                        第16章_技巧20

Public Sub 第16章_技巧20()
    Dim fso As Scripting.FileSystemObject
    Dim myStr As String
    Dim myFolder As String
    myFolder = ThisWorkbook.Path        '指定需要查看属性的文件夹
    Set fso = New Scripting.FileSystemObject
    With fso.GetFolder(myFolder)
        If (.Attributes And Normal) = Normal Then myStr = myStr & "普通"
        If (.Attributes And ReadOnly) = ReadOnly Then myStr = myStr & "只读"
        If (.Attributes And Hidden) = Hidden Then myStr = myStr & "隐藏"
        If (.Attributes And Archive) = Archive Then myStr = myStr & "存档"
    End With
    MsgBox "当前工作簿所在文件夹的属性为: " & myStr
    Set fso = Nothing
End Sub
```

图16-50

② 运行代码后的结果如图16-51所示。

Microsoft Excel

当前工作簿所在文件夹的属性为：普通

确定

图16-51

技巧21　查看文件夹的完整信息

在本例中，将使用FSO对象的GetFile方法来查看指定文件的名称、大小、路径及类型等信息。

① 如图16-52所示，是查看当前工作簿所在文件夹的完整信息的代码。

```
(通用)                                        第16章_技巧21

Public Sub 第16章_技巧21()
    Dim fso As New FileSystemObject
    Dim myFolder As Folder
    '指定需要查看完整信息的文件夹
    Set myFolder = fso.GetFolder(ThisWorkbook.Path)
    MsgBox "文件夹的名称:" & myFolder.Name _
        & vbCrLf & "文件夹的大小:" & Round(myFolder.Size / 1024, 2) & "KB" _
        & vbCrLf & "创建时间:" & myFolder.DateCreated _
        & vbCrLf & "上次修改时间:" & myFolder.DateLastModified _
        & vbCrLf & "保存的类型:" & myFolder.Type _
        & vbCrLf & "保存的位置:" & myFolder.ParentFolder
    Set myFolder = Nothing
End Sub
```

图16-52

② 运行代码后的结果如图16-53所示。

图16-53

技巧22 判断文件夹是否存在

判断文件夹是否存在和判断文件是否存在的方法相同，也是分别使用Dir函数和FSO对象的FileExists方法来实现的。

① 如图16-54所示，分别是使用这两种方法判断"C:\Program Files"文件夹和当前工作簿保存路径中XYZ文件夹是否存在的代码。

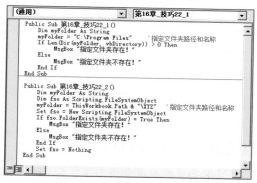

图16-54

② 运行第1段代码后的结果如图16-55所示。

③ 运行第2段代码后的结果如图16-56所示。

图16-55

图16-56

技巧23　通过对话框选择文件夹

在本例中，将通过设置msoFileDialogType类型为msoFileDialogFolderPicker来调用FileDialog对象，从而打开对话框，在其中选择需要的文件夹。

❶ 如图16-57所示，是打开可以在其中选择文件夹的"浏览"对话框的代码。

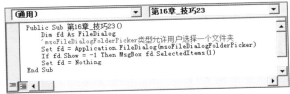

```
(通用)                              第16章_技巧23
    Public Sub 第16章_技巧23()
        Dim fd As FileDialog
        'msoFileDialogFolderPicker类型允许用户选择一个文件夹
        Set fd = Application.FileDialog(msoFileDialogFolderPicker)
        If fd.Show = -1 Then MsgBox fd.SelectedItems(1)
        Set fd = Nothing
    End Sub
```

图16-57

❷ 运行代码后的结果如图16-58所示。

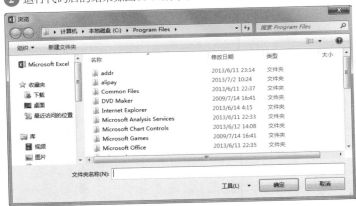

图16-58

技巧24　新建文件夹

在本例中，将分别使用MkDir语句和FSO对象的CreateFolder方法来创建指定的文件夹。

❶ 如图16-59所示，分别是用这两种方法在当前工作簿保存路径中新建名为"我的文件夹"文件夹的代码。

❷ 运行两段代码后，均可弹出如图16-60所示的消息对话框。

❸ 单击"确定"按钮后，打开当前工作簿所在的文件夹，即可看到新建的文件夹，如图16-61所示。

❹ 再次运行两段代码后，均可弹出如图16-62所示的消息对话框。

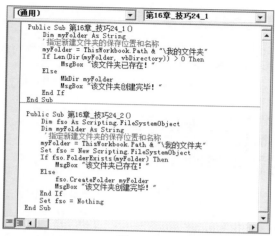

图16-59

图16-60

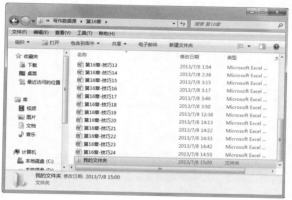

图16-61

图16-62

技巧25 重命名、取消重命名文件夹

　　文件夹的重命名和文件的重命名相同，也是使用Name语句来实现的。

　　在本例中，将使用Name语句重命名指定的文件夹，然后再取消该文件夹的重命名。

　❶ 如图16-63所示，分别是将当前工作簿保存路径中的VBA文件夹重命名为"VBA副本"然后再重新恢复的代码。

　❷ 运行第1段代码后，即可弹出如图16-64所示的消息对话框。

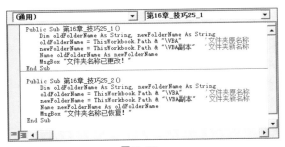

图16-63

图16-64

3 单击"确定"按钮后，打开文件夹的保存路径，即可看到指定文件夹的名称已被更改，如图16-65所示。

4 再运行第2段代码后，即可弹出如图16-66所示的消息对话框。

图16-65

图16-66

5 单击"确定"按钮后，打开文件夹的保存路径，即可看到指定文件夹的名称已恢复，如图16-67所示。

图16-67

技巧26 复制文件夹

在本例中，将使用FSO对象的CopyFolder语句复制指定的文件夹。用户可以在同一个文件夹中进行复制，也可以将其复制至另一个文件夹中。

❶ 如图16-68所示，是将当前工作簿保存路径中的VBA文件夹复制到E盘中的代码。

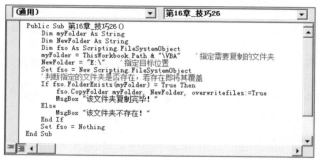

```
(通用)                                      第16章_技巧26

Public Sub 第16章_技巧26()
    Dim myFolder As String
    Dim NewFolder As String
    Dim fso As Scripting.FileSystemObject
    myFolder = ThisWorkbook.Path & "\VBA"      '指定需要复制的文件夹
    NewFolder = "E:\"          '指定目标位置
    Set fso = New Scripting.FileSystemObject
    '判断指定的文件夹是否存在，若存在即将其覆盖
    If fso.FolderExists(myFolder) = True Then
        fso.CopyFolder myFolder, NewFolder, overwritefiles:=True
        MsgBox "该文件夹复制完毕！"
    Else
        MsgBox "该文件夹不存在！"
    End If
    Set fso = Nothing
End Sub
```

图16-68

❷ 运行代码后，即可弹出如图16-69所示的消息对话框。

❸ 单击"确定"按钮后，打开E盘，即可看到复制的文件夹，如图16-70所示。

图16-69

图16-70

技巧27 移动文件夹

在本例中，将分别使用Name语句和FSO对象的MoveFolder方法移动文件夹。

❶ 如图16-71所示，分别是使用这两种方法将当前工作簿保存路径中的VBA文件夹移至111文件夹中的代码。

❷ 运行两段代码后，均可弹出如图16-72所示的消息对话框。

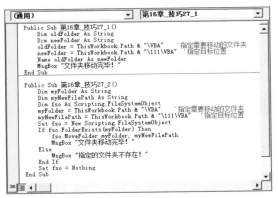

图16-71

图16-72

③ 单击"确定"按钮后，即可看到VBA文件夹被移至111文件夹中，如图16-73所示。

图16-73

④ 再次运行代码，即可弹出如图16-74所示的消息对话框。

图16-74

技巧28　删除文件夹

在本例中，将分别使用RmDir语句和FSO对象的DeleteFolder方法删除指定的文件夹。

1 如图16-75所示，分别是使用这两种方法删除当前工作簿保存路径中的
111文件夹和VBA文件夹的代码。

图16-75

2 运行第1段代码后，即可弹出如图16-76所示的消息对话框。

3 运行第2段代码，即可弹出如图16-77所示的消息对话框。

图16-76

图16-77

第 17 章

其他应用程序
的操作

Excel VBA不仅可以操作自身的应用程序，还可以操作其他应用程序，如其他Office应用程序、Internet网页、XML文件及Windows附件工具等。

本章介绍使用Excel VBA的有关函数和语句对这些应用程序进行操作的一些实用技巧。

本章中部分素材文件在光盘中对应的章节下。

17.1 操作Office组件

技巧1 新建Word文档（1）

在访问和操作其他应用程序时，有两种方法可以使用，其中一种是前期绑定，此时的声明对象变量为明确的对象类型，且必须建立类型库的引用。在本例中，将使用前期绑定法新建Word文档，在这之前，需要先引用Microsoft Word 15.0 Object Library类型库（15.0对应Word 2013版本）。

❶ 打开VB编辑器，选择"工具" | "引用" 菜单命令。

❷ 打开"引用-VBAProject"对话框，在"可使用的引用"列表框中选中Microsoft Word 15.0 Object Library复选框，如图17-1所示。

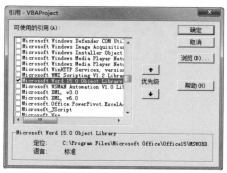

图17-1

❸ 单击"确定"按钮后，在插入的模块1中输入新建名为"Excel VBA新建Word文档范例.doc"文档的代码，如图17-2所示。

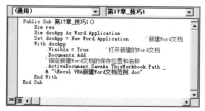

图17-2

④ 运行代码后，可打开新建的Word文档，如图17-3所示。

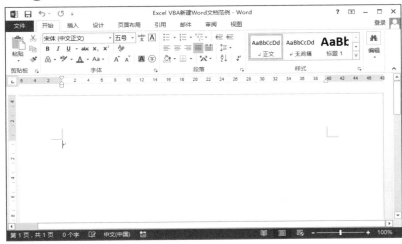

图17-3

⑤ 此时打开当前工作簿所在的文件夹，在其中可以看到新建的Word文档，如图17-4所示。

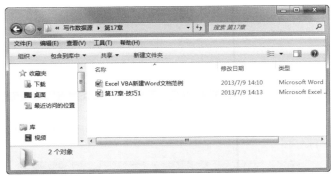

图17-4

技巧2 新建Word文档（2）

利用Excel VBA操作其他应用程序的另一种方法是后期绑定，此时的声明对象变量为Object或Variant，且不需要建立类型库的引用。在本例中，将使用后期绑定法新建Word文档。

① 如图17-5所示，是在当前工作簿的保存路径中新建名为"使用说明书.doc"的文档的代码。

图17-5

② 运行代码后，可打开新建的Word文档，如图17-6所示。

图17-6

③ 此时打开当前工作簿所在的文件夹，在其中可以看到新建的Word文档，如图17-7所示。

图17-7

技巧3　打开Word文档（1）

在本例中，将使用前期绑定法打开某个Word文档，在这之前，需要先引用对应的类型库。

1 通过VB编辑器打开"引用-VBAProject"对话框，引用Microsoft Word 15.0 Object Library类型库。

2 如图17-8所示，是打开当前工作簿保存路径中的"工作总结.doc"文档的代码。

```
(通用)                              第17章_技巧3

Public Sub 第17章_技巧3()
    Dim myFile As String
    Dim docApp As Word.Application
    '指定要打开的Word文档
    myFile = ThisWorkbook.Path & "\工作总结.doc"
    Set docApp = New Word.Application
    With docApp
        .Documents.Open myFile
        .Visible = True    '打开指定的Word文档
    End With
End Sub
```

图17-8

3 运行代码后，即可打开指定的Word文档，如图17-9所示。

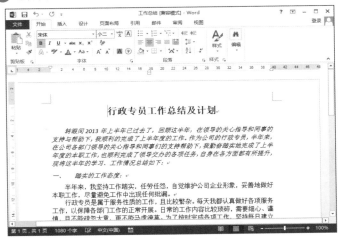

图17-9

技巧4　打开Word文档（2）

在本例中，将使用后期绑定法打开某个Word文档，在这之前，无需引用对应的类型库。

1 如图17-10所示，是使用后期绑定法打开当前工作簿保存路径中的"工作总结.doc"文档的代码。

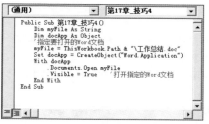

图17-10

2 运行代码后，即可打开指定的Word文档。

技巧5 将工作表数据输出至Word文档中

在本例中，将使用前期绑定法将工作表指定单元格区域中的数据内容输出至Word文档中。

1 通过VB编辑器打开"引用-VBAProject"对话框，引用Microsoft Word 15.0 Object Library类型库。

2 如图17-11所示，是当前工作表中的数据内容。

	A	B	C	D	E	F
1	姓名	语文	数学	英语	平均成绩	
2	宋雪	86	73	66	75	
3	马子琪	70	82	92	81	
4	李敏	81	60	47	63	
5	张云峰	90	78	82	83	
6	李庆国	53	84	65	67	
7						

图17-11

3 如图17-12所示，是将当前工作表中的数据内容输出至其保存路径中的"学生成绩.doc"文档中的代码。

图17-12

④ 运行代码后，打开"学生成绩.doc"文档，弹出如图17-13所示的消息对话框。

图17-13

⑤ 单击"是"按钮，即可看到从工作表中输出的数据，如图17-14所示。

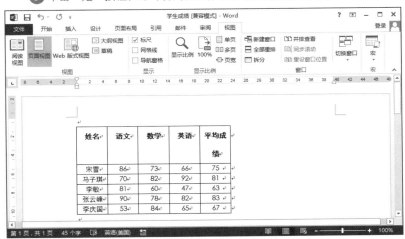

图17-14

技巧6 将Word文档的内容输出至工作表中

在本例中，将使用前期绑定法将指定Word文档中的指定内容输出至工作表中。

① 通过VB编辑器打开"引用-VBAProject"对话框，引用Microsoft Word 15.0 Object Library类型库。

② 如图17-15所示，是需要输出至工作表中的ABC.doc文档的内容。

③ 如图17-16所示，是将ABC.doc文档中的第6段内容输出至当前工作表中的代码。

④ 运行代码后，即可看到在工作表的A1单元格中导入的内容，如图17-17所示。

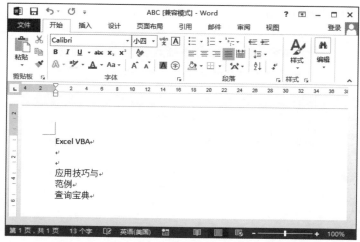

图17-15

```
(通用)                              第17章_技巧6
Public Sub 第17章_技巧6()
    Dim myFile As String
    Dim docApp As Word.Application
    Dim docRange As Word.Range
    Dim ws As Worksheet
    Set ws = ActiveSheet
    myFile = ThisWorkbook.Path & "\ABC.doc"    '指定Word文档
    Set docApp = New Word.Application
    docApp.Documents.Open myFile    '打开指定Word文档
    With docApp.ActiveDocument
        '指定Word文档中需要输出内容的段落
        If .Paragraphs.Count >= 6 Then
            Set docRange = .Paragraphs(6).Range
            docRange.Copy
        End If
    End With
    ws.Range("A1").Activate    '指定工作表中存放文档内容的单元格
    ws.Paste
    docApp.Quit    '退出指定的Word文档
    Set docRange = Nothing
    Set docApp = Nothing
    Set ws = Nothing
End Sub
```

图17-16

	A	B	C
1	查询宝典		
2			
3			
4			
5			
6			

图17-17

技巧7 新建PowerPoint文稿

在本例中，将使用前期绑定法新建PPT演示文稿，在这之前，需要先引用
Microsoft PowerPoint 15.0 Object Library类型库。

1 通过VB编辑器打开"引用-VBAProject"对话框，在"可使用的引用"列表框中选中Microsoft PowerPoint 15.0 Object Library复选框，如图17-18所示。

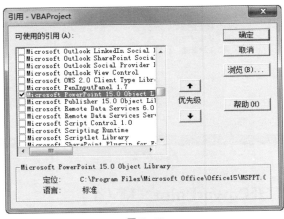

图17-18

2 单击"确定"按钮后，在插入的模块1中输入新建指定标题和正文的PPT演示文稿的代码，如图17-19所示。

```
(通用)                                      第17章_技巧7

Public Sub 第17章_技巧7()
    Dim pptApp As PowerPoint.Application
    Dim pptPrs As PowerPoint.Presentation
    Dim myppt As String
    Dim res
    Set pptApp = New PowerPoint.Application      '新建PPT演示文稿
    pptApp.Visible = True      '打开新建的PPT演示文稿
    Set pptPrs = pptApp.Presentations.Add
    With pptPrs
        With .Slides.Add(Index:=1, Layout:=ppLayoutText).Shapes
            .Title.TextFrame.TextRange = "公司员工管理系统"      '添加演示文稿的标题
            '添加演示文稿的正文
            .Range(2).TextFrame.TextRange = "员工档案管理" & vbCrLf _
            & "员工考勤管理" & vbCrLf _
            & "员工薪资管理" & vbCrLf _
            & "员工报销管理" & vbCrLf _
            & "员工业绩管理" & vbCrLf
        End With
    End With
End Sub
```

图17-19

3 运行代码后，即可打开新建的PPT演示文稿，如图17-20所示。

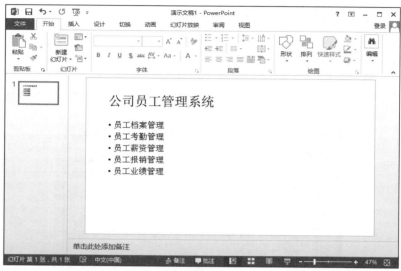

图17-20

技巧8 打开PowerPoint文稿（1）

在本例中，将使用前期绑定法打开某个PPT演示文稿，在这之前，需要先引用对应的类型库。

1 通过VB编辑器打开"引用-VBAProject"对话框，引用Microsoft PowerPoint 15.0 Object Library类型库。

2 如图17-21所示，是打开当前工作簿保存路径中的"范例.ppt"演示文稿的代码。

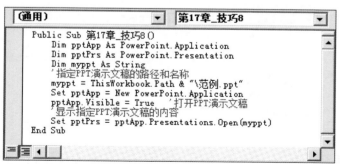

```
(通用)                              第17章_技巧8
    Public Sub 第17章_技巧8()
        Dim pptApp As PowerPoint.Application
        Dim pptPrs As PowerPoint.Presentation
        Dim myppt As String
        '指定PPT演示文稿的路径和名称
        myppt = ThisWorkbook.Path & "\范例.ppt"
        Set pptApp = New PowerPoint.Application
        pptApp.Visible = True   '打开PPT演示文稿
        '显示指定PPT演示文稿的内容
        Set pptPrs = pptApp.Presentations.Open(myppt)
    End Sub
```

图17-21

3 运行代码后，即可打开指定的PPT演示文稿，如图17-22所示。

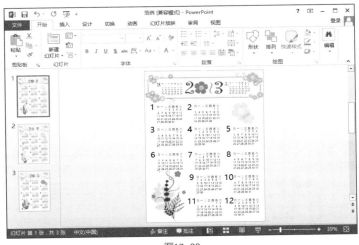

图17-22

技巧9 打开PowerPoint文稿（2）

在本例中，将使用后期绑定法打开某个PPT演示文稿，在这之前，无需引用对应的类型库。

❶ 如图17-23所示，是使用后期绑定法打开当前工作簿保存路径中的"范例.ppt"演示文稿的代码。

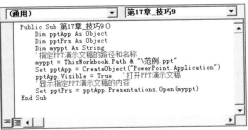

```
(通用)                              第17章_技巧9

Public Sub 第17章_技巧9()
    Dim pptApp As Object
    Dim pptPrs As Object
    Dim myppt As String
    '指定PPT演示文稿的路径和名称
    myppt = ThisWorkbook.Path & "\范例.ppt"
    Set pptApp = CreateObject("PowerPoint.Application")
    pptApp.Visible = True    '打开PPT演示文稿
    '显示指定PPT演示文稿的内容
    Set pptPrs = pptApp.Presentations.Open(myppt)
End Sub
```

图17-23

❷ 运行代码后，即可打开指定的PPT演示文稿。

技巧10 将工作表数据输出至新建的PowerPoint文稿中

在本例中，将使用前期绑定法将工作表指定单元格区域中的数据内容输出至新建的PPT演示文稿中。

❶ 通过VB编辑器打开"引用-VBAProject"对话框，引用Microsoft

PowerPoint 15.0 Object Library类型库。

② 如图17-24所示，是当前工作簿中的数据内容。

	A	B	C	D	E	F
1	姓名	语文	数学	英语	平均成绩	
2	宋雪	86	73	66	75	
3	马子琪	70	82	92	81	
4	李敏	81	60	47	63	
5	张云峰	90	78	82	83	
6						

图17-24

③ 如图17-25所示，是将当前工作簿中的数据内容输出至新建的YHH.ppt演示文稿中的代码。

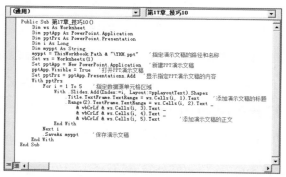

```vba
Public Sub 第17章_技巧10()
    Dim ws As Worksheet
    Dim pptApp As PowerPoint.Application
    Dim pptPrs As PowerPoint.Presentation
    Dim i As Long
    Dim myppt As String
    myppt = ThisWorkbook.Path & "\YHH.ppt"    '指定演示文稿的路径和名称
    Set ws = Worksheets(1)
    Set pptApp = New PowerPoint.Application    '新建PPT演示文稿
    pptApp.Visible = True    '打开PPT演示文稿
    Set pptPrs = pptApp.Presentations.Add    '显示指定PPT演示文稿的内容
    With pptPrs
        For i = 1 To 5    '指定数据源单元格区域
            With .Slides.Add(Index:=i, Layout:=ppLayoutText).Shapes
                .Title.TextFrame.TextRange = ws.Cells(i, 1).Text    '添加演示文稿的标题
                .Range(2).TextFrame.TextRange = ws.Cells(i, 2).Text _
                    & vbCrLf & ws.Cells(i, 3).Text _
                    & vbCrLf & ws.Cells(i, 4).Text _
                    & vbCrLf & ws.Cells(i, 5).Text    '添加演示文稿的正文
            End With
        Next i
        .SaveAs myppt    '保存演示文稿
    End With
End Sub
```

图17-25

④ 运行代码后，即可在当前工作簿的保存路径中新建YHH.ppt演示文稿。打开该文稿，即可看到从工作表中输出的数据内容，如图17-26所示。

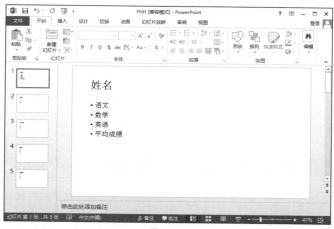

图17-26

技巧11 将工作表数据通过Outlook邮件发送（1）

在本例中，将使用前期绑定法按工作表指定单元格区域中的地址和内容在Outlook中发送邮件。在这之前，需要先引用Microsoft Outlook 15.0 Object Library类型库。

1 通过VB编辑器打开"引用-VBAProject"对话框，引用Microsoft Outlook 15.0 Object Library类型库，如图17-27所示。

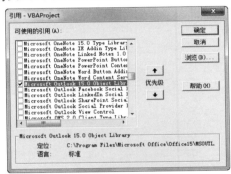

图17-27

2 如图17-28所示，在当前工作表的A1:A3和B1:B3单元格区域中分别指定了邮件的发送内容和地址。

	A	B	C
1	ExcelVBA应用技巧	yajg256@163.com	
2	afas123	welsjsd@souhu.com	
3	OFFICE应用程序	esds0715@163.com	
4			
5			

图17-28

3 如图17-29所示，是启动Outlook并按当前工作表中的发送内容和地址发送邮件的代码。

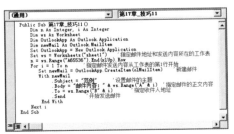

```
(通用)                                    第17章_技巧11
Public Sub 第17章_技巧11()
    Dim n As Integer, i As Integer
    Dim ws As Worksheet
    Dim OutlookApp As Outlook.Application
    Dim newMail As Outlook.MailItem
    Set OutlookApp = New Outlook.Application
    Set ws = Worksheets("sheet1")    '指定邮件地址和发送内容所在的工作表
    n = ws.Range("A65536").End(xlUp).Row
    For i = 1 To n       '指定邮件内容从工作表的第1行开始
        Set newMail = OutlookApp.CreateItem(olMailItem)    '新建邮件
        With newMail
            .Subject = "范例"       '设置邮件的主题
            .Body = "邮件内容：" & ws.Range("A" & i)    '指定邮件的正文内容
            .To = ws.Range("B" & i)    '指定收件人地址
            .Send       '开始发送邮件
        End With
    Next i
End Sub
```

图17-29

4 运行代码后，弹出如图17-30所示的警告消息框。

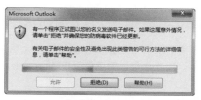

图17-30

5 待运行完毕时，可以单击其中的"允许"按钮进行邮件的发送。

6 此时，打开Outlook，在其中的"发件箱"文件夹中即可看到邮件发送的记录，如图17-31所示。

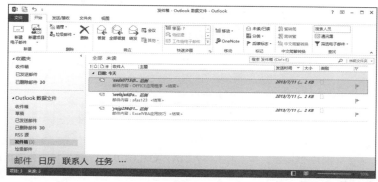

图17-31

技巧12 将工作表数据通过Outlook邮件发送（2）

在本例中，将使用后期绑定法按工作表中指定的地址和内容（同技巧11）在Outlook中发送邮件。在这之前，无需引用类型库。

1 如图17-32所示，是使用后期绑定法启动Outlook并按当前工作表中的发送内容和地址发送邮件的代码。

```
(通用)                              第17章_技巧12

Public Sub 第17章_技巧12()
    Dim n As Integer, i As Integer
    Dim ws As Worksheet
    Dim OutlookApp As Object
    Dim newMail As Object
    Set OutlookApp = CreateObject("Outlook.Application")
    Set ws = Worksheets("sheet1")       '指定邮件地址和发送内容所在的工作表
    n = ws.Range("A65536").End(xlUp).Row
    For i = 1 To n          '指定邮件发送内容从工作表的第1行开始
        Set newMail = OutlookApp.CreateItem(olMailItem)     '新建邮件
        With newMail
            .Subject = "范例"          '设置邮件的主题
            .Body = "邮件内容: " & ws.Range("A" & i)   '指定邮件的正文内容
            .To = ws.Range("B" & i)        '指定收件人地址
            .Send             '开始发送邮件
        End With
    Next i
End Sub
```

图17-32

② 运行代码后，同样也可弹出警告消息框。待运行完毕时，单击"允许"按钮即可进行邮件的发送。

技巧13　将当前工作簿设置为Outlook邮件的附件

在本例中，将使用前期绑定法启动Outlook，并将当前工作簿作为附件发送邮件。在这之前，需要引用对应的类型库。

① 通过VB编辑器打开"引用-VBAProject"对话框，引用Microsoft Outlook 15.0 Object Library类型库。

② 如图17-33所示，是启动Outlook并将当前工作簿作为附件发送邮件的代码。

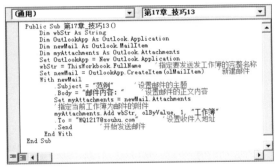

```
(通用)                              第17章_技巧13

Public Sub 第17章_技巧13()
    Dim wbStr As String
    Dim OutlookApp As Outlook.Application
    Dim newMail As Outlook.MailItem
    Dim myAttachments As Outlook.Attachments
    Set OutlookApp = New Outlook.Application
    wbStr = ThisWorkbook.FullName    '指定要发送发工作簿的完整名称
    Set newMail = OutlookApp.CreateItem(olMailItem)    '新建邮件
    With newMail
        .Subject = "范例"        '设置邮件的主题
        .Body = "邮件内容: "        '设置邮件的正文内容
        Set myAttachments = newMail.Attachments
        '指定当前工作簿为邮件的附件
        myAttachments.Add wbStr, olByValue, 1, "工作簿"
        .To = "WQ1217@souhu.com"        '设置收件人地址
        .Send        '开始发送邮件
    End With
End Sub
```

图17-33

③ 运行代码后，在弹出的警告消息框中单击"允许"按钮，即可进行邮件的发送。

④ 此时打开Outlook，在其中的"发件箱"文件夹中即可看到邮件发送的记录，如图17-34所示。

图17-34

17.2 操作Internet

技巧14 打开指定的网页（1）

在本例中，将使用前期绑定法的InternetExplorer对象来打开指定的网页。在这之前，需要先引用Microsoft Internet Controls类型库。

① 通过VB编辑器打开"引用-VBAProject"对话框，在"可使用的引用"列表框中选中Microsoft Internet Controls复选框，如图17-35所示。

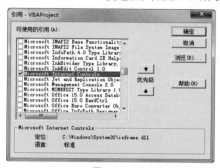

图17-35

② 单击"确定"按钮后，在插入的模块1中输入打开www.baidu.com网页的代码，如图17-36所示。

图17-36

③ 运行代码后，即可在IE浏览器中打开指定的网页，如图17-37所示。

图17-37

第 16 章

专家提示

在操作Internet之前，需要确保安装了Internet Explorer浏览器，且与互联网相连接。

技巧15 打开指定的网页（2）

在本例中，将使用后期绑定法的Object对象来打开指定的网页。在这之前，无需引用Microsoft Internet Controls类型库。

❶ 如图17-38所示，是使用后期绑定法打开www.baidu.com网页的代码。

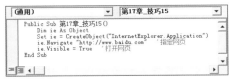

(通用)
第17章_技巧15
Public Sub 第17章_技巧15()
Dim ie As Object
Set ie = CreateObject("InternetExplorer.Application")
ie.Navigate "http://www.baidu.com"　'指定网页
ie.Visible = True　'打开网页
End Sub

图17–38

❷ 运行代码后，即可在IE浏览器中打开指定的网页。

技巧16 打开指定的网页（3）

在本例中，将使用FollowHyperlink方法（即创建并打开超链接）来打开指定的网页。

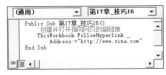

(通用)
第17章_技巧16
Public Sub 第17章_技巧16()
'创建并打开指向网页的超链接
ThisWorkbook.FollowHyperlink _
Address:="http://www.sina.com"
End Sub

图17–39

❶ 如图17-39所示，是创建并打开指向www.sina.com网页超链接的代码。

❷ 运行代码后，即可在默认浏览器中打开指定的网页，如图17-40所示。

http://www.sina.cor
新浪首页
sina新浪网
sina.com.cn

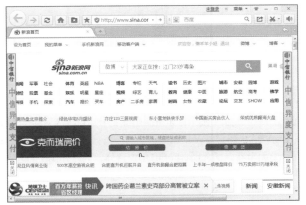

图17–40

技巧17 查询并获取网页数据

在本例中，将使用QueryTables集合的Add方法查询并获取指定网页的数据内容。

1 如图17-41所示，是查询并获取http://datainfo.stock.hexun.com/网页数据的代码。

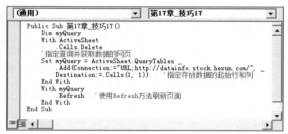

```
(通用)                                      第17章_技巧17

Public Sub 第17章_技巧17()
    Dim myQuery
    With ActiveSheet
        .Cells.Delete
    '指定查询并获取数据的网页
    Set myQuery = ActiveSheet.QueryTables _
        .Add(Connection:="URL;http://datainfo.stock.hexun.com/", _
        Destination:=.Cells(1, 1))    '指定存放数据的起始行和列
    End With
    With myQuery
        .Refresh   '使用Refresh方法刷新页面
    End With
End Sub
```

图17-41

2 运行代码后，即可在当前工作表中显示出网页内容，如图17-42所示。

	A	E	C	D	E	F	G	H	I	J	K	L	M	N	O	P	Q
1	统计项	沪A	沪B	深A	深B												
2	股票数	962	54	1539	56												
3	总股本(亿股)	31864	590	4466	683												
4	总市值	17.31	0.26	3.31	0.39												
5	(万亿元)																
6	流通股本	20201	147	3536	132												
7	(亿股)																
8	流通市值	11.97	0.07	2.57	0.08												
9	(万亿元)																
10	成交量(亿股)	89.42	0.38	79.92	0.36												
11	平均EPS	8.07	0.05	0.06	0.11												
12	平均市盈率	8.92	19.05	21.88	13.59												
13	平均市净率	1.32	1.35	1.9	1.39												
14	平均股价(元)	5.93	5.06	7.27	5.77												
15																	
16	代码	名称	最新价	涨跌幅	昨收	今开	最高	最低	成交量	成交额	换手	振幅	量比				
17	600751	天津海运	3.48	10.13	3.16	3.23	3.48	3.2	123360.84	42075459	5.19	8.86	0.69				
18	600110	中科英华	5.56	10.1	5.05	5.05	5.56	5.03	499313.35	269591678	4.34	10.5	1.96				
19	600778	友好集团	8.31	10.07	7.55	8	8.31	7.88	170088.26	138042817	5.5	5.7	4.27				
20	600787	中储股份	6.89	10.06	6.26	6.36	6.89	6.34	250602.96	167307993	2.98	8.79	1.87				
21	600405	动力源	9.63	10.06	8.75	8.74	9.63	8.74	99300.58	93100155	3.91	10.17	1.92				
22	600057	象屿股份	3.94	10.06	3.58	3.58	3.94	3.54	173446.4	67039882	4.04	11.17	3.28				
23	600821	津劝业	4.16	10.05	3.78	3.98	4.16	3.98	45324.72	18794262	1.09	4.76	3.54				
24	600143	金发科技	4.82	10.05	4.38	4.82	4.82	4.82	87856.79	42250573	0.33	0	0.63				
25	600390	金瑞科技	9.86	10.04	8.96	8.7	9.86	8.51	394631.95	374338195	12.33	15.07	3.05				
26	600390	天通股份	5.04	10.04	4.58	4.62	5.04	4.6	140054.09	68407799	2.38	9.61	2.28				

图17-42

技巧18 制作自定义浏览器

在本例中，将通过插入Microsoft Internet Explorer程序对应的WebBrowser控件，然后使用VBA代码定制Web浏览器。

1 打开VB编辑器，插入UserForm1用户窗体，同时弹出工具箱。

2 将用户窗体调整至合适的大小，并在左侧的"属性"面板中设置其Caption属性为"自定义浏览器"。然后在工具箱中单击鼠标右键，在弹出的快捷菜单中选择"附加控件"命令，如图17-43所示。

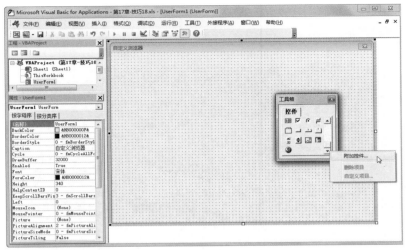

图17-43

③ 打开"附加控件"对话框，在"可用控件"列表框中选中Microsoft Web Browser复选框，如图17-44所示。

④ 单击"确定"按钮，即可在工具箱内显示出添加的Web Browser控件图标，如图17-45所示。

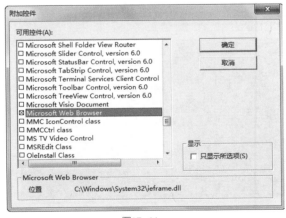

图17-44

图17-45

⑤ 单击该图标，在用户窗体中按住鼠标左键并拖动画出一个矩形区域，然后释放鼠标，即可在用户窗体中添加一个Web Browser控件窗口，如图17-46所示。

⑥ 在添加的Web Browser控件窗口上方添加一个文本框，设置其名称为

"网址"、Text属性和Value属性均为www.haohao123.com，如图17-47所示。

图17-46

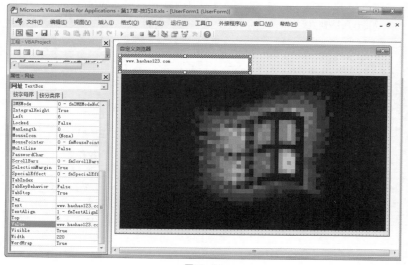

图17-47

⑦ 在文本框的后面添加多个命令按钮，并分别设置其名称和Caption属性，如图17-48所示。

⑧ 双击用户窗体，输入自定义浏览器的代码，如图17-49所示。

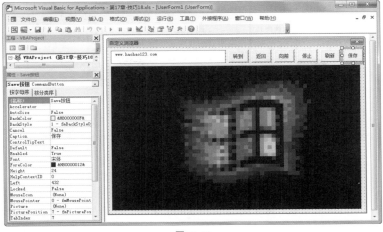

图17-48

图17-49

⑨ 在插入的模块1中输入显示用户窗体的代码，如图17-50所示。

图17-50

⑩ 运行模块1代码，即可打开自定义浏览器，如图17-51所示。

图17-51

17.3 操作Windows附件工具

技巧19 打开记事本和计算器

在本例中，将使用Shell函数打开Windows自带的记事本和计算器两个附件工具。

① 如图17-52所示，分别是打开Windows附件中的记事本和计算器的代码。

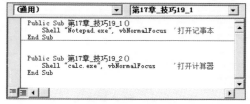

图17-52

② 运行第1段代码后的结果如图17-53所示。

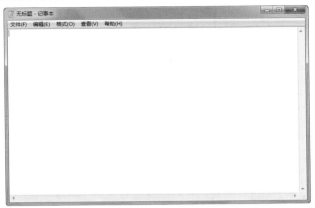

图17-53

③ 运行第2段代码后的结果如图17-54所示。

图17-54

技巧20 打开控制面板的子项目

在本例中，将使用前期绑定法的FolderItem对象来打开控制面板的子项目窗口。在这之前，需要先引用Microsoft Shell Controls And Automation类型库。

① 通过VB编辑器打开"引用-VBAProject"对话框，在"可使用的引用"列表框中选中Microsoft Shell Controls And Automation复选框，如图17-55所示。

② 单击"确定"按钮后，在插入的模块1中输入打开控制面板的"程序和功能"子项目的代码，如图17-56所示。

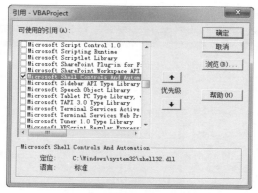

图17-55

图17-56

3 运行代码后的结果如图17-57所示。

图17-57

技巧21 获取当前电脑的分辨率

在本例中，将使用GetSystemMetrics函数来获取当前电脑的分辨率。

❶ 如图17-58所示，是获取当前电脑分辨率的代码。

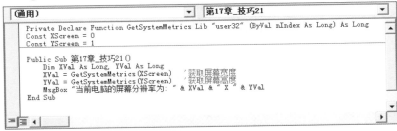

图17-58

❷ 运行代码后的结果如图17-59所示。

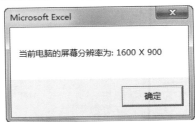

图17-59

17.4 操作XML文件

技巧22 创建XML文件

XML是一种新的数据交换格式的通用标记语言，用于传输和存储数据，以独立于系统或平台的格式进行数据的交换。

在本例中，将使用XML DOM对象来创建XML文件。在这之前，需要先引用Microsoft XML v3.0类型库。

❶ 通过VB编辑器打开"引用-VBAProject"对话框，在"可使用的引用"列表框中选中Microsoft XML v3.0复选框，如图17-60所示。

❷ 单击"确定"按钮后，在插入的模块1中输入在当前工作簿的保存路径中创建名为123.xml文件的代码，如图17-61所示。

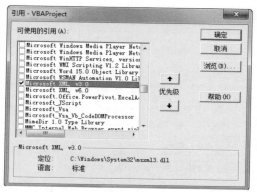

图17-60

```
(通用)                                         ▼  |第17章_技巧22                    ▼
    Public Sub 第17章_技巧22()
       Dim xmldoc As DOMDocument      '声明XML DOM对象
       Dim valnode As IXMLDOMNode      '声明节点对象
       Dim ver As Variant
       Set xmldoc = New DOMDocument    '创建一个XML DOM实例
       '建立一个指定了目标和数据的处理命令; xml表示目标, version=表示处理指令的数据
       Set ver = xmldoc.createProcessingInstruction("xml", "version=" & Chr(34) & "1.0" & Chr(34))
       xmldoc.appendChild ver       '将处理指令插入至文件树中
       Set valnode = xmldoc.createElement("Test")   '创建一个名为"Test"的新元素
       '建立一个新的Text节点, 并指定代表新节点的字节串, 然后将该节点插入到文件树中
       valnode.appendChild xmldoc.createTextNode(vbCrLf)
       xmldoc.appendChild valnode      '将新创建的元素"Test"加入到文件树中
       '创建"Test"元素下的节点
       CreateNode valnode, "Title", "Welcome"
       CreateNode valnode, "Country", "China"
       CreateNode valnode, "Content", "Welcome to China!"
       xmldoc.Save ThisWorkbook.Path & "\123.xml"   '保存XML DOM对象到指定的XML文件中
       MsgBox "XML文件创建完毕!"
    End Sub

    '使用同样的方法在"Test"元素下创建新的节点并赋值给这些节点
    Private Sub CreateNode(ByVal pNode As IXMLDOMNode, _
        strName As String, strValue As String)
       Dim newNode As IXMLDOMNode
       With pNode
          .appendChild .ownerDocument.createTextNode(Space$(4))
          Set newNode = .ownerDocument.createElement(strName)
          newNode.Text = strValue
          .appendChild newNode
          .appendChild .ownerDocument.createTextNode(vbCrLf)
       End With
    End Sub
```

图17-61

③ 运行代码后,可弹出如图17-62所示的消息对话框。

图17-62

④ 单击"确定"按钮后,在指定路径中即可看到创建的XML文件,如图17-63所示。

图17-63

⑤ 双击该XML文件，即可在IE浏览器中显示其内容，如图17-64所示。

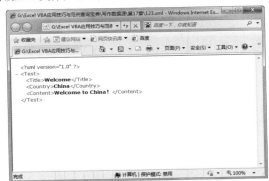

图17-64

技巧23 将当前工作表保存为XML文件

在本例中，使用ActiveSheet对象的SaveAs方法来保存当前工作簿，并将其保存为XML文件。

① 如图17-65所示，是将当前工作表保存为名为Test.xml文件的代码。

图17-65

② 运行代码后，即可关闭当前工作簿。

③ 打开当前工作簿所在的文件夹，在其中可以看到创建的XML文件，如图17-66所示。

图17-66

技巧24 保存指定单元格区域为XML文件

在本例中，将使用ActiveSheet对象的Value属性来保存指定单元格区域为XML文件。

① 如图17-67所示，是当前工作表中的数据内容。

	A	B	C	D
1	1	10		
2	2	20		
3	3	30		
4	4	40		
5	5	50		
6				
7				

图17-67

② 如图17-68所示，是将当前工作表的A1:B2单元格区域保存为名为YHH.xml文件的代码。

```
(通用)                                          第17章_技巧24
    Public Sub 第17章_技巧24()
        Dim strContent As String
        '指定需要创建为XML文件的单元格区域
        strContent = ActiveSheet.Range("A1:B2").Value(xlRangeValueXMLSpreadsheet)
        '指定XML文件的保存路径和名称
        Open ThisWorkbook.Path & "\YHH.xml" For Binary As #1
        Put #1, , strContent
        Close #1
    End Sub
```

图17-68

3 运行代码后，即可在当前工作簿的保存路径中创建指定的XML文件，如图17-69所示。

图17-69

4 打开该XML文件，即可看到A1:B2单元格区域中被保存的数据，如图17-70所示。

	A	B	C
1	1	10	
2	2	20	
3			
4			
5			

图17-70

第 *18* 章

代码调试及优化

在 Excel VBA运行代码的过程中，经常会遇到很多意想不到的情况，这些情况往往会产生错误，从而导致程序的中断。为了避免这些情况，用户可以通过VB编辑器中提供的丰富的调试工具进行调试。

此外，代码的执行效率也非常重要，用户可以对编写的代码进行适当的优化。

本章中部分素材文件在光盘中对应的章节下。

18.1 代码调试

技巧1 设置断点

在程序中设置断点是一种很有效的代码调试方法，其作用主要是为了暂停执行程序，更好地编辑代码或修改数据等。

一般来讲，在程序中的适当位置设置了断点后，在程序暂停时，就可以在立即窗口中显示程序中各个变量的情况。除了Dim语句以外，用户可以在程序的任何地方设置断点。

在程序中设置断点的方法主要有以下5种。

- 方法1：打开VB编辑器，在需要停止运行的代码行左侧单击鼠标左键，出现一个圆点，即表示该行被设置为断点行，如图18-1所示。

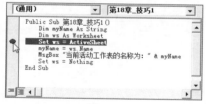

图18-1

- 方法2：在VB编辑器中，将光标定位至需要停止运行的代码行，然后选择"调试" | "切换断点"菜单命令，也可设置断点，如图18-2所示。

图18-2

- 方法3：在菜单栏中的空白处单击鼠标右键，在弹出的快捷菜单中选择"调试"命令（如图18-3所示），打开"调试"工具栏。在其中单击"切换断点"按钮，即可将指定的代码行设置为断点行，如图18-4所示。

图18-3

图18-4

- 方法4：按F9键，也可以设置断点。
- 方法5：在代码中插入Stop语句，如图18-5所示。当程序运行到该语句时将自动进入中断模式，如图18-6所示。

图18-5

图18-6

在程序中设置断点后，若需要将其清除，可以单击断点行左侧的圆点标识、选择"调试"丨"切换断点"菜单命令、单击"调试"工具栏中的"切换断点"按钮、按F9键或删除断点行中的Stop语句；若要清除所有断点，则可以选择"调试"丨"清除所有断点"菜单命令。

技巧2 使用Debug.Print语句

在程序代码中加入Debug.Print语句，可以在不中断程序的情况下通过立即窗口监控某个变量在运行过程中的变化。

Debug.Print语句不会改变对象或者变量的值和大小。在一个程序代码中可以使用多个Debug.Print语句，也可以对同一变量使用多个Debug.Print语句。

① 如图18-7所示，是使用Debug.Print语句在立即窗口中显示当前工作表名称及当前日期和时间的代码。

图18-7

② 在VB编辑器中选择"运行"丨"运行宏"菜单命令或按F5键，弹出如图18-8所示的"宏"对话框。

图18-8

③ 单击"运行"按钮，即可在立即窗口中显示出结果，如图18-9所示。

图18-9

专家提示

　　用户在工作表中运行代码时看不到Debug.Print语句所显示的结果，而只有打开VB编辑器才能在立即窗口中看到。

技巧3　立即窗口

　　立即窗口可以检查某个属性或者变量的值，还可以执行单个过程、对表达式求值等。在VB编辑器中可以通过选择"视图"|"立即窗口"菜单命令或按Ctrl+G快捷键打开立即窗口。

　　要查询一个程序过程中指定变量的值，可以通过以下两种方法。

● 方法1：打开VB编辑器，使用Debug.Print语句输入代码，然后运行宏，即可在立即窗口中显示出结果，如图18-10所示。

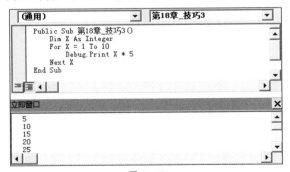

图18-10

● 方法2：在立即窗口中直接输入需要运行的程序代码，然后按Enter键，也可以显示相同的结果，如图18-11所示。

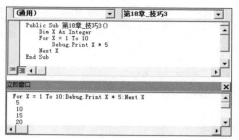

图18-11

　　第1种方法和"使用Debug.Print语句"法是相同的。

　　在立即窗口中只能测试一行代码，不同的语句可以使用冒号来连接成一行代码。

技巧4　本地窗口

　　本地窗口可以自动显示出所有当前过程中的变量声明及变量值。在VB编辑器中可以通过选择"视图"|"本地窗口"菜单命令打开本地窗口。

　　本地窗口只有在中断模式下才可以显示相应的内容，并且只显示当前过程中变量或对象的值。当程序从一个过程转至另一个过程时，其内容也会相应地发生变化。

1 如图18-12所示，是Sheet1窗体中输入的代码。

图18-12

2 如图18-13所示，是模块2中输入的代码。

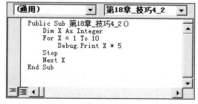

图18-13

❸ 打开本地窗口，然后运行Sheet1窗体中的代码，即可在本地窗口中显示出其中变量或对象的值，如图18-14所示。

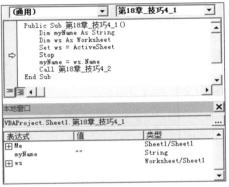

图18-14

📀 代码解析

　　本地窗口第1行中的Me表示Sheet1工作表，变量myName和对象Ws是当前过程中的局部变量。

❹ 单击对象名称前的加号，或者双击对象名称，均可以展开对象的属性和值，如图18-15所示。

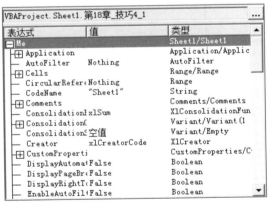

图18-15

❺ 继续运行代码，即可进入下一个中断模式下的代码过程，同时也可以在本地窗口中显示出相应的变量或对象的值，如图18-16所示。

❻ 单击本地窗口中右上角的省略号按钮，可以打开如图18-17所示的"调用堆栈"对话框，在其中可以切换过程。

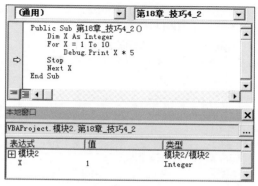

图18-16

图18-17

技巧5 监视窗口

监视窗口是用于查看指定表达式（即监视表达式）的值。在VB编辑器中可以通过选择"视图"|"监视窗口"菜单命令打开监视窗口。

在使用监视窗口之前，需要先添加需要监视的表达式，其方法有以下两种。

● 方法1：使用"添加监视"对话框。

❶ 如图18-18所示，是用于添加监视表达式的代码。

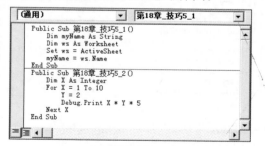

图18-18

❷ 打开监视窗口，然后选择"调试"|"添加监视"菜单命令，如图18-19所示。

图18-19

③ 弹出"添加监视"对话框，在"表达式"文本框中输入要监视的表达式 ActiveSheet，选择监视表达式所在的过程和模块，然后选中"监视表达式"类型，如图18-20所示。

图18-20

专家提示

● "表达式"：表示显示在过程中选择的变量名称。用户可以在文本框中手动输入，也可以在代码中事先选中。

● "上下文"：表示需要监视的变量所在的过程及其所在的模块。

● "监视类型"：表示变量的监视方式，包括"监视表达式"、"当监视值为真时中断"和"当监视值改变时中断"3种类型。若选择"监视表达式"类型，则在监视窗口中显示表达式的值。若选择"当监视值为真时中断"类型，则在程序运行中，当表达式的值为真（不为0）时程序就进入到中断模式。若选择"当监视值改变时中断"类型，则在程序运行中，一旦表达式的值改变，程序就进入到中断模式。

④ 单击"确定"按钮,即可为程序添加一个监视表达式。此时可以在监视窗口中监视ActiveSheet对象的返回值变化,如图18-21所示。

图18-21

⑤ 继续添加监视表达式,弹出"添加监视"对话框,在"表达式"文本框中输入要监视的表达式X,选择监视表达式所在的过程和模块,然后选中"监视表达式"类型。再单击"确定"按钮,即可监视该变量的变化,如图18-22所示。

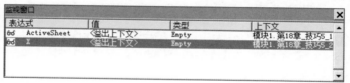

图18-22

⑥ 按F8键,进入逐句调试。如图18-23所示,是当循环计数器X=5时本地窗口和监视窗口的返回值对比。

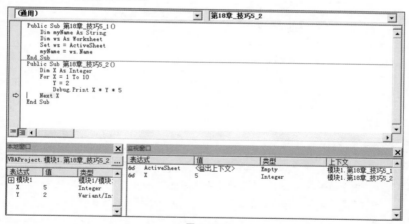

图18-23

⑦ 继续添加监视表达式,弹出"添加监视"对话框,在"表达式"文本框中输入"X=5",选中"当监视值为真时中断"类型,然后单击"确定"按钮。该监视条件在程序运行到循环计数器X=5(即"X=5"表达式为真)时即可被触发,则程序进入中断模式。

⑧ 继续添加监视表达式，弹出"添加监视"对话框，在"表达式"文本框中输入"Y"，选中"当监视值改变时中断"类型，然后单击"确定"按钮，即可监视该变量的变化，如图18-24所示。该监视条件在Y的值发生改变时即可被触发，则程序进入中断模式。

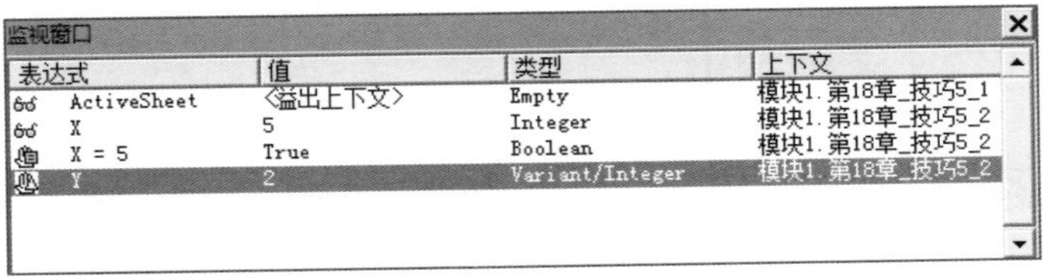

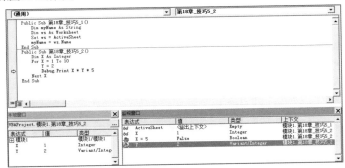

图18-24

⑨ 按F5键运行模块2代码，此时，程序将在第5行代码暂停且进入中断模式，如图18-25所示。

图18-25

● 方法2：使用"快速监视"对话框。

① 打开监视窗口，选中要监视的表达式ActiveSheet，然后选择"调试"|"快速监视"菜单命令，如图18-26所示。

图18-26

② 在弹出"快速监视"对话框中单击"添加"按钮,如图18-27所示。

图18-27

③ 此时,在监视窗口中即可看到添加的监视表达式,如图18-28所示。

图18-28

专家提示

用户还可以对添加的监视表达式进行编辑或删除。其中,编辑表达式的方法有两种:一种是选择"调试"|"编辑监视"菜单命令;另一种在监视窗口选中目标表达式,单击鼠标右键,在弹出的快捷菜单中选择"编辑监视"命令。

删除表达式的方法是:在监视窗口选中目标表达式,单击鼠标右键,在弹出的快捷菜单中选择"删除监视"命令,或者直接按Delete键。

技巧6 单步调试

单步调试分为单步语句调试和单步过程调试,即逐个语句或逐个过程的执行程序,每执行完一个语句或过程,就发生中断,因此,可逐个语句或逐个过程地检查每个语句的执行状况或每个过程的执行结果。

● 单步语句调试:在VB编辑器中,选择"调试"|"逐语句"菜单命令、单击"调试"工具栏中的"逐语句"按钮或者按F8键,即可进行单步语句调试。每执行一个代码行,系统即可进入中断模式,如图18-29所示。

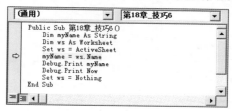

图18-29

- 单步过程调试：在VB编辑器中，选择"调试" | "逐过程"菜单命令、单击"调试"工具栏中的"逐过程"按钮或者按Shift+F8快捷键，即可进行单步过程调试。

18.2 代码优化

技巧7 尽量使用Excel内置函数

在编写代码时，应该尽量使用Excel的内置函数，不仅可以提高运行效率，而且可以节省代码数量。对于Excel内置函数，可以通过以下方式访问："Application.函数名()"或者"Application.WorksheetFunction.函数名(myRange)"。

① 如图18-30所示，分别是使用VBA代码和Excel函数计算指定单元格区域数据平均值的代码。

```
(通用)                                              第18章_技巧7
    Public Sub 第18章_技巧7()
        Dim lTotal As Long, i As Integer, tm As Date
        Dim cl
        tm = Timer
        For i = 1 To 5000
            For Each cl In Range("A1:C1")
                TotalValue = TotalValue + cl.Value
            Next
        Next i
        Debug.Print "使用VBA代码计算花费了" & Format((Timer - tm), "0.00000") & "秒"
        tm = Timer
        For i = 1 To 1000
            TotalValue = WorksheetFunction.Average(Range("A1:C1"))
        Next i
        Debug.Print "使用Excel函数计算花费了" & Format((Timer - tm), "0.00000") & "秒"
    End Sub
```

图18-30

② 打开立即窗口，按F5键运行程序，即可分别显示出两种方法计算数据花费的时间，如图18-31所示。

```
立即窗口
    使用VBA代码计算花费了0.09375秒
    使用Excel函数计算花费了0.01172秒
```

图18-31

技巧8 尽量减少使用对象引用

在VBA代码中，应该尽量减少使用对象引用，尤其是在循环中。因为每一个Excel对象的属性、方法的调用都需要通过COM接口的一个或多个调用，这些COM调用都是比较费时的，所以减少使用对象引用可以加快VBA代码的运行。具体方法有以下3种。

● 方法1：使用With语句。如图18-32所示，分别是原代码和使用With语句改写的代码。

图18-32

● 方法2：使用对象变量。如果一个对象引用被多次使用，则可以通过定义一个局部变量，将此对象用Set 设置为对象变量，以减少对对象的访问。如图18-33所示，分别是原代码和使用对象变量改写的代码。

图18-33

● 方法3：减少循环中的对象访问。对于循环过程，可以通过设置局部变量或者使用With语句来提高效率。如图18-34所示，分别是原代码和减少循环中的对象访问后的代码。

	A	B	C
1		原代码	
2	For X = 1 To 100 ActiveSheet.Range("A100").Cells(1,X).Value = X Next X		
3			
4		减少循环中的对象访问后的代码	

5	With ActiveSheet.Range("A100")
	    For X = 1 to 100
	       .Cells(1,X).Value = X
	    Next X
	End With		

图18-34

技巧9 尽量减少 "." 符号引用

在编写代码时，所调用的方法和属性越多，执行语句所用的时间就越多。一般使用 "." 符号来调用对象的属性和方法，因此可以根据该符号的数量来判断属性和方法调用的次数， "." 符号使用越少，代码运行的速度越快。具体方法有以下4种。

- 方法1：设置变量sht。用户可以将重复引用的对象设置为一个变量sht，这样每一句代码只需调用一次即可。如图18-35所示，分别是原代码和设置变量sht后的代码。

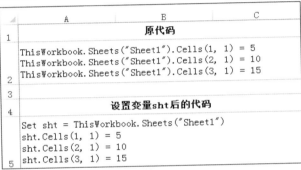

图18-35

- 方法2：使用With语句。如果用户不希望设置Set 对象，也可以使用With…End With语句。如图18-36所示，分别是原代码和使用With…End With语句改写的代码。

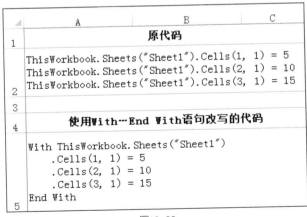

图18-36

- 方法3：使用For Each…Next循环。当执行的程序过程需要在一个集合的所有对象或者一个数组的所有元素之间循环时，应该使用For Each…Next循环，使程序更简洁，也更容易阅读、调试和维护。如图18-37所示，是使用For Each…Next循环的代码。

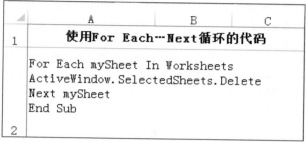

图18-37

- 方法4：将重复使用的属性赋值给指定的变量。在本技巧的原代码中，每一次循环都要获取单元格Cells(1, 2)的Value属性，若在循环开始之前将该属性给一个指定的变量，将大大提高代码的运行速度。如图18-38所示，分别是原代码和将重复使用的属性赋值给指定的变量后的代码。

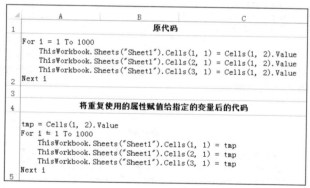

图18-38

技巧10 避免对象的激活或选择

在使用宏录制器时，所生成的程序代码在应用任何方法或属性之前都会激活或者选择对象，因此在自动生成的代码中有很多的Activate和Select语句。但在VBA中，除了在图表操作时需要选中图表对象外，大多数情况下这些操作是不需要的。因此，应该尽量避免这样的代码。

如图18-39所示，分别是原代码和避免对象激活或选择后的代码。

	A	B
1	**原代码**	
2	Sheets("Sheet1").Select Range("A1").Select ActiveCell.Value = 100	
3		
4	**避免对象激活或选择后的代码**	
5	Sheet2.Range("A1").Value = 100	

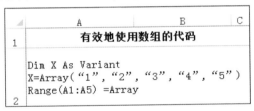

图18-39

技巧11　有效地使用数组

在编写代码时，可以先将数据写入到某个数组，然后用一个语句就可以将数组中的数据传递到单元格区域中。 这大大地节约了空间和时间，并提高了运行的效率。

如图18-40所示，是使用数组Array函数编制的代码。

	A	B	C
1	**有效地使用数组的代码**		
2	Dim X As Variant X=Array("1", "2", "3", "4", "5") Range(A1:A5) =Array		

图18-40